高等院校电气工程及其自动化专业系列精品教材

电能生产过程

李林川　主编
孔祥玉　严雪飞　刘　勇　编著

科学出版社
北京

内 容 简 介

电能从产生到使用的过程包含发电、输电、变电、配电、用电等几个环节，其中涵盖设备众多、应用特点各异。本书在总结"发电厂电气部分"等相关教材基础上，增加当前在电力行业中得到应用的一些新产品、新技术，并对其原理和运用等方面的内容进行阐述，力求做到层次分明、浅显易懂。主要内容包括绪论、电能生产过程、电气设备原理与选择、电气主接线、厂用电及配电装置、同步发电机和电力变压器、发电厂和变电站电气二次系统等。

本书可作为高等院校电气信息类及相关专业的本科生教材，也可作为高职高专和函授的教材，同时还可供从事发电厂和变电站电气设计、运行、管理工作的工程技术人员参考。

图书在版编目(CIP)数据

电能生产过程/李林川主编. —北京：科学出版社，2011.7
（高等院校电气工程及其自动化专业系列精品教材）
ISBN 978-7-03-032164-0

Ⅰ.①电… Ⅱ.①李… Ⅲ.①发电厂-电气设备-高等学校-教材②电厂电气系统-高等学校-教材 Ⅳ.①TM62

中国版本图书馆 CIP 数据核字(2011)第 171821 号

责任编辑：余 江 张丽花 / 责任校对：宋玲玲
责任印制：徐晓晨 / 封面设计：耕者设计工作室

科 学 出 版 社 出版
北京东黄城根北街 16 号
邮政编码：100717
http://www.sciencep.com

北京凌奇印刷有限责任公司 印刷
科学出版社发行 各地新华书店经销
*
2011 年 7 月第 一 版　开本：720×1000 1/16
2021 年 1 月第七次印刷　印张：17
字数：349 000
定价：59.00 元
（如有印装质量问题，我社负责调换）

前　言

目前电力系统及相关专业在讲述发电厂内容时,着重叙述电气主系统的构成、设计与运行的基本理论及计算方法,相应地介绍主要电气设备的原理和性能等,在此基础上还需对各类电厂电能转换及生产过程的具体细节进行论述与介绍,以作为后续内容的基础,这将有助于学生们对专业知识的理解和掌握。

本书在参考国内外电能生产、电气设计等理论及应用的基础上,按照"理论够用,重在应用"的原则,适应面向 21 世纪应用型高等学校电气信息类及相关专业本(专)科生的专业基础课程教学而编写。本书的内容主要取自编者的教学讲义以及企业的材料,符合教学实际。书中的部分内容,与后续开设的电能生产实习课程紧密结合,实现实践与教学一体化。

本书着重叙述了发电、变电和配电三大电气主系统的构成、设计与运行的基本原理及其计算方法。其中在发电部分对火力、水力及核电的能量转换原理、主辅设备和主辅系统进行了比较全面的介绍,使学生对常规电能生产过程有较为详细的了解,并对其他新能源,如风电、太阳能、潮汐、生物能源等的能量转换过程及主要设备进行了介绍。

本书由李林川教授任主编,提出编写大纲并对全书统稿。各章具体分工如下:第 1、5、6 章由孔祥玉编写,第 2 章由严雪飞、孔祥玉、刘勇编写,第 3 章由严雪飞、孔祥玉编写,第 4、7 章由刘勇、严雪飞编写。

本书初稿承蒙葛少云教授审阅,提出了很多宝贵的意见和建议,在此深表感谢。

由于编者水平有限,书中难免存在不足之处,敬请读者批评指正。

编　者
2011 年 6 月

目 录

前言

第1章 绪论 ··· 1
1.1 能源与电能 ·· 1
1.1.1 能源与需求 ·· 1
1.1.2 能源的含义及其分类 ·· 2
1.1.3 电能及电能生产的特点 ··· 3
1.1.4 节能减排及新能源开发 ··· 5
1.2 电能的生产和输送 ·· 6
1.2.1 电能的生产及动力系统 ··· 6
1.2.2 电能的输送与分配 ··· 9
1.3 电气设备及接线 ··· 11
1.3.1 电气设备的分类 ··· 11
1.3.2 电气接线 ··· 13
1.4 电能质量 ··· 14
1.4.1 电能质量的含义 ··· 14
1.4.2 电能质量产生的原因及解决方法 ···························· 15
思考题 ··· 16

第2章 电能生产过程 ··· 17
2.1 火力发电 ··· 17
2.1.1 概述 ··· 17
2.1.2 火电厂的燃烧系统 ·· 18
2.1.3 火电厂的汽水系统 ·· 29
2.1.4 火电厂的电气系统 ·· 38
2.1.5 火电厂的运行 ·· 38
2.1.6 火电厂在系统中的应用特点及对环境的影响 ············· 40
2.2 水力发电 ··· 42
2.2.1 概述 ··· 42
2.2.2 水电厂的工作形式 ·· 42
2.2.3 水电厂的主要动力设备 ·· 52
2.2.4 水电厂的运行特点 ·· 54

2.3 核能发电 ·· 55
   2.3.1 核电厂简介 ································· 55
   2.3.2 核电厂系统及设备 ··························· 57
   2.3.3 核电厂的运行 ································ 59
2.4 风力发电 ·· 60
   2.4.1 风力发电的基础 ······························ 60
   2.4.2 风力发电系统的构成 ·························· 63
   2.4.3 风力发电的运行 ······························ 68
   2.4.4 风力发电技术的发展前景 ······················ 70
2.5 太阳能发电 ·· 71
   2.5.1 太阳能的利用 ································ 71
   2.5.2 太阳能热发电 ································ 72
   2.5.3 太阳能光伏发电 ······························ 76
2.6 其他新能源发电 ·· 81
   2.6.1 生物质能发电 ································ 81
   2.6.2 地热能发电 ·································· 82
   2.6.3 潮汐能发电 ·································· 86
思考题 ·· 87

第3章 电气设备原理与选择 88

3.1 载流导体的发热和电动力 ································ 88
   3.1.1 概述 ·· 88
   3.1.2 导体的长期发热和载流量计算 ·················· 89
   3.1.3 导体的短时发热 ······························ 94
   3.1.4 导体的电动力计算 ···························· 98
3.2 电气设备选择的一般条件 ······························ 100
   3.2.1 按正常工作条件选择设备 ····················· 101
   3.2.2 按短路状态校验 ····························· 102
3.3 常用开关电气设备 ···································· 105
   3.3.1 电弧的产生与熄灭 ··························· 105
   3.3.2 高压断路器 ································· 111
   3.3.3 隔离开关 ··································· 120
   3.3.4 高压负荷开关 ······························· 124
   3.3.5 高压熔断器 ································· 125
3.4 母线、绝缘子、电缆和电抗器 ·························· 127
   3.4.1 母线 ······································· 127
   3.4.2 绝缘子 ····································· 133

3.4.3　电力电缆 ·· 136
　　　3.4.4　电抗器 ·· 139
　3.5　其他常见电气设备 ··· 142
　　　3.5.1　互感器 ·· 142
　　　3.5.2　避雷针、避雷线和避雷器 ··· 151
　　　3.5.3　并联电容器 ··· 153
　思考题 ·· 154

第4章　电气主接线 ··· 155
　4.1　电气主接线的基本要求及设计原则 ··· 155
　　　4.1.1　基本要求 ·· 155
　　　4.1.2　设计原则 ·· 157
　4.2　主接线的基本形式 ··· 157
　　　4.2.1　有汇流母线接线形式 ·· 158
　　　4.2.2　无汇流母线接线形式 ·· 165
　4.3　发电厂和变电站的典型电气主接线 ··· 168
　　　4.3.1　火电厂主接线 ··· 168
　　　4.3.2　水电厂主接线 ··· 170
　　　4.3.3　变电站主接线 ··· 171
　4.4　限制短路电流的方法 ·· 172
　　　4.4.1　选择适当的接线形式和运行方式 ····································· 173
　　　4.4.2　系统中加装限流电抗器 ··· 173
　　　4.4.3　接线中使用低压分裂绕组变压器 ····································· 176
　思考题 ·· 177

第5章　厂用电及配电装置 ··· 178
　5.1　厂用电负荷及电动机校验 ·· 178
　　　5.1.1　厂用电率 ··· 178
　　　5.1.2　厂用负荷分类及特性 ·· 178
　　　5.1.3　电动机自启动校验 ··· 180
　5.2　厂用电接线 ··· 182
　　　5.2.1　厂用电供电电压等级 ·· 182
　　　5.2.2　厂用电源及其引线 ··· 184
　5.3　不同类型发电厂的厂用电接线 ·· 188
　　　5.3.1　火电厂的厂用电接线 ·· 188
　　　5.3.2　水电厂的厂用电接线 ·· 192
　　　5.3.3　核电厂的厂用电接线 ·· 192

5.4 配电装置 ... 194
5.4.1 配电装置的分类 ... 194
5.4.2 配电装置的结构 ... 195
5.4.3 配电装置的安全净距要求 ... 197
5.5 发电机、变压器与配电装置的连接 ... 199
5.5.1 连接方式 ... 199
5.5.2 典型连接举例 ... 202
思考题 ... 203

第6章 同步发电机和电力变压器 ... 204
6.1 同步发电机的分类 ... 204
6.1.1 同步发电机的类型 ... 204
6.1.2 同步发电机的铭牌 ... 205
6.2 同步发电机的运行 ... 206
6.2.1 同步发电机的正常运行 ... 206
6.2.2 同步发电机的非正常运行 ... 209
6.3 同步发电机的操作 ... 212
6.3.1 同步发电机的并列操作 ... 213
6.3.2 发电机接带负荷和运行中负荷的调整 ... 214
6.3.3 同步发电机的解列与停机操作 ... 216
6.4 变压器的分类 ... 217
6.4.1 变压器的类型 ... 217
6.4.2 电力变压器的型号及技术参数 ... 218
6.4.3 变压器的发热和冷却 ... 221
6.5 变压器的允许运行方式 ... 224
6.5.1 允许温度和温升 ... 224
6.5.2 外加电源电压允许变化范围 ... 226
6.5.3 变压器允许的过负荷 ... 226
6.5.4 变压器的并列运行 ... 228
6.6 变压器的运行操作 ... 232
6.6.1 变压器的正常运行 ... 232
6.6.2 变压器的停、送电操作 ... 232
思考题 ... 236

第7章 发电厂和变电站电气二次系统 ... 237
7.1 发电厂和变电站的控制方式 ... 237
7.1.1 发电厂的控制方式 ... 237
7.1.2 变电站的控制方式 ... 238

- 7.2 电气二次接线图 ·· 239
  - 7.2.1 基本概念 ·· 239
  - 7.2.2 二次接线图的图形与文字符号 ·········· 239
  - 7.2.3 原理接线图 ·· 242
  - 7.2.4 安装图 ·· 244
- 7.3 直流供电系统 ·· 245
  - 7.3.1 蓄电池直流系统接线及运行方式 ······ 245
  - 7.3.2 绝缘监察、电压监察及闪光装置 ······ 247
  - 7.3.3 直流供电网络 ···································· 249
- 7.4 断路器控制回路 ······································ 250
  - 7.4.1 对控制回路的基本要求及分类 ·········· 250
  - 7.4.2 灯光监视的断路器控制和信号回路 ·· 250
  - 7.4.3 音响监视的控制回路 ························ 253
- 7.5 中央信号回路 ·· 254
  - 7.5.1 事故信号回路 ···································· 254
  - 7.5.2 预告信号回路 ···································· 255
- 7.6 测量监视回路 ·· 255
- 7.7 继电保护与自动重合闸装置 ·················· 257
- 7.8 变电站综合自动化系统 ·························· 258
  - 7.8.1 变电站综合自动化的功能 ················ 259
  - 7.8.2 智能化变电站 ···································· 259
- 思考题 ·· 261

参考文献 ·· 262

第1章 绪　　论

1.1　能源与电能

1.1.1　能源与需求

能源是人类赖以生存的基础,从日常生活所必需的电、水、气到人们所利用的交通、通信、娱乐等都与能源息息相关。人类为了生存除了要吃饭获取能源之外,还要利用诸如石油、煤炭、电能等能源。随着世界人口的不断增加,能源的需求也在不断增加,特别是人类进入21世纪高度信息化社会后更是如此。其中电力能源从20世纪开始,在总能源需求中所占的比例增加较快,从世界的平均水平来看,每20年约增加一倍。

现代经济社会中能源的重要性主要表现在以下四个方面。

(1)能源是现代经济社会发展的基础。现代经济社会发展建立在高水平物质文明和精神文明的基础上。要实现高水平的物质文明,就要有社会生产力的极大发展,有现代化的农业、工业和交通物流系统,以及现代化的生活设施和服务体系,这些都需要能源。在现代社会,人们维持生命的食物用能在总能耗中所占的比例显著下降,而生产、生活和交通服务已经成为耗能的主要领域。可以说,没有能源作为支撑,就没有现代社会和现代文明。

(2)能源是经济社会发展的重要制约因素。20世纪50年代以来,我国能源工业从小到大,不断发展。特别是改革开放以后,能源供给能力不断增强,促进了经济持续快速发展。但在经济发展过程中,能源供给不足的矛盾十分突出,往往只要固定资产投资规模扩大、经济发展加速,煤电油运就会出现紧张,成为制约经济社会发展的瓶颈。

(3)能源安全事关经济安全和国家安全。能源安全中最重要的是石油安全。20世纪70年代发生的两次世界石油危机,导致主要发达国家经济减速和全球经济波动。

(4)能源消耗对生态环境的影响日益突出。能源资源的开发利用促进了世界的发展,同时也带来了严重的生态环境问题。化石燃料的使用是CO_2等温室气体增加的主要来源。科学观测表明,地球大气中CO_2的浓度已从工业革命前的280 ppm(1ppm为10^{-6}),上升到了379 ppm(2009年统计)。全球平均气温也在近百年内升高了0.74℃。从我国情况看,能源结构长期以煤炭为主,煤炭生产使用中产生的SO_2、粉尘、CO_2等是大气污染和温室气体的主要来源。解决好能源问题,不仅要注重供求平衡,也要关注由此带来的生态环境问题。

1.1.2 能源的含义及其分类

人们把能量的来源称为能源,它是能够为人类提供某种形式能量的自然资源及其转化物。换言之,自然界在一定条件下能够提供机械能、热能、电能、化学能等某种形式能量的自然资源,称为能源。能源的种类很多,它的分类方法也很多。

(1)按照能源的生成方式,分为一次能源和二次能源。

一次能源,又称自然能源。它是自然界中以天然形态存在的能源,是直接来自自然界而未经人们加工转换的能源。煤炭、石油、天然气、水能、太阳能、风能、生物质能、海洋能、地热能等都是一次能源。一次能源在未被人类开发以前,处于自然赋存状态时,称为能源资源。世界各国的能源产量和消费量,一般均指一次能源而言。为了便于比较和计算,习惯上把各种一次能源均折合为"标准煤"或"油当量",作为各种能源的统一计量单位。

二次能源是由一次能源转换成符合人们使用要求的能量形式。电能、汽油、柴油、焦炭、煤气、蒸汽、氢能等都是二次能源。一次能源只在少数情况下以它原始的形式为人类服务,更多情况下则要根据不同的目的进行加工,转换成便于使用的二次能源,以满足需要,或提高能源的使用效率。随着科学技术的发展和社会的现代化,在整个能源消费系统中,二次能源所占的比例将日益增大。

(2)按照其是否能够再生而循环使用,分为可再生能源和非再生能源。

所谓可再生能源,就是不会随着它本身的转化或人类的利用而日益减少的能源,具有自然的恢复能力。如太阳能、风能、水能、生物质能、海洋能以及地热能等,都是可再生能源。而化石燃料和核燃料则不然,它们经过亿万年形成而在短期内无法恢复再生,随着人类的利用而越来越少。这些随着人类的利用而逐渐减少的能源称为非再生能源。

(3)按照其来源的不同,分为来自地球以外天体的能源、来自地球内部的能源和地球与其他天体相互作用产生的能源三大类。

来自地球以外天体的能源,主要是指太阳辐射能,各种植物通过光合作用把太阳能转变为化学能,在植物体内储存下来。这部分能量为动物和人类的生存提供了能源。地球上的煤炭、石油、天然气等化石燃料,是由古代埋藏在地下的动植物经过漫长的地质年代而形成的,所以化石燃料实质上是储存下来的太阳能。太阳能、风能、水能、海水温差能、海洋波浪能以及生物质能等,也都直接或间接来自太阳。来自地球内部的能源,主要是指地下热水、地下蒸汽、岩浆等地热能和铀、钍等核燃料所具有的核能。地球与其他天体相互作用产生的能源,主要是指由于地球和月亮以及太阳之间的引力作用造成的海水有规律的涨落而形成的潮汐能。

(4)按照各种能源在当代人类社会经济生活中的地位,人们还常常把能源分为常规能源和新能源两大类。

技术上比较成熟,已被人类广泛利用,在生产和生活中起着重要作用的能源,称为常规能源,例如煤炭、石油、天然气、水能和核裂变能等。目前,世界能源的消费主要靠这五大能源来供应。在今后一个相当长的时期内,它们仍将担任世界能源舞台上的主角。目前尚未被人类大规模利用,还有待进一步研究试验与开发利用的能源,称为新能源,例如太阳能、风能、地热能、海洋能及核聚变能等。所谓新能源,是相对而言的。现在的常规能源如核能,也曾是新能源,今天的新能源将来也会成为常规能源。

基于上述不同的情况,表1-1对能源分类进行了描述。

表1-1 能源分类表

类别		来自地球内部的能源	来自地球以外天体的能源					地球与其他天体相互作用产生的能源
一次能源	可再生能源	地热能	水能	风能	太阳能	生物质能	海水温差能 海水盐差能 海洋波浪能 海(湖)流能	潮汐能
	不可再生能源	核能	煤炭	石油	天然气	油页岩		—
二次能源		电能	汽油	柴油	焦炭	煤气	蒸汽 氢能 酒精 重油 液化气	

为满足人类社会可持续发展及对能源的需要,防止和减轻大量燃用化石能源对环境造成的严重污染和生态破坏,近年来世界各国政府和能源界、环保界等均认识到能源可持续发展的重要性,大力发展清洁能源。清洁能源可分为狭义和广义两大类。狭义的清洁能源仅指可再生能源,包括水能、生物质能、太阳能、风能、地热能和海洋能等,它们消耗之后可以得到恢复补充,不产生或很少产生污染物,所以可再生能源被认为是未来能源结构的基础。广义的清洁能源是指在能源的生产、产品化及其消耗过程中,对生态环境尽可能低污染或无污染的能源,包括低污染的天然气等化石能源、利用洁净能源技术处理的洁净煤和洁净油等化石能源、可再生能源和核能等。在未来人类社会的科学技术达到相当高的水平并具备了相应的经济支撑力的情况下,清洁能源将成为最理想的电能生产能源。

1.1.3 电能及电能生产的特点

1. 电能的特点

电能的开发和应用,是人类征服自然过程中取得的具有划时代意义的光辉成就。电能是由一次能源经加工转换成的能源,是现代工农业生产、科学技术研究及人民生活等各个领域中广泛应用的主要能源与动力,在人类社会的各个方面起着举足轻重的作用。电能之所以获得广泛的应用,是因为它具有如下特点和优越性:

(1)易于产生。利用现代的生产技术,可以容易地将机械能、化学能、光能及热能转变为电能。

（2）便于传输。由于电能可通过输电线路以近似于光速的速度传输，而不需要用车、船等运输工具或管道传送，从而损耗较小、费用较低。

（3）使用方便。电能可以很容易地转变为机械能、光能、热能及化学能等常用的能源，且转换装置控制方便，较容易实现自动化。

（4）利用率高。电能的有效利用率比其他能源的利用率高，如电力机车的有效利用率为25%～30%，而蒸汽机车仅为5%～8%。广泛使用电能可以达到节约社会总能源的良好效果。

（5）减少污染。随着工业的发展，环境保护已成为当今世界一个十分重要的课题，受到世界各国的普遍重视。使用电能作为主要能源与动力，可以减少对环境的污染。

此外，在某些方面电能还是其他能源所不能替代的，如通信、广播、雷达、电子计算机等必须直接使用电能。电能还可以实现远距离控制、调节与量测。因此，电能生产在国民经济中占有十分重要的地位。

2. 电能生产的特点

由于电能的特殊性，电能的生产有其自身的特点，包括：

（1）电能的生产与消费具有同时性。由于电能生产和消费是一种能量形态的转换，要求生产与消费同时完成。迄今为止仍未能解决经济、高效的电能大容量储存问题，电能难于储存是它的最大特点。从这个特点出发，在电力系统运行时就要求经常保持电源和负荷的功率平衡。在规划设计时则要求确保电力先行，否则其他工厂即使建成也无法投产。发电和用电同时实现，使电力系统中的各个环节之间具有十分紧密的相互依赖关系。无论转换能量的原动机或发电机，或输送、分配电能的变压器、输配电线路，还是用电设备等，只要其中任何一个元件故障，都可能会影响电能的正常供应。

（2）电能生产与国民经济各个部门和人民生活有着极为密切的关系。电能供应的中断或减少，都将给国民经济造成巨大损失。

（3）电力系统的过渡过程十分短暂，电能生产过程对自动化程度要求高。电能以光速传播，运行情况发生变化所引起的电磁和机电过渡过程是非常短暂的。因此，无论是正常运行时所进行的调整和切换等操作，还是故障时为切除故障或为把故障限制在一定范围内以迅速恢复供电所进行的一系列操作，都要求快速完成，这仅仅依靠人工是不能达到满意效果的，甚至是不可能，需要采用各种自动装置（包括计算机）来迅速而准确地完成各项调整和操作任务。电力系统的这个特点给运行、操作等带来了许多复杂的问题。

（4）电能生产的地区性特点较强。由于电力系统的电源结构与资源分布情况和特点有关，而负荷结构却与工业布局、城市规划、电气化水平有关，至于输电线路的电压等级、线路配置等则与电源与负荷间的距离、负荷的集中程度等有关，因而各个电力系统的组成情况不尽相同，甚至可能很不一样。

3. 社会对电能生产的要求

随着科学技术的发展,电能的生产与应用已经影响到社会物质生产和人类生活的每个层次。电气化在某种程度上成为现代化的同义语,电气化程度成为衡量社会物质文明发展水平的重要标志。从电能生产的上述特点出发,根据电力工业在国民经济中的地位和作用,决定了对电力系统有下列基本要求:

(1)最大限度地满足用户的用电需要,为国民经济各个部门提供充足的电力。为此应按照电力先行的原则,作好电力系统发展的规划设计,确保电力工业的建设优先于其他的工业部门。其次,还要加强现有电力设备的运行维护,充分发挥潜力、防止事故发生。

(2)保证供电的可靠性。这是电力系统运行中一项极为重要的任务。运行经验表明,为保证供电的可靠性,首先要保证系统各元件工作的可靠性,这就一定要保证电力设备的产品质量,努力搞好设备的正常运行维护。其次,要提高运行水平和自动化程度,防止误操作的发生,在事故发生后应尽量防止事故扩大等。

(3)保证良好的电能质量。主要是维持频率和电压的偏差不超过一定的范围。

(4)保证电力系统运行的经济性。电能生产的规模很大,所消耗的能源在国民经济总消耗能源中所占的比例相当大,且电能在生产、输送、分配时的损耗也很严重,因此保证电力系统运行的经济性具有极其重要的经济意义。

把上述各点归纳起来可知,保证对电力负荷不间断地供给充足、可靠、优质而又廉价的电能,这就是电力系统的基本要求。

1.1.4 节能减排及新能源开发

人类的文明进步史,也是一部不断突破限制,争取和利用新能源的科技发展史。近百年来,全球能源消耗以平均每年3%的速度增长。尽管许多工业化国家能源消耗基本趋于稳定,但是大多数发展中国家工业化进程加快,能耗不断增加,因此预计全球未来能源消耗态势仍将以3%的速度增长。能耗的快速增长所带来的后果将十分严重:一方面伴随着化石燃料消耗的增加,大气中CO_2的含量相应增加,地球不断变暖,生态环境恶化,自然灾害及其造成的损失逐年增加;另一方面将越来越快地消耗掉常规化石能源储量。图1-1所示为2006年世界银行统计的世界能源资源的可开采年数。根据估算,石油的开采年数大约为39年,天然气为57年,煤炭的开采年数大约为230年,可见人类所能利用的石油、天然气、煤炭等资源的开采量是有限的。

面对即将到来的能源危机,全世界认识到必须采取开源节流的战略,一方面节约能源,另一方面大力开发新能源。

在节约能源方面,主要是提高能源利用率。目前,世界一些工业化国家都在采取节能措施,热电联

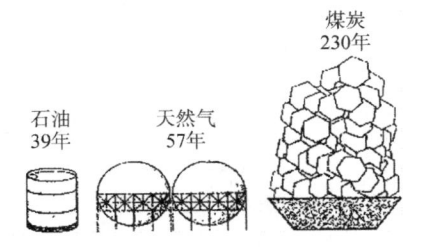

图1-1 世界能源资源可开采的年数

供(又称"同时发热发电")就是比较热门的话题之一。普通发电厂的能源效率只有35%,而多达65%的能源都作为热白白浪费掉了。热电联供就要将这部分热用来发电或者为工业和家庭供热,实现能源的梯级利用,可使能源利用率提高到85%以上。

　　开发"绿色能源"是解决能源危机的重要途径。太阳能、风能、地热能、海洋能以及生物能等存在于自然界中的能源被称为"可再生能源"。由于可再生能源对环境危害较少,因此又称为"绿色能源"。近年来,面对能源危机,许多国家都在下大力气研究和开发利用"绿色能源"的新技术新工艺,并且取得了相当可观的成就。目前,"绿色能源"在全球能源结构中的比例已达到15%～20%。

1.2　电能的生产和输送

1.2.1　电能的生产及动力系统

1. 动力系统、电力系统和电力网的关系

　　具有一定转换规模、能连续不断对外界提供电能的工厂,称为发电厂。发电厂是电力系统中电力的生产环节,它的类型一般根据一次能源来分类。以往,电力系统中主要采用火力、水力以及核能发电,同时也逐步将一些如太阳能、风能以及生物质能、海洋能等新能源加入进来。

　　随着生产的发展和用电量的增加,发电厂的数量和容量都不断增加。当把地理上分散的发电厂通过各种电压等级的输配电线路、升压和降压变电站等相互连接形成一个整体,供电给许多电力用户时,就形成了现代电力系统。电力系统是由发电厂(不包括动力部分)、变电站、输配电线路和用电设备有机连接起来的整体,它包括了从发电、变电、输电、配电直到用电这样一个全过程。电力系统加上发电的动力部分、供热以及用热设备,则称为动力系统,如火力发电厂的锅炉、汽轮机、燃气轮机、热网等。电力系统中,由升压和降压变电站通过输配电线路连接起来的部分,称为电力网(简称电网),即电力系统中除发电机和电力用户以外的部分。动力系统、电力系统和电力网的关系如图1-2所示。

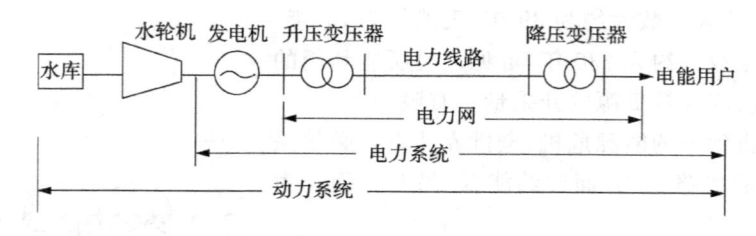

图1-2　动力系统、电力系统和电力网的关系

2. 各类发电厂

基于一次能源种类和转换方式的不同,发电厂可分为不同类型,例如火力发电厂、水力发电厂、原子能发电厂、风力发电厂、太阳能发电厂、地热发电厂和潮汐能发电厂等等。目前世界上已形成规模,具有成熟开发利用技术,并已大批量投入商业运营的发电厂,主要是火力发电厂(简称火电厂)、水力发电厂(简称水电厂)和原子能发电厂(简称核电厂),风力及太阳能发电厂作为新能源技术也逐步进行商业化开发,在电能生产中的比例也逐渐增加。

在这些发电厂中,动力部分是用于实现"燃料"能量释放、热能传递和热能机械能转换的设备和系统。

1)火力发电

火电厂是利用煤炭、石油、天然气或其他燃料的化学能生产电能的发电厂。火电厂的类型很多,但从能量转换观点分析,其基本过程是:燃料的化学能—热能—机械能—电能。世界上多数国家的火电厂以燃煤为主。我国煤炭资源丰富,燃煤火电厂占70%以上。一座装机容量为600MW的燃煤火电厂,每昼夜所需燃煤量和除灰量,分别高达1万多吨和几千吨。

火电厂动力部分是由制粉系统设备(磨制煤粉,使之能在锅炉炉膛内迅速而有效燃烧)、锅炉设备(实现燃料化学能的释放,并转变成水蒸气携带的热能)、汽轮机设备(实现蒸汽热能部分地转变为旋转机械能)、凝汽器设备(实现乏汽冷凝,并回收干净的凝结水)和给水泵设备(将给水加压后供给锅炉)等组成的。

2)水力发电

水电厂是将水能转变为电能的工厂。从能量转换的观点分析,其过程为:水能—机械能—电能。实现这一能量转变的生产方式,一般是在河流的上游筑坝,提高水位以造成较高的水头;建造相应的水工设施,以有控制地获取集中的水流。经引水机构将集中的水流引入坝后水电厂内的水轮机,驱动水轮机旋转,水能便被转变为水轮机的旋转机械能。与水轮机直接相连接的发电机将机械能转换成电能,并由电气系统升压分配送入电网。

各种不同类型的水电厂,其动力部分所包括的蓄水、引水等水工设施和水轮机的型式也各不相同。水电厂装机容量的大小、水电厂在电力系统中的地位和调节运行方式等,都是水力发电动力部分中的重要内容。

3)核能发电

重核分裂和轻核聚合时,都会释放出巨大的能量,这种能量统称为"核能",即通常所说的原子能。人类利用核能发电是从20世纪50年代开始的,技术上已比较成熟,目前大量投入了商业运营的,只是重核裂变释放出的裂变能用于发电的方式;可控的轻核聚变释放出的核能对电能的转换,仍处于试验探索阶段。

利用重核裂变释放能量发电的核电厂,从能量转换观点分析,是由重核裂变能—热能—机械能—电能的转换过程。由于重核裂变的强辐射特性,已投入运营和在建的核电厂,毫无例外地划分为核岛部分和发电部分,用安全防护设施严密分隔开的两部分,共同构成核电厂的动力部分。

核岛部分的重要设备是"重核裂变反应器",称为"反应堆"。反应堆的功能相当于火电厂的锅炉设备,所用的燃料多为金属铀。反应堆由核燃料、慢化剂、冷却剂、调节控制系统元件、危急保安系统元件、反射体和防护层等组成。由于反应堆的功率不同,以及所用慢化剂和冷却剂的参数等的不同,核电厂反应堆的类型、结构和运行特点也各不相同。核电厂的发电部分与火电厂相似,但其对有害放射性的屏蔽和防护措施等,比火电厂复杂且具有更高的要求。

4）风力发电

风力发电的动力系统主要指风力发电机。最简单的风力发电机由叶轮和发电机两部分构成,空气流动的动能作用在叶轮上,将动能转换成机械能,从而推动叶轮旋转。如果将叶轮的转轴与发电机的转轴相连,就会带动发电机发出电来。孩童玩的纸质风车就是风力机的雏形,在它的轴上装个极微型的发电机就可发电。

但直至20世纪80年代,风力发电技术才不断发展并日渐成熟,以适合工业应用。原因在于风力发电机发出的电时有时无,电压和频率不稳定,是没有实际应用价值的。一阵狂风吹来,风轮越转越快,系统就会被吹垮。为解决这些问题,风力发电机需要安装齿轮箱、偏航系统、液压系统、制动系统和控制系统等。现代风机是无人值守的,风机的控制系统,要在恶劣的条件下,根据风速、风向对系统加以控制,在稳定的电压和频率下运行,自动地并网和脱网,并监视齿轮箱与发电机的运行温度以及液压系统的油压,对出现的任何异常进行报警,必要时自动停机。

在当今世界新能源开发技术中,风力发电是最成熟、最有商业利用价值的发电方式之一,其装机容量正在不断扩大,全球风力发电量占总发电量的比例也在逐步增加。

5）太阳能发电

太阳能发电的方式主要有通过热过程的"太阳能热发电"（塔式发电、抛物面聚光发电、热离子发电、热光伏发电、温差发电等）和不通过热过程的"光伏发电"、"光感应发电"、"光化学发电"及"光生物发电"等。目前,可进行商业化开发的主要是太阳能热发电和太阳能光伏发电两种。

太阳能热发电站的热循环系统和常规热力发电厂基本相近,它们的汽轮发电部分则完全一样,都是产生过热蒸汽驱动汽轮发电机组发电,不同之处在于使用不同的一次能源。常规热力发电厂燃烧矿物燃料,太阳能热发电站收集太阳辐射能为能源。典型太阳能热发电系统由聚光集热子系统、储热子系统、辅助能源子系统和汽轮发电子系统等部分组成。

太阳能光伏发电系统由太阳能电池板、太阳能控制器、蓄电池（组）组成。如输出电源为 AC 220V 或 AC 110V,还需要配置逆变器。太阳能电池板是太阳能发电系统中的核心部分,也是太阳能光伏发电系统中价值最高的部分。其作用是将太阳的辐射能转换为电能,或送往蓄电池中存储起来,或推动负载工作。太阳能控制器的作用是控制整个系统的工作状态,并对蓄电池起到过充电保护、过放电保护的作用。

太阳能发电安全可靠,具有许多优点,如能源充足,太阳能无处不在,不受地域限制;建设周期短,运行成本低;不需要消耗燃料,无环境污染;结构简单,维护方便,适合无人值守。随着太阳能发电成本的降低,会成为未来最主要的发电形式之一。

6) 其他能源发电

其他类的可开发能源还包括生物质能发电、地热发电、潮汐发电等。

生物质能发电包括农林废弃物燃烧发电、生物质燃气发电、城市垃圾焚烧发电和沼气发电等方面。生物质能发电具有电能质量好、可靠性高等优点,具有较高的经济价值。

地热发电就是将地热能转变为机械能,再将机械能转变为电能。地热发电是利用地下热水和蒸汽为动力源的一种新型发电技术,其原理与火力发电基本一样,即将蒸汽的热能通过汽轮机转变为机械能,然后带动发电机发电。

潮汐发电就是利用海水涨落及其引起的水位差来推动水轮机,由水轮机带动发电机进行发电。潮汐发电的原理与一般的水力发电差别不大,即在海湾或有潮汐的河口修建大坝构成水库,利用坝内外涨潮、落潮时的水位差进行发电。潮汐能发电受潮汐周期变化的影响,具有间歇性。

1.2.2 电能的输送与分配

1. 输电网和配电网

电能到达用户需要通过电网进行输送,电网是连接发电厂和用户的中间环节,可分成输电网和配电网两部分。输电网一般由 220kV 及以上电压等级的输电线路和与之相连的变电站组成,是电力系统的主干部分,其作用是将电能输送到距离较远的各地区配电网或直接送给大型工厂企业。目前,我国的几大电网已经初步建成了以 500kV 超高压输电线路为骨干的主网架。配电网由 110kV 及以下电压等级的配电线路(110kV 和 35kV 为高压配电,10kV 为中压配电,380/220V 为低压配电)和配电变压器组成,其作用是将电能分配到各类用户。

2. 变电站的类型和作用

变电站是电力系统中转换电压、接受和分配电能、控制电力的流向和调整电压的电力设施,它通过其变压器将各级电压的电网联系起来,是输电和配电的集结点。变电站中起变换电压作用的设备是变压器,除此之外,变电站还有开闭电路的开关设备、汇集电流的母线、计量和控制用互感器、仪表、继电保护装置和防雷保护装置、调度通信装置等,有的变电站还有无功补偿设备。变电站的主要设备和连接方式,按其功能不同而有差异。表1-2列出了变电站的一般分类方式及作用。

表 1-2 变电站的一般分类方式及作用

类型		作用和特点
在电力系统中的地位和作用	系统枢纽变电站	位于电力系统的枢纽点，具有系统最高输电电压，目前电压等级有 220kV、330kV（仅西北电网）和 500kV，枢纽变电站连成环网，全站停电后，将引起系统解列，甚至整个系统瘫痪，因此对枢纽变电站的可靠性要求较高。主变压器容量大，供电范围广
	地区一次变电站	位于地区网络的枢纽点，与输电主网相连的地区受电端变电站直接从主网受电，向本供电区域供电。全站停电后，可引起地区电网瓦解，影响整个区域供电。电压等级一般采用 220kV。主变压器容量较大，出线回路数较多，对供电的可靠性要求也比较高
	地区二次变电站	地区二次变电站由地区一次变电站受电，直接向本地区负荷供电，供电范围小，主变压器容量与台数根据电力负荷而定。全站停电后，只有本地区中断供电
	终端变电站	终端变电站在输电线路终端，接近负荷点，经降压后直接向用户供电，全站停电后，只是终端用户停电。变压器容量小，供电范围小
按照变电站安装位置划分	室外变电站	室外变电站除控制、直流电源等设备放在室内外，变压器、断路器、隔离开关等主要设备均布置在室外。这种变电站建筑面积小，建设费用低。电压较高的变电站一般采用室外布置
	室内变电站	室内变电站的主要设备均放在室内，减少了总占地面积，但建筑费用较高，适宜在市区居民密集地区，或位于海岸、盐湖、化工厂及其他空气污秽等级较高的地区
	地下变电站	在人口和工业高度集中的大城市，由于城市用电量大，建筑物密集，将变电站设置在城市大建筑物、道路、公园的地下，可以减少占地面积。尤其随着城市电网改造的发展，位于城区的变电站乃至大型枢纽变电站将更多地采取地下变电站。这种变电站多数为无人值班变电站
	箱式变电站	又称预装式变电站，是将变压器、高压开关、低压电气设备及其相互的连接和辅助设备紧凑组合，按主接线和元件不同，以一定方式集中布置在一个或几个密闭的箱壳内。箱式变电站是由工厂设计和制造的，结构紧凑、占地少、可靠性高、安装方便，现在广泛应用于居民小区和公园等场所。箱式变电站一般容量不大，电压等级一般为 3~35kV
	移动变电站	将变电设备安装在车辆上，以供临时或短期用电场所的需要

另外，还可以按照值班方式划分为有人值班变电站和无人值班变电站，大容量、重要的变电站大都采用有人值班变电站；小容量、非重要的变电站可采用无人值班变电站。无人值班变电站的测量监视与控制操作都由调度中心进行遥测遥控，变电站内不设值班人员。根据变压器的使用功能可划分为升压变电站和降压变电站。其中，升压变电站是把低电压变为高电压的变电站，例如在发电厂需要将发电机出口电压升高至系统电压的变电站；降压变电站与升压变电站相反，是把高电压变为低电压的变电站。在电力系统中，大多数的变电站是降压变电站。

1.3 电气设备及接线

1.3.1 电气设备的分类

为了满足电能的生产、转换、输送和分配的需要,发电厂和变电站中安装有各种电气设备。根据电气设备的作用不同,可将电气设备分为一次设备和二次设备。

1. 一次设备

直接生产、转换和输配电能的设备,称为一次设备,主要有以下几种。
1)生产和转换电能的设备
生产和转换电能的设备有同步发电机、变压器及电动机,它们都是按电磁感应原理工作的。

(1)同步发电机。同步发电机的作用是将机械能转换成电能。

(2)变压器。变压器的作用是将电压升高或降低,以满足输配电需要。

(3)电动机。电动机的作用是将电能转换成机械能,用于拖动各种机械。发电厂、变电站使用的电动机,绝大多数是异步电动机,或称感应电动机。

2)开关电器
开关电器的作用是接通或断开电路。高压开关电器主要有以下几种。

(1)断路器(俗称开关)。断路器可用来接通或断开电路的正常工作电流、过负荷电流或短路电流。它有灭弧装置,是电力系统中最重要的控制和保护电器。

(2)隔离开关(俗称刀闸)。隔离开关用来在检修设备时隔离电压,进行电路的切换操作及接通或断开小电流电路。它没有灭弧装置,一般只有在电路断开的情况下才能操作。在各种电气设备中,隔离开关的使用量是最多的。

(3)熔断器(俗称保险)。熔断器用来断开电路的过负荷电流或短路电流,保护电气设备免受过载和短路电流的危害。熔断器不能用来接通或断开正常工作电流,必须与其他电器配合使用。

3)限流和防过电压电器

(1)限流电器。包括串联在电路中的普通电抗器和分裂电抗器,其作用是限制短路电流,使发电厂或变电站能选用轻型电器。

(2)防过电压电器。包括:

①避雷线(架空地线)。避雷线可将雷电流引入大地,保护输电线路免受雷击。

②避雷器。避雷器可防止雷电过电压及内部过电压对电气设备的危害。

③避雷针。避雷针可防止雷电直接击中配电装置的电气设备或建筑物。

4)载流导体
载流导体按照设计的要求,将有关电气设备连接起来,主要包括:

(1)母线。母线用来汇集和分配电能或将发电机、变压器与配电装置连接,有敞露母线和封闭母线之分。

(2)架空线和电缆线。架空线和电缆线用来传输电能。

5)绝缘子

绝缘子用来支持和固定载流导体,并使载流导体与地绝缘,或使装置中不同电位的载流导体间绝缘。

6)接地装置

接地装置用来保证电力系统正常工作或保护人身安全。前者称为工作接地,后者称为保护接地。

7)补偿设备

(1)同步补偿器。同步补偿器又称调相机,实质上是空载运行的同步电动机,在过励磁运行状态下,向电力系统供给无功功率;在欠励磁运行状态下,从电力系统吸取无功功率。

(2)电力电容器。电力电容器补偿有并联补偿和串联补偿两类。并联补偿是将电容器与用电设备并联,发出无功功率,供给本地区需求,避免长距离输送无功,减少线路电能损耗和电压损耗,提高系统供电能力;串联补偿是将电容器与线路串联,抵消系统的部分感性电抗,提高系统的电压水平,也相应减少系统的功率损失。

(3)消弧线圈。消弧线圈用来补偿小接地电流系统的单相接地电容电流,以利于熄灭电弧。

(4)静止无功补偿器简称静补(SVC)。它是由静电电容器与电抗器并联组成的,既可以通过电容器发出无功功率,又可以通过电抗器吸收无功功率,再配以调节装置,能够平滑地改变输出或吸收的无功功率,用于补偿系统在动态工作情况下所需无功功率。

(5)静止同步补偿器(STATCOM)。它是一种并联型无功补偿的FACTS装置,它能够发出或吸收无功功率,并且其输出可以变化以控制电力系统中的特定参数。一般的,它是一种固态开关变流器,当其输入端接有电源或储能装置时,可独立发出或吸收可控的有功功率和无功功率。

2. 二次设备

对一次设备和系统进行测量、控制、监视和保护用的,称为二次设备。二次设备包括仪用互感器、测量表计、继电保护及自动装置、直流电源设备、控制和信号装置等。

1)仪用互感器

仪用互感器使测量仪表和保护装置标准化和小型化,使测量仪表和保护装置等二次设备与高压部分隔离,且互感器二次侧均接地,从而保证设备和人身安全。

(1)电流互感器作用是将交流大电流变成小电流(5A 或 1A),供电给测量仪表和继电保护装置的电流线圈。

(2)电压互感器作用是将交流高电压变成低电压(100V 或 100/$\sqrt{3}$ V),供电给测量仪表和继电保护装置的电压线圈。

2)测量表计

测量表计用来监视、测量电路的电气参量,如电流表、电压表、功率表、电能表、频率表和温度表等。

3)继电保护及自动装置

继电保护装置能迅速反应不正常情况及进行监控和调节,例如:继电保护的作用是当发生故障时,作用于断路器跳闸,自动切除故障元件;当出现异常情况时发出信号。自动装置用来实现发电厂的自动并网,发电机自动调节励磁、电力系统频率自动调节、按频率启动水轮机组;实现发电厂或变电站的备用电源自动投入、输电线路自动重合闸及按事故频率自动减负荷等。

4)直流电源设备

直流电源设备包括直流发电机组、蓄电池和硅整流装置等,用作开关电器的操作、信号、继电保护及自动装置的直流电源,以及事故照明和直流电动机的备用电源。

5)控制和信号装置

控制装置主要是指采用手动(用控制开关或按钮)或自动(继电保护或自动装置)方式通过操作回路实现配电装置中断路器的合、跳闸。断路器都设有位置信号灯,有些隔离开关设有位置指示器。主控制室设有中央信号装置,用来反映电气设备的事故或异常状态。

1.3.2 电气接线

在发电厂和变电站中,各种电气设备必须用导体按一定的要求连成一个整体,并与必要的辅助设备一起安装,构成通路,实现发供电,这便是电气接线和电气装置。

在发电厂和变电站中,根据各种电气设备的要求,按一定的方式用导体连接起来所形成的电路称为电气接线。其中,由一次设备按预期的生产流程所连成的电路,称为电气主接线。主接线表明电能的生产、汇集、转换、分配关系和运行方式,是运行操作、切换电路的依据,又称一次电路或称主接线。由二次设备所连成的电路,称为二次电路,或称二次接线。二次接线表示继电保护、控制与信号回路和自动装置的电气连接以及它们动作后作用于一次设备的关系。

用国家规定的图形和文字符号表示主接线中的各元件,并依次连接起来的单线图,称为电气主接线图。电气主接线也可画成三线图,三线图给出各相的所有设备的全图,比较复杂。因此,电气主接线图常用单线图表示,只有需要时才绘制三线图。值得注意的是,单线图虽然绘出的是单相电路的连接情况,实际上却表示三相电路。在图中所有元件应表示正常状态,例如高压断路器、隔离开关均在断开位置画出。表1-3给出了常用的电气设备在电气主接线图中的图形符号。

表 1-3 电气设备在电气主接线图中的图形符号

序号	设备名称	图形符号	序号	设备名称	图形符号	序号	设备名称	图形符号
1	发电机		6	隔离开关		11	避雷器	
2	双绕组变压器		7	带接地开关隔离开关		12	电抗器	
3	三绕组变压器		8	电压互感器		13	熔断器	
4	自耦变压器		9	电流互感器				
5	断路器		10	母线				

1.4 电能质量

1.4.1 电能质量的含义

和一切商品一样,电能也有其质量标准。电能的质量指标主要是频率、电压和波形三项。

在三相交流电力系统中,各相的电压和电流应处于幅值大小相等、相位互差120°的对称状态。但由于系统各元件(如发电机、变压器、线路等)参数并不是理想线性和对称的,加之调控手段的不完善、负荷性质各异且其变化的随机性以及运行操作、各种故障等原因,这种理想状态在实际当中并不存在,因此就产生了电能质量的概念。从普遍意义上讲,电能质量是指优质供电,它包括频率、供电持续性、电压稳定和电压波形。但迄今为止,对电能质量的技术含义还存在着不同的认识,这是由于人们看问题的角度不同所引起的,如电力企业可能把电能质量简单看成是电压(偏差)与频率(偏差)的合格率;电力用户则可能把电能质量笼统地看成是否向负荷正常供电;而设备制造厂家则认为合格的电能质量就是指电源特性完全满足电气设备正常设计工况的需要,但实际上不同厂家和不同设备对电源特性的要求可能相去甚远。另一方面,对电能质量的认识也受电力系统发展水平的制约,特别是用电负荷的性能和结构。

国际电气电子工程师协会(IEEE)协调委员会采用"Power Quality"(电能质量)这一术语,并且给出了相应的技术定义是:合格电能质量的概念是指给敏感设备提供的电力和设置的接地系统均是适合该设备正常工作的。这个定义的缺点是不够直接和简明。国际电工委员会(IEC)标准(IEC 1000-2-2/4)将电能质量定义为:供电装置正常工作情况下不中断和干扰用户使用电力的物理特性。目前,电能质量较为普遍地理解为:

导致用户电力设备不能正常工作的电压、电流或频率偏差,造成用电设备故障或误动作的任何电力问题都是电能质量问题,包括频率偏差、电压偏差、电压波动与闪变、三相不平衡、暂时或瞬态过电压、波形畸变、电压暂降与短时间中断以及供电连续性等。

1.4.2 电能质量产生的原因及解决方法

随着电力系统规模的不断扩大,电能质量问题产生的原因主要有以下几个方面:

(1)电力系统元件存在的非线性问题。主要包括:发电机产生的谐波、变压器产生的谐波、直流输电产生的谐波,以及输电线路(特别是超高压输电线路)对谐波的放大作用。此外,还有变电站并联电容器补偿装置等因素对谐波的影响。其中,直流输电是目前电力系统最大的谐波源。

(2)在工业和生活用电负载中,非线性负载占很大比例,这是电力系统谐波问题的主要来源。电弧炉(包括交流电弧炉和直流电弧炉)是主要的非线性负载,它的谐波主要是由起弧的时延和电弧的严重非线性引起的。在人们生活负荷中,荧光灯的伏安特性是严重非线性的,也会引起严重的谐波电流,其中三次谐波的含量最高。大功率整流或变频装置也会产生严重的谐波电流,对电网造成严重污染,同时也使功率因数降低。

(3)电力系统运行的内外故障也会造成电能质量问题,如各种短路故障、自然灾害、人为误操作、电网故障时发电机及励磁系统的工作状态的改变、故障保护装置中的电力电子设备的启动等都将造成各种电能质量问题。

表 1-4 将电力系统中各种电能质量问题的性质、特征指标、产生原因、后果及解决方法进行了归纳。

表 1-4 电能质量问题的性质、产生原因及解决方法

类 型	性质	特征指标	产生原因	后 果	解决方法
谐波	稳态	谐波频谱电压、电流波形	非线性负载、固定开关负载	设备过热、继电保护误动、设备绝缘破坏	有源、无源滤波
三相不对称	稳态	不平衡因子	不对称负载	设备过热、继电保护误动、通信干扰	静止无功补偿
陷波	稳态	持续时间、幅值	调速驱动器	计时器计时错误、通信干扰	电容器、隔离电感器
电压闪变	稳态	波动幅值、出线频率、调制频率	电弧炉、电机启动	伺服电动机运行不正常	静止无功补偿
谐振暂态	暂态	波形、峰值、持续时间	线路、负载和电容器组的投切	设备绝缘破坏、损坏电力电子设备	滤波器、隔离变压器、避雷器
脉冲暂态	暂态	上升时间、峰值、持续时间	闪电电击线路、感性电路开合	设备绝缘破坏	避雷器

续表

类　型	性质	特征指标	产生原因	后　果	解决方法
瞬时电压上升/下降	暂态	幅值、持续时间、瞬时值/时间	远端发生故障、电机启动	设备停运、敏感负载不能正常运行	不间断电源、动态电压恢复器
噪声	稳态/暂态	幅值、频谱	不正常接地、固态开关负载	微处理器控制设备不正常运行	正确接地、滤波器

思 考 题

1-1　试简述能源的含义及其分类。

1-2　电能及电能生产具有哪些特点？

1-3　动力系统、电力系统和电力网的关系如何？

1-4　电能质量产生的原因有哪些？

第 2 章 电能生产过程

2.1 火力发电

2.1.1 概述

以煤、石油或天然气作为燃料,通过将燃料燃烧产生的热能转换为动能而带动发电机发电的电厂统称为火电厂。火电厂也是我国目前的主力发电厂,对国民经济的发展起重要作用。

1. 火电厂的分类

火电厂的分类方式很多,常见的有以下几种。

(1)按燃料的不同可分为:燃煤发电厂,即以煤作为燃料的发电厂;燃油发电厂,即以石油(实际是提取汽油、煤油、柴油后的渣油)作为燃料的发电厂;燃气发电厂,即以天然气、煤气等可燃气体作为燃料的发电厂;余热发电厂,即用工业企业的各种余热进行发电的发电厂;此外,还有利用垃圾及工业废料作为燃料的发电厂。

(2)按原动机的差别可分为:凝汽式汽轮机发电厂、燃气轮机发电厂、内燃机发电厂和蒸汽—燃气轮机发电厂等。

(3)按供出能源方式的不同可分为:凝汽式发电厂,即只向外供应电能的电厂;热电厂,即同时向外供应电能和热能的电厂。

(4)按发电厂总装机容量大小的不同可分为:小型发电厂,其装机总容量在100MW 以下的发电厂;中型发电厂,其装机总容量在 100~250MW 范围内的发电厂;大中型发电厂,其装机总容量在 250~600MW 范围内的发电厂;大型发电厂,其装机总容量在 600~1000MW 范围内的发电厂;特大型发电厂,其装机容量在 1000MW 及以上的发电厂。

(5)按蒸汽压力和温度不同可分为:中低压发电厂,蒸汽压力在 3.92MPa、温度为 450℃ 的发电厂,其单机功率一般小于 25MW;高压发电厂,蒸汽压力一般为 9.9MPa、温度为 540℃ 的发电厂,其单机功率一般小于 100MW;超高压发电厂,蒸汽压力一般为 13.83MPa、温度为 540/540℃[①]的发电厂,其单机功率一般小于 200MW;亚临界压力发电厂,蒸汽压力一般为 16.77MPa、温度为 540/540℃ 的发电厂,其单机功率一般为

---

① 表示中间再热式锅炉的过热蒸汽(高压缸)/再热蒸汽(中、低压缸)的温度,下同。

300~1000MW不等；超临界压力发电厂，蒸汽压力大于22.11MPa、温度为550/550℃的发电厂，其机组功率一般为600MW及以上。

(6) 按供电范围可分为：区域性发电厂，即在电网内运行，并承担一定区域性供电的大中型发电厂；孤立发电厂，不并入电网内，单独运行的发电厂；自备发电厂，由大型企业自己建造，主要供本单位用电的发电厂（有的也与电网相连）。

2. 火电厂构成简介

火电厂的运行工作过程概括地说就是把燃料（煤、石油、天然气等）中含有的化学能转变为电能的过程。从火电厂相关设备构成上进行划分，可将整个生产过程分为三个部分：第一，燃料的化学能在锅炉中转变为热能，加热锅炉中的水使之变为蒸汽，其相关设备系统常称为燃烧系统；第二，锅炉产生的蒸汽进入汽轮机，推动汽轮机旋转，将热能转变为机械能，其相关设备系统常称为汽水系统；第三，由汽轮机旋转的机械能带动发电机发电，把机械能转变为电能并送入电网，其相关设备系统常称为电气系统。由此，火电厂也可概括为主要由燃烧系统、汽水系统和电气系统等三大系统构成，图2-1所示为凝汽式火电厂电能生产过程示意。

3. 火电厂生产流程简介

概括地说，火电厂的生产过程是一系列能量转换的过程。以燃煤电厂为例，原煤经过装卸、输送、制备等处理后，达到满足锅炉要求的燃料形式（一般为规定细度和干度的煤粉）。经过处理后的煤粉由给粉机通过一次风管送入锅炉炉膛内燃烧，煤粉的化学能转变为锅炉烟气的热能；当烟气沿锅炉炉膛及其后面的烟道流过时，它的热能就逐步传递给在锅炉各部分受热面内流动的水、蒸汽及空气等，由此锅炉各蒸发受热面内的水通过预热、蒸发、过热等过程转变为具有规定压力、温度的过热蒸汽。锅炉产生的过热蒸汽送入汽轮机进行逐级膨胀，蒸汽的部分热能转变为汽流的动能；高速运动汽流作用于汽轮机的叶片，推动叶轮连同转子旋转，进而通过联轴器带动发电机转子旋转，由此汽流的动能被转换成发电机的电能输出，通过升压变压器升压并送入电网。汽轮机内做功后的蒸汽（压力、温度都大大降低，称为乏汽）被排入凝汽器中凝结成水。在凝汽器下部汇集的凝结水，由凝结水泵加压后，依次通过低压加热器预热、除氧器加热除氧等处理后，送入给水箱成为锅炉的给水。锅炉给水由给水泵升压，经过高压加热器继续加热后再打回锅炉，送入锅炉的省煤器，由此构成一个闭合的热力循环过程。

2.1.2 火电厂的燃烧系统

在我国燃煤电厂是主力发电厂，下面以常见的煤粉炉、凝汽式火电厂为例，介绍火电厂燃烧系统的工作情况。

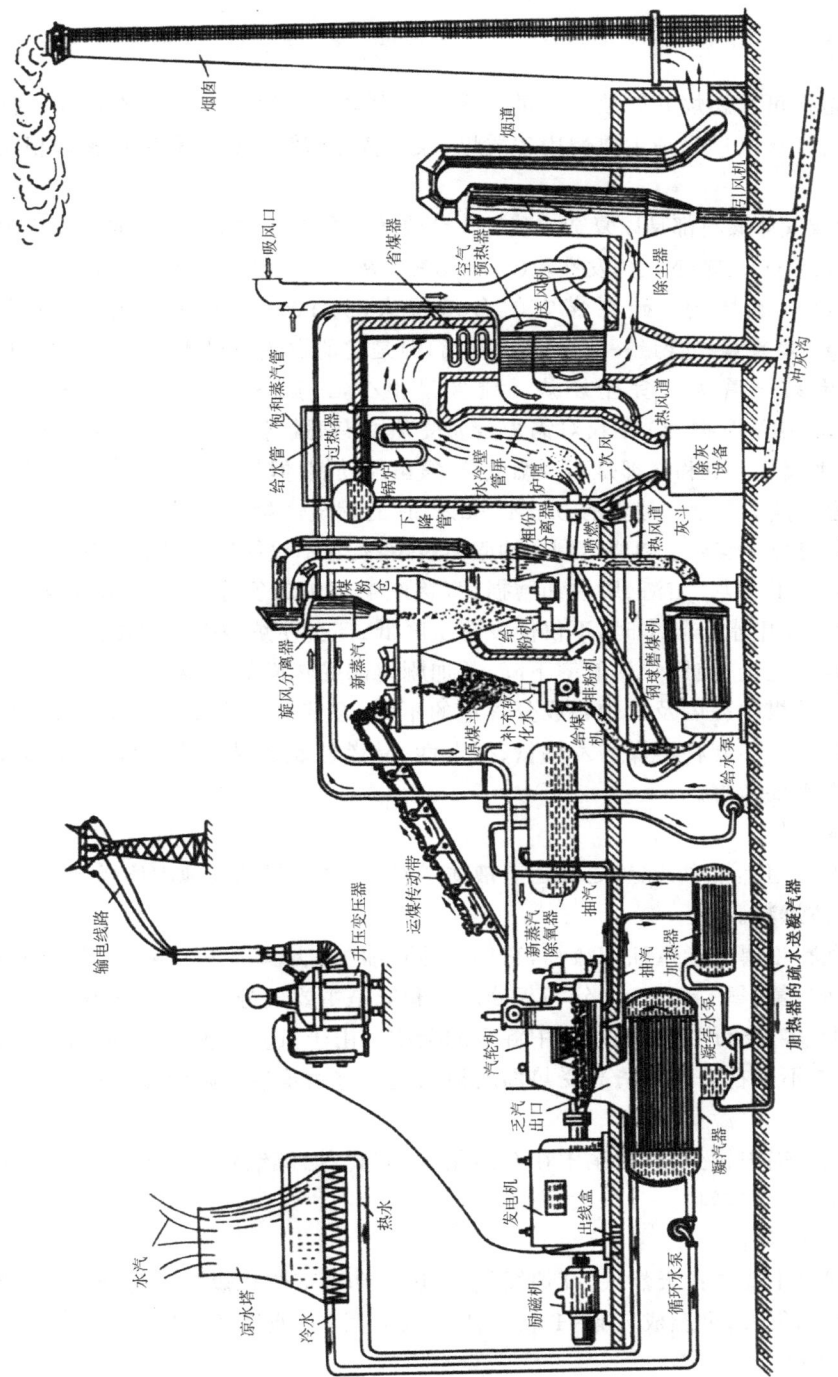

图2-1 凝汽式火电厂电能生产过程示意图

1. 燃料

燃料是指可以燃烧并能放出热量的物质。火电厂使用的燃料主要是煤,其次是油和气体燃料。火电厂锅炉主要燃用劣质煤,煤质特性与锅炉设计和运行密切相关。

1)煤

煤、油或气体燃料都是以复杂的碳氧化合物为主的混合物,其中煤的主要成分是:碳(C)、氢(H)、氧(O)、氮(N)、挥发性硫(S)等元素及灰分(A)和水分(M)。各种成分中,碳、氢和硫是可以燃烧的。碳在煤中的含量很大,为 50%～90%,发热量也较大,为 32700kJ/kg。氢在煤中含量一般为 1%～6%,但是它的发热量最大,为 $12×10^4$ kJ/kg,而且氢比碳更易于着火和完全燃烧。硫含量很少,一般为 0.5%～3%,发热量仅有 9040kJ/kg,其燃烧产物 SO_2 不仅对锅炉金属受热面有腐蚀作用,而且还会污染环境。因此,硫是有害成分。氧和氮都是不可燃成分,氧虽能助燃,但是它在煤中的含量很少,其作用微不足道。氮的含量一般只有 0.5%～2%,它的燃烧产物 NO_x 能造成大气污染,也属有害成分。灰分是煤完全燃烧后剩余的固体残余物,它不仅使煤的发热量降低,还容易造成锅炉受热面的积灰、结渣、腐蚀和磨损,直接影响锅炉的安全运行。水分也是煤中不可燃的部分,煤中水分较多时,不仅使发热量降低,还会使炉内燃烧温度降低,造成着火困难和燃烧不完全,使锅炉热效率下降,并加剧尾部受热面的低温腐蚀和堵灰。

根据煤的煤化程度及其中各成分含量的不同,在我国将煤主要分为三大类:褐煤、烟煤和无烟煤。不同种类煤的发热量、挥发性、易燃性及机械强度不同,在锅炉设计与运行管理中都要考虑。

2)其他燃料

在火电厂用燃料中,除煤之外还有液体燃料、气体燃料和其他固体燃料。

(1)液体燃料。

液体燃料主要是指重油和渣油,它们都是石油(原油)炼制后的残油,其成分和煤一样,也包含碳、氢、氧、氮、硫、水分和灰分。碳和氢是主要成分,含量变化不大;水分和灰分含量极少,多为生产和运输过程中混入的杂质。由于氢多灰少,所以重油容易着火和燃烧,且基本不存在炉内结渣和受热面磨损问题。有的重油含硫较多,对受热面的腐蚀比较严重。

我国燃油锅炉较少,且多集中在石油化工部门。燃煤锅炉在点火和低负荷运行时有时也要使用油类燃料。

(2)气体燃料。

气体燃料主要是指天然气、高炉煤气、焦煤气和地下气化煤气。各种气体燃料的成分和含量差别很大,可燃成分有 H_2、CO、H_2S、CH_4 及其他烃类气体(C_mH_n)等,不可燃成分有 N_2、CO_2、H_2O 等。

(3)其他固体燃料。

火电厂使用的固体燃料除煤之外还有油页岩和垃圾等。垃圾是工业生产和人们生活过程中形成的废弃可燃物质,它的成分和发热量很不稳定。以垃圾为燃料的火电厂尚处于初步发展阶段,规模较小,但是它是很有前途的。

2. 燃烧系统构成

燃烧系统主要由燃料输送、燃料制备、燃烧、风烟、灰渣处理等子系统组成。其中,在燃煤电厂中燃料输送与燃料制备分别为输煤子系统与磨煤子系统,大致流程如图2-2所示。

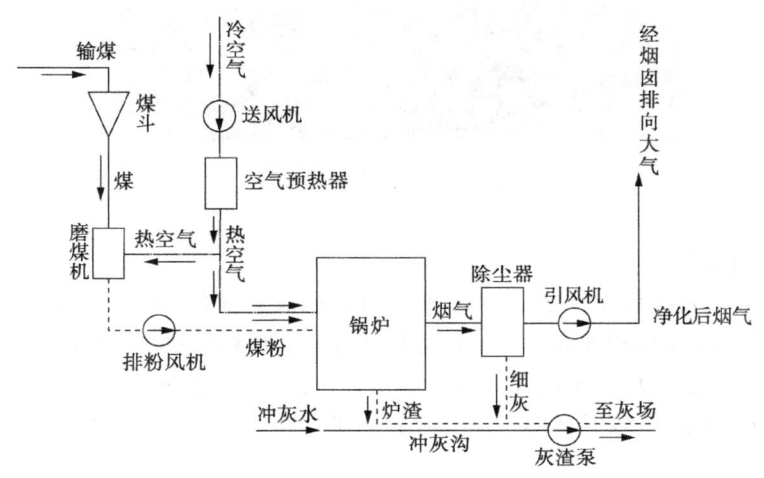

图 2-2 电厂煤粉炉燃烧系统流程示意

1)输煤子系统

煤运到火电厂后,首先由厂内输煤系统来完成卸煤、储存、分配、筛选、破碎等一系列工作。另外,还要进行供煤计量、取样分析和去除杂物等工作。

卸煤设备是将煤从列车车厢中卸下的机械,要求能迅速、干净地将煤卸下,又不致损坏车厢,它包括接收和转运煤的设备和建筑物。常用卸煤设备有螺旋卸车机、翻车机、装卸桥、门抓及底开门列车等,其中翻车机是我国大中型火电厂广泛采用的卸煤设备,其工作情况如图 2-3 所示。

2)磨煤子系统

火电厂燃煤锅炉以煤粉为燃料,它是将煤场来煤经过制粉系统加工后,制成细度合格的煤粉再送入锅炉燃烧,其中煤粉细度表示煤粉颗粒的大小。

制粉系统的主要设备是磨煤机。根据转速不同,磨煤机可分为低速磨煤机、中速磨煤机和高速磨煤机三种类型,与之配套的制粉系统有直吹式和中间储仓式。磨煤机及其配套系统的确定主要根据煤的可磨性和挥发性,同时也要考虑锅炉燃烧的需要。以下为几种典型的磨煤机。

图 2-3　工作中的翻车机

(1)低速磨煤机。

低速磨煤机转速为 15~25r/min,多为筒式钢球磨煤机(又称球磨机)。它具有煤种适应性广、磨制煤粉较细和运行维修方便等优点,其缺点是磨煤耗电多和金属磨损量大。已有的球磨机有单进单出式和双进双出式两种,前者多配以中间储仓式制粉系统,在传统电厂中应用较多;后者多配以直吹式或半直吹式制粉系统,在新建大型电厂中应用较多。

图 2-4 所示为单进单出筒式钢球磨煤机结构,其磨煤部件为一个直径 2~4m、长 3~10m的圆筒,筒内装有适量直径为 25~60mm 的钢球,筒体内壁衬装波浪形锰钢护甲,筒身两端是架在大轴承上的空心轴颈,一端是热空气与原煤的进口,另一端是空气与煤粉混合物的出口。工作时筒体由低速同步电动机带动旋转,钢球和煤块被筒内护甲带到一定高度,然后落下将煤击碎,并使煤受到挤压和研磨,磨好的煤粉被干燥的热空气从筒体内带出。

双进双出式球磨机的结构和工作原理与单进单出式类似,不同之处在于它的两端空心轴颈既是热风和原煤的进口,又是气粉混合物的出口。从两端进入的干燥热空气流在筒体中间部位对冲后反向流动,携带煤粉从两端空心轴中流出,形成两个相互对称、彼此独立的回路。

(2)中速磨煤机。

中速磨煤机转速为 60~300r/min,它具有重量轻、耗电少、噪声低、系统简单和调节灵活等优点,但存在磨煤机结构复杂,不适用于高水分煤种,煤中石块易引起部件损坏等方面的问题。目前,采用较多的中速磨煤机主要有四种:辊—盘式磨煤机(简称平盘磨)、辊—碗式磨煤机(简称碗式磨)、辊—环式磨煤机和球—环式磨煤机(简称 E 型磨)。

中速磨煤机结构各异,但工作原理基本相同。各种中速磨煤机都有两种相对运动

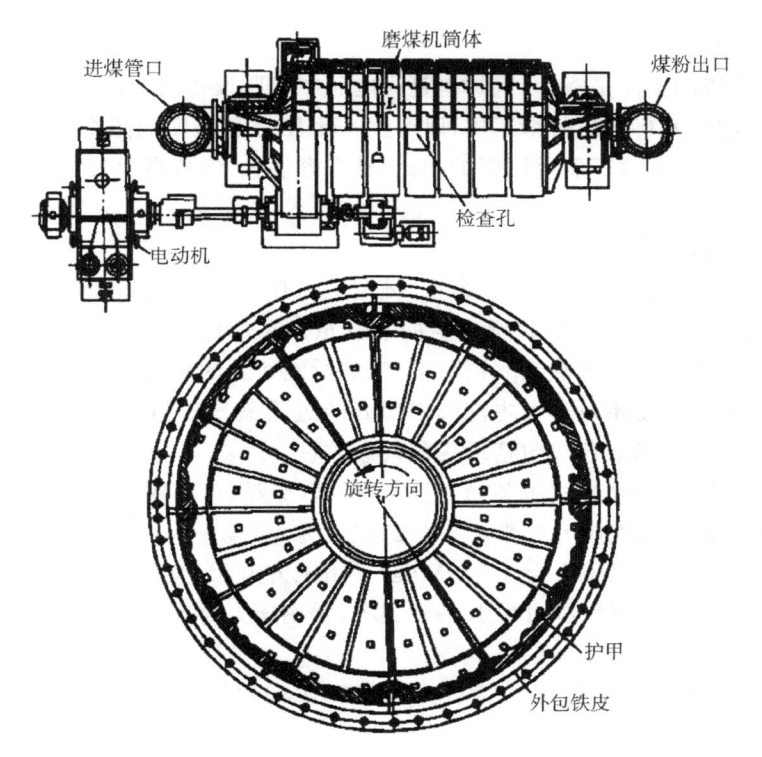

图2-4 单进单出筒式钢球磨煤机结构图

的研磨部件,在液压力、弹簧力或其他外力作用下,两种部件间的原煤被挤压和研磨,最后成为煤粉。研磨部件的旋转,把煤粉甩到风环室上部。流经风环室的热风将这些煤粉带到中速磨煤机上部的粗粉分离器,粗粉被分离下来重新磨制,细粉则被热风带出磨煤机外。煤中夹带的少量石块或铁器等杂物被甩入风环室下部,最后进入杂物箱。

(3)高速磨煤机。

高速磨煤机工作转速在400r/min以上,有风扇式磨煤机和竖井磨煤机两种,后者仅用于小型锅炉。

风扇式磨煤机一般由带有8~10个叶片的叶轮以500~1500r/min的速度旋转,使轴向或切向进入的煤块受到冲击而碎成煤粉,用来干燥和输送煤粉的热空气或高温炉烟被同时吸入磨内。在叶片的鼓风作用下,把风粉混合物送入风扇式磨煤机顶部的分离器,粗粉落回磨内重新磨制,细粉则随气流喷入炉内燃烧。由于风扇式磨煤机内的强烈冲击摩擦作用,机壳内表面和叶片极易磨损,因此一般都在这两个部件上装有防磨护板。对于水分较高的煤,可从炉内抽取900~1000℃的高温炉烟与热空气混合作为干燥剂,以利于风扇式磨煤机工作。

风扇式磨煤机能同时完成干燥、磨煤和输送三个工作过程,对于烟煤和水分不高的煤具有突出的优越性。

3)燃烧子系统

燃烧子系统的主体是锅炉,锅炉也是火电厂中主要设备之一,它的作用是使燃料在炉膛中燃烧放热,并将热量传给工质,以产生一定压力和温度的蒸汽,供汽轮发电机组发电。电厂锅炉与其他行业所用锅炉相比,具有容量大、参数高、结构复杂、自动化程度高等特点。

(1)锅炉的常用参数与分类。

电厂锅炉的常用参数包括额定容量、额定蒸汽压力和额定蒸汽温度等。锅炉容量即锅炉的蒸发量,指锅炉每小时所产生的蒸汽量。在保持额定蒸汽压力、额定蒸汽温度、使用设计燃料和规定的热效率情况下,锅炉所能达到的蒸发量称为额定蒸发量。其中,蒸汽压力和温度是指过热器主汽阀出口处的过热蒸汽压力和温度。对于装有再热器的锅炉,锅炉蒸汽参数还应包括再热蒸汽参数。

锅炉种类很多,分类方式也各异。按蒸汽参数分类,可将锅炉分为:

① 中压锅炉。蒸汽压力为 3.822MPa,温度为 450℃。

② 高压锅炉。蒸汽压力为 6~10MPa,常用压力为 9.8MPa,温度为 540℃。

③ 超高压锅炉。蒸汽压力为 10~14MPa,常用压力为 13.72MPa,温度为 540℃或 555℃。

④ 亚临界锅炉。蒸汽压力为 14~22.2MPa,常用压力为 16.66MPa,温度为 555℃。

⑤ 超临界锅炉。蒸汽压力大于 22.2MPa,温度为 550~570℃。

按容量分类,可将锅炉分为:

① 小型锅炉。蒸发量小于 220 t/h。

② 中型锅炉。蒸发量为 220~410 t/h。

③ 大型锅炉。蒸发量不小于 670 t/h。

按循环方式,即锅炉蒸发受热面内工质流动的方式,可将锅炉分为下列几种:

① 自然循环锅炉。锅炉的蒸发受热面(由汽包、下降管、联箱和上升管等组成的循环回路构成)不借助外部装置而仅依靠下降管(受热很少或不受热)和上升管(又称水冷壁,是锅炉内的主要蒸发受热面,受热多)中工质密度差产生自然循环的动力来使工质完成循环受热过程。

② 强制循环锅炉。随着锅炉容量的增大和蒸汽压力的提高,汽与水的密度差减小,由此带来蒸发受热面中上升与下降系统间的压差减小,这样采用自循环方式会使上升管内汽水流动变慢,换热效果变差。为此,在锅炉蒸发受热面的工质循环回路中除通过不同温度工质具有的密度差来完成循环外,一般还在下降管上装有强制循环泵,以提高循环动力。

③ 控制循环锅炉。在强制循环锅炉的上升管入口加装节流圈,以控制各上升管中的工质流,防止发生循环停滞或倒流等故障。

④ 直流锅炉。它是工质蒸发受热面中不设循环回路的锅炉,给水靠给水泵压头一

次性通过各受热面变为过热蒸汽。这种锅炉一般没有汽包,其蒸发设备主要由布置在炉膛内四壁上的水冷壁和进出口联箱组成。由于直流锅炉不存在水的循环和汽水分离等问题,其对使用压力范围一般没有限制,可用于超临界压力。

⑤ 复合循环锅炉。它具有循环回路和再循环泵,同时具有切换阀门,低负荷时按再循环方式运行,高负荷时切换为直流方式运行,也可在全部负荷下以较低的循环倍率进行循环。这种锅炉也称为低倍率循环锅炉。

图 2-5 显示为不同流动方式的锅炉工作原理。目前,大型火电厂的锅炉多为亚临界压力以上的大型锅炉。

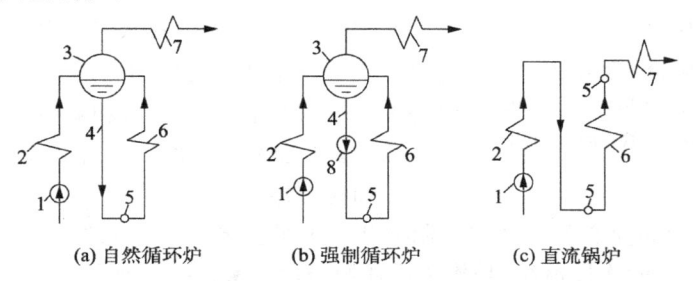

图 2-5 几种不同流动方式的锅炉工作原理图
1-给水泵;2-省煤器;3-汽包;4-下降管;5-联箱;6-上升管;7-过热器;8-炉水循环泵

(2)锅炉的主要构成。

各种锅炉的工作都是为了通过燃料燃烧放热和高温烟气与受热面的传热来加热给水,最终使水变为具有一定参数的品质合格的过热蒸汽。水在锅炉中要经过预热、蒸发、过热三个阶段才能变为过热蒸汽。实际上,为提高蒸汽动力循环的效率,一般还有第四个阶段,即再过热阶段,即将在汽轮机高压缸膨胀做功后压力和温度都降低了的蒸汽送回锅炉中加热,然后再送到汽轮机低压缸继续做功。为适应这些加热阶段的需要,锅炉中必须布置相应的受热面,即省煤器、水冷壁、过热器和再热器等。

火电厂的锅炉设备由锅炉本体和锅炉辅机组成。锅炉本体包括燃烧设备、汽水设备、锅炉附件、炉墙及构架等。锅炉的各主要组成部分说明如下。

① 燃烧设备。锅炉燃烧设备的作用是使燃料充分燃烧放出热量,它主要包括炉膛、燃烧器、空气预热器和烟道等。

a. 炉膛。电厂燃煤锅炉的炉膛是由四面炉墙和炉顶构成的燃烧室。根据燃料及燃烧方式不同,炉膛的形状、尺寸各不相同。

b. 煤粉燃烧器。煤粉燃烧器的作用是保证煤粉和燃用空气在进入炉膛时能够充分混合,并及时着火和稳定燃烧。它的结构型式很多,有适用于单室炉膛的旋流式和直流式燃烧器和适用于U形火焰炉膛的旋风分离式、直流缝隙式和PAX式燃烧器等。图 2-6 所示为旋流式燃烧器。

c. 空气预热器。空气预热器是布置在锅炉尾部烟道中的一种低温受热面,它的作

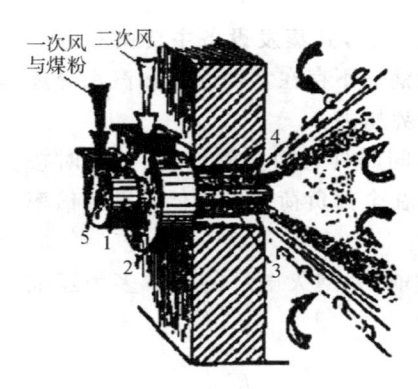

图 2-6 旋流式燃烧器
1—一次风蜗壳;2-二次风蜗壳;3—一次风管;
4-二次风管;5-中心风管(插喷油嘴用)

用是利用省煤器后烟气的热量加热燃烧所需要的空气,以利于燃料的着火和燃烧,并可降低排烟温度和提高锅炉热效率。空气预热器有管式和回转式两种。管式空气预热器多用于中小型锅炉,由许多根直径为25～51mm两端焊接在管板上的钢管组成,烟气自上而下流经管内,空气在管外折转横向冲刷。回转式空气预热器又分为受热面转动和风罩转动两种形式,多用于大型锅炉。

②汽水设备。锅炉汽水设备的作用是在锅炉内完成工质受热循环并促成燃烧产物与工质的热交换,以将工质变为具有规定压力和温度的过热蒸汽。汽水设备主要包括汽包、水冷壁、下降管、联箱、过热器、再热器和省煤器等。

a. 汽包。汽包是自然循环和强制循环锅炉最重要的受压元件。它是工质加热、蒸发、过热三个过程的连接枢纽,是构成循环回路的关键设备。汽包内部装有汽水分离装置、蒸汽清洗装置及连续排污装置,以保证蒸汽品质。汽包中存有一定的水量,因而具有一定的蓄热能力,可缓和气压变化的影响,有利于锅炉调节。汽包上装有压力表、水位计、安全阀、事故放水阀等,可用来监控汽包工况,以保证锅炉安全运行。由于汽包壁很厚,锅炉启停时易在内外壁和上下壁形成较大温差,严重影响汽包的安全。因此,必须严格控制汽包的升温速度,并设计更加合理的汽包结构。

b. 水冷壁。水冷壁是敷设在炉膛四周内壁的辐射受热面,它同时起着吸收热量产生蒸汽和保护炉墙的作用。水冷壁通常由外径为45～60mm的无缝钢管或内螺纹管排列组成。大型锅炉为使炉膛气密性能好,都采用膜式水冷壁。考虑到炉内温度在炉膛深度和宽度方向上分布不均,一般将每一面炉墙的水冷壁分为若干片,并与上下联箱、汽包和下降管构成独立的循环回路。

c. 过热器和再热器。过热器的作用是将从汽包出来的饱和蒸汽加热成具有额定温度的过热蒸汽,它是一种气汽换热器,即利用高温烟气的热量加热饱和蒸汽。与其他受热面相比,其工作条件较差,特别是高温过热器,管壁温度常接近所用合金钢管的极限温度,运行中要严格禁止超温,严格监督汽水品质,以避免损坏。再热器的结构和布置与过热器相似,只是它的受热面面积较少,一般有布置在炉膛上方的墙式再热器和屏式再热器、布置在水平烟道中的立式蛇形管再热器和布置在尾部烟道中的水平蛇形管再热器等。它的作用是将在汽轮机高压缸中膨胀做功后的蒸汽再次引入布置在锅炉中的再热器中受热升温,然后送到汽轮机中压缸中去做功。

d. 省煤器。省煤器是利用锅炉尾部低温烟气的热量来预加热给水的装置,可布置在空气预热器前,也可与空气预热器上下交叉布置。

e. 下降管。下降管的作用是把汽包中的水连续不断地送入下联箱以供给上升管

(水冷壁)。为保证自然循环的可靠性,下降管一般不受热。

常见锅炉(直流锅炉除外)内汽水设备的主要工作特点是上升管(水冷壁)布置在炉膛内四壁,以吸收炉内辐射热,汽包、下降管和联箱等均布置在炉墙外不受热。由这些部分设备连接起来组成闭合循环回路。当上升管受热时,其中的水部分蒸发成蒸汽,形成汽水混合物,密度减小,在这种密度差或强制循环泵的作用下,下降管内的水向下流动,经过下联箱后进入上升管;上升管中的汽水混合物向上流动进入汽包。在汽包中汽与水分离,蒸汽从汽包上部引出送往过热器,水则从汽包下部再次进入下降管中。由此完成给水沿着回路不断循环流动,并受热变为过热蒸汽的过程。

③ 锅炉的主要辅助设备。锅炉的辅助设备很多,其中主要的有通风设备、给水设备及一些仪表、附件等。

锅炉燃烧时,必须不断地把燃烧所需要的空气送入炉膛,并把燃烧产生的烟气抽出排入烟囱,以维持平衡通风。电厂锅炉的平衡通风系统依靠送风机的正压头来克服空气预热器、制粉设备、燃烧器及有关风道的空气流动阻力,利用引风机的负压头来克服烟道中各受热面及除尘设备的烟气流动阻力,以维持炉膛在微负压下运行。对于这种通风系统,炉膛和烟道的负压不高,漏风较小,环境较清洁。按照结构和

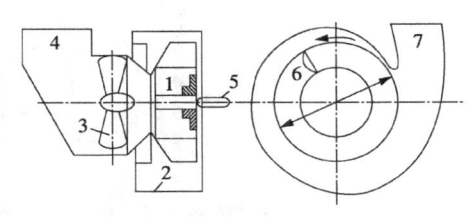

图 2-7 离心式风机结构示意图
1-叶轮;2-机壳;3-导流器;4-进气箱;5-主轴;
6-叶片;7-扩散器

原理不同,电厂常用的风机有离心式和轴流式两种。图 2-7 所示为离心式风机结构。

电厂锅炉在运行过程中不断地向汽轮机送出大量蒸汽,因此需要不断地向锅炉供给同样数量的给水。电厂锅炉的给水设备是给水泵。给水经给水泵提高压头后,克服高压加热器、省煤器和管道阀门的阻力,最后送入汽包,对于直流锅炉则是克服各受热面的阻力最终变为过热蒸汽。泵的型式很多,按工作原理不同可分为离心式泵、轴流式泵、往复泵、齿轮泵、螺杆泵、喷射泵和水环式真空泵等,电厂给水泵多为离心式泵。

(3)锅炉的基本工作过程。

锅炉的基本工作过程是:燃料经制粉系统磨制成粉,送入炉膛中燃烧,使燃料的化学能转变为烟气的热能。高温烟气由炉膛经水平烟道进入尾部烟道,最后从锅炉中排出。锅炉排烟再经过烟气净化系统变为干净的烟气,由风机送入烟囱排入大气中。烟气在锅炉内流动的过程中,将热量以不同的方式传给各种受热面。例如,在炉膛中以辐射方式将热量传给水冷壁,在炉膛烟气出口处以半辐射、半对流方式将热量传给屏式过热器,在水平烟道和尾部烟道以对流方式传给过热器、再热器、省煤器和空气预热器。于是,锅炉给水便经过省煤器、水冷壁、过热器变成过热蒸汽,并把汽轮机高压缸做功后抽回的蒸汽变成再热蒸汽。图 2-8 显示了 HG-2008/18.2-YM 型控制循环锅炉结构,通过该图可大致了解锅炉各组成部分的常见布置形式。

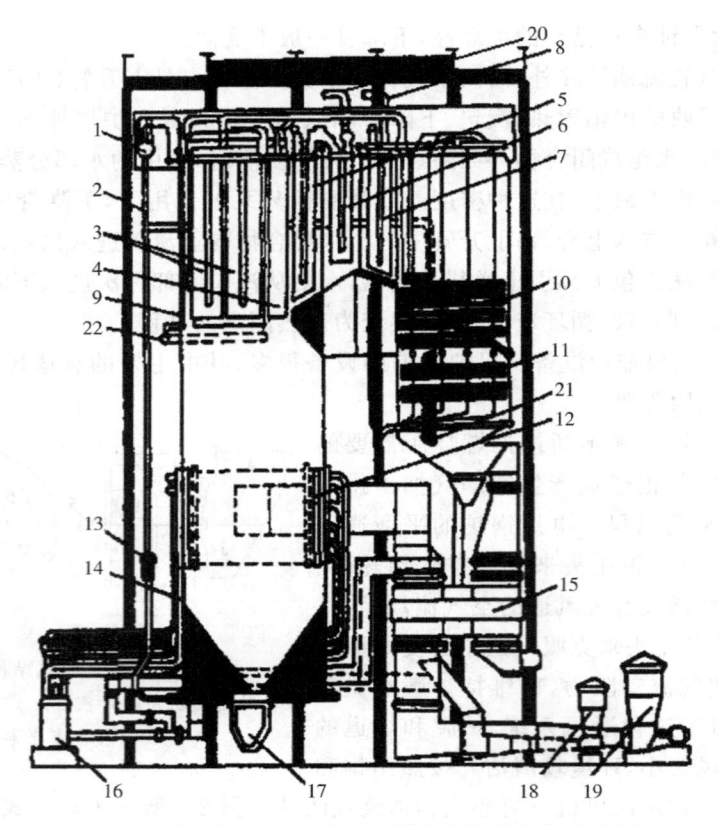

图 2-8　HG-2008/18.2-YM 型控制循环锅炉结构简图
1-汽包；2-下降管；3-分隔屏过热器；4-后屏过热器；5-屏式过热器；
6-末级再热器；7-末级过热器；8-过热蒸汽出口；9-墙式辐射过热器；
10-低温过热器；11-省煤器；12-燃烧器；13-循环泵；14-水冷壁；
15-空气预热器；16-磨煤机；17-除渣装置；18-一次风机；19-二次风机；
20-再热蒸汽出口；21-给水进口；22-再热蒸汽进口

4）风烟子系统

风烟子系统的作用是保证锅炉空气的供给和烟气的排除。火电厂中主要的风烟设备有送风机、冷风道、热风道、引风机、烟道及烟囱等。

送风机将冷风送到空气预热器加热，加热后的气体一部分经磨煤机、排粉风机进入炉膛，另一部分经喷燃器外侧套筒直接进入炉膛。其中，送风机以需要的流量将空气送入磨煤机或燃烧室，因而其风压要求一般较高，要克服风道及空气预热器中的阻力。

在我国燃煤锅炉制粉系统和炉膛燃烧常采用负压运行方式（如炉膛负压一般为 30~50Pa），因而在制粉系统末端要借助排粉机抽吸磨煤机中的煤粉气流，在锅炉烟道尾部要借助引风机抽吸炉膛中的烟气。

炉膛内燃烧形成的高温烟气，沿烟道经过热器、省煤器、空气预热器逐渐降温，再经除尘器除去 90%～99%(电除尘器可除去 99%)的灰尘,经引风机送入烟囱,排向大气。

5)灰渣子系统

燃煤锅炉在工作过程中会产生大量烟尘、SO_2、NO_x、CO_2 及废渣等有害物质,这些物质若任意排放将污染环境。烟气净化及灰渣系统的作用就是通过专用设备将上述有害物质脱除,以达到保护环境的目的。

为减小烟气对环境的污染,现常用的手段有烟气除尘(电除尘、袋式除尘等)、烟气脱硫、烟气脱硝、修建高烟囱等。对于炉膛内煤粉燃烧后产生的小灰粒,被除尘器收集成细灰排入冲灰沟;燃烧中因结焦形成的大块炉渣,下落到锅炉底部的渣斗内,经过碎渣机破碎后也排入冲灰沟。最后经灰渣水泵将细灰和碎炉渣经冲灰管道排往灰场(或用汽车将炉渣运走)。

2.1.3 火电厂的汽水系统

1. 火电厂热力学基础

1)常用概念及特性

(1)工质及其参数。

火电厂中是以蒸汽作为工作媒介(或称为载热体),依靠载热体的状态交替变化——受热、压缩、膨胀、冷却才能使热能对汽轮机做功,并使这一过程持续进行。把热能变为机械能的媒介物质称为工作物质,简称工质。火电厂中通常以水蒸气作为工质,描述工质状态的宏观物理量,称为热力状态参数(简称参数),其中压力、温度和比容是三个最基本的参数。

① 压力。压力表示工质作用于容器壁单位面积上的垂直力(也即压强),单位为 N/m^2 或帕斯卡(Pa),在实际工程中还常采用工程大气压(at)。

$$1at=1kgf/cm^2=9.80665×10^4 Pa$$

由于液/气体内部在任何方向上都有压强,并且在同一深度处各个方向上的压强大小相等,所以工程上也用液/气体的高/深度与其重度相乘积来表示压强大小:

$$p=h×\gamma \tag{2-1}$$

式中,h 为液/气体的高/深度(m);γ 为液/气体的重度(N/m^3),水的重度(4℃时)为 $9.80665×10^3 N/m^3$,汞的重度(0℃时)为 $1.33321×10^5 N/m^3$。

液体和气体的压力都用压力表来测定。如果压力较大,如锅炉进水压力及出口蒸汽压力、汽轮机内蒸汽压力等,大都采用弹簧式压力表,其单位为 at;如果压力很小,如风道内的风压等则常用 U 形水柱式压力表(又称风压表),其单位为毫米水柱;对于压力在 $1kgf/cm^2$ 左右时,如测量大气压、冷凝器内的空压等就采用 U 形汞柱式压力表。

由于压力表本身处于大气压力作用下,其读数只是反映了容器内的压力与外界大气压的差值,通常称为表压力。当工质的压力低于外界大气压时,其差值称为真空度或负压。表压力及真空度读数都将随外界大气压的变化而变化,因而不能作为工质的状态参数,工质的实际压力应采用绝对压力,即表压力与外界大气压之和。

在工程中,当容器中工质压力比较高时,通常把外界大气压 p_0 近似当作 1at,所引起的误差是允许的。但对较低的压力(如测量容器内的真空度)就会引起较大误差。

② 温度。温度数值常用热力学温度或摄氏温度表示。热力学温度单位为开尔文(K),摄氏温度单位为摄氏度(℃)。

工程中所用温度计种类很多,常见的有水银温度计、气体温度计、热电偶温度计、电阻温度计及测量高温用的光学温度计等。

③ 比容。单位质量的工质所占有的容积称为比容 v。如果用 V 表示 m 质量工质的容积,则比容为

$$v = \frac{V}{m} \quad (\mathrm{m^3/kg}) \tag{2-2}$$

比容的倒数即密度 ρ,$\rho = \frac{m}{V} = \frac{1}{v}$。

(2)水蒸气。

火电厂中实现能量转化的工质是水蒸气,它是由水在锅炉中进行加热汽化而形成的。

从日常生活中可以发现,对 0℃ 的水在大气中进行加热时,温度不断上升,比容略有增加。在热力工程中把未达到沸腾状态的水称为"未饱和水"。当温度升高到某一数值时,温度即停止上升,水开始沸腾,此时温度称为"饱和温度",它与外界大气压力有关,此刻对应的压力称为"饱和压力",沸腾状态的水称为"饱和水"。随着继续加热,水开始汽化变为水蒸气,汽化过程中外界压力和温度维持不变,而水蒸气比容很快增大。在容器中呈现出水、汽共存的现象,其蒸汽称为"湿蒸汽"或"湿饱和蒸汽"。继续加热,当最后一滴水变为水蒸气时的这一特殊临界状态,相应的无水蒸气称为"干饱和蒸汽"(简称"干蒸汽")。1kg 饱和水,等压汽化为干蒸汽所需的热量称为"汽化潜热"(简称"汽化热")。如果对干蒸汽再继续加热,水蒸气温度就会升高而超过饱和温度,比容也随之增大,这种水蒸气称为"过热蒸汽"。过热蒸汽的温度超过该压力下饱和温度的数值称为"过热度"。饱和蒸汽在定压下加热至过热蒸汽所需要的热量称为"过热热量"(简称"过热热")。在一个标准大气压下水的饱和温度为 100℃,压力越高水的饱和温度也越高,反之,压力降低水的饱和温度也降低。

上述水的等压汽化过程可用压容图 p-v 曲线描述,如图 2-9 所示。图中 a 点对应于 0℃(273.15K)水的状态,a-b 表示未饱和水的预热过程;c 点相应于干饱和蒸汽状态,b-c 表示水的定压汽化过程;d 点则代表过热蒸汽状态,c-d 表示水蒸气的过热过程。如果在不同压力下,对水重复等压加热就可分别得到 a-b-c-d,a_1-b_1-c_1-d_1,a_2-b_2-c_2-d_2,…线等。因为液态水是不可压缩的,随着压力增大汽化过程就会在较高的饱和温度下开始,于是开始汽化时的比容也略有增加,所以压容图上出现 b_1 比 b(b_2 比 b_1,…)偏右一些;而压力的提高使干饱和蒸汽的比容显著减小,故 c_1 比 c(c_2 比 c_1,…)偏左。把各

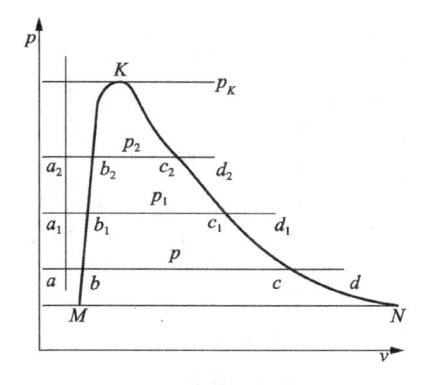

压力下的饱和水状态 $b,b_1,b_2,\cdots,K$ 连接起来的曲线称为"饱和水线",把干饱和蒸汽的状态点 $c,c_1,c_2,\cdots,K$ 连接起来的曲线称为"干饱和蒸汽线"。K 点为饱和水与干饱和蒸汽的重合点,在这一点上液态和气态界限消失,把这一特殊点称为"临界点",相应的压力称为临界压力。水的临界压力为 22.13MPa(225.65 个标准大气压),相应的临界温度为 374.15℃,临界比容为 0.00317m³/kg。工程上习惯把饱和水线 MK 称为低界限线,把干饱和蒸汽线 NK 称为高界限线。由图 2-9 可看出,MK 及 NK 将 p-v 图分成三个区域,0℃水线与 MK 之间是未饱和水区域,MK 与 NK 之间是湿饱和蒸汽区域,NK 以右则为过热蒸汽区域。

图 2-9 水蒸气的 p-v 图

含热量也是蒸汽的一个重要参数,简称焓。焓描述了蒸汽所含的热能,常以 h 表示,单位为 kcal/kg。饱和压力越高,饱和水的焓也越大,但汽化潜热则随着饱和压力的升高而减小。这是因为汽化热是用来改变物质状态,也就是扩大分子间距离,而不是用来升高温度。由于高压蒸汽的分子彼此距离较近,因而需要的热量较少。干饱和蒸汽的焓等于饱和水的焓加汽化热,而过热蒸汽的焓等于饱和水的焓、汽化热和过热热之和,或等于干饱和蒸汽焓和过热热之和。过热蒸汽的焓不但与压力有关,而且与蒸汽过热后的温度有关,即随着压力的升高而减小,随着温度的升高而增大。

火电厂都是应用过热蒸汽,因为它一方面性能接近于气体,比较稳定;另一方面,在过热过程中所加进去的热量使蒸汽进入汽轮机中膨胀时,能做更多的功,使发电机产生更多电能,有利于提高经济性。

2)火电厂基本动力循环

在火电厂生产过程中,热能与机械能、电能的连续转换,是以水蒸气工质在动力装置中通过热力循环来实现的。

根据热力学第二定律,在一定温度范围内工作的各类循环中,以卡诺循环的热效率为最高。可是,以饱和蒸汽为工质实现卡诺循环还有不少困难。因为卡诺循环的两个过程对汽轮机做功来说,仅限于在蒸汽区,热源和冷源的可利用温差不大,循环热效率也不会高。此外,饱和蒸汽在汽轮机中绝热膨胀后,将变成湿度很大的湿蒸汽,不仅对汽轮机工作十分不利,而且由于低压蒸汽的比容大,还需要配以较大尺寸和功率的压缩泵。因而,以饱和蒸汽为工质的卡诺循环很难被采用。

针对上述原因,为了提高循环的做功效率,提高工质上限温度,可采用过热蒸汽;为了改进压缩过程,应将做功后的乏汽完全凝结成水。这样,就构成一个切实可行的基本动力循环——朗肯循环,如图 2-10 所示。

如图 2-10 所示,朗肯循环主要包括四大设备:锅炉、汽轮机、凝汽器和给水泵。水首先在锅炉和过热器中进行定压吸热,由未饱和水加热变成过热蒸汽。过热蒸汽经管道进入汽轮机,在汽轮机内蒸汽绝热膨胀做功使汽轮机转动带动发电机发电。在汽轮机中做功后的蒸汽(称为乏汽),排入凝汽器内向冷却水定压放热,凝结成饱和水。凝结水再经给水泵绝热压缩升压后送入锅炉加热,从而完成循环。

工质在热力设备中不断地进行定压吸热、绝热膨胀、定压放热和绝热压缩四个过程,使热能不断地转变为机械能,进而转变为电能。目前,以朗肯循环为基本循环被广泛应用于火电厂。

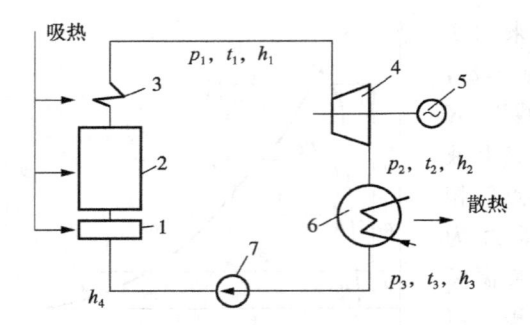

图 2-10 朗肯循环示意图
1-省煤器;2-炉膛水冷壁;3-过热器;4-汽轮机;
5-发电机;6-凝汽器;7-给水泵

朗肯循环的热效率是表明循环中热变功的有效程度,用 η_r 表示,即

$$\eta_r = \frac{q_1 - q_2}{q_1} = \frac{w_0}{q_1} \tag{2-3}$$

式中,q_1 为 1kg 蒸汽在锅炉中定压下吸收的热量(kJ/kg),$q_1 = h_1 - h_4$;q_2 为 1kg 乏汽在凝汽器中定压定温下放出的热量(kJ/kg),$q_2 = h_2 - h_3$;w_0 为 1kg 蒸汽在循环中所做的净功;h_1 为过热蒸汽的焓(kJ/kg);h_2 为汽轮机出口乏汽的焓(kJ/kg);h_3 为凝结水的焓(kJ/kg);h_4 为锅炉给水的焓(kJ/kg)。

由于水经绝热压缩后,温度和焓值基本保持不变,因而 $h_3 \approx h_4$,这样 η_r 的另一种形式为

$$\eta_r \approx \frac{h_1 - h_2}{h_1 - h_3} \tag{2-4}$$

由此可以看出,朗肯循环热效率 η_r 主要受过热蒸汽焓 h_1、汽轮机出口乏汽焓 h_2、凝结水焓 h_3 三个指标影响。其中,过热蒸汽焓 h_1 主要取决于锅炉出口蒸汽的初压 p_1 和初温 t_1(随着初压和初温的升高,h_1 也会增大),凝结水焓 h_3 则由膨胀终了的压力 p_2 所决定,而初压 p_1、初温 t_1 和膨胀终了压力 p_2 又决定着绝热膨胀后乏汽的焓 h_2。所以朗肯循环热效率主要由蒸汽参数 p_1、t_1 和 p_2 所决定,通过分析这些参数的影响可以找出提高循环热效率的方法。

其中,在蒸汽初压和乏汽压力一定情况下提高过热蒸汽初温可以提高循环热效率,还可以提高汽轮机的排汽干度,从而改善汽轮机的工作条件。但是初温的提高主要受到金属材料耐热性能的限制,目前大容量机组的锅炉出口过热蒸汽初温一般控制在 600℃ 左右。类似的,在蒸汽初温和乏汽压力一定情况下提高蒸汽初压也可使循环热效率提高,同时初压的提高使蒸汽的比容减小,在机组功率不变的条件下,可以减小热力设备的体积。但是随着初压的提高,对金属材料的强度要求也提高,并且随着初压的提高会有一使循环热效率开始下降的压力,称为极限压力,在接近此极限压力时随着蒸汽初压的提高,循环热效率的提高幅度越来越小。此外,初压的提高会使乏汽干度迅速降

低,不仅降低了汽轮机的内部效率,还危及汽轮机的安全。为此,通常在提高初压的同时,还必须提高初温或采取其他措施,以保证乏汽干度不致过低。再者,降低汽轮机出口乏汽的压力也可明显提高循环热效率,但是过低的排汽压力会使乏汽比容增大,导致汽轮机尾部尺寸的增大,同时排汽压力降低使排汽干度也降低了,易造成汽轮机最后几级的工作条件的恶化。目前,火电厂汽轮机常用的排汽压力为 0.003～0.0045MPa。

综上所述,提高过热蒸汽初始参数可提高循环的热效率。因而现代蒸汽动力循环都朝着采用高参数、大容量方向发展。但是,高参数的采用又会导致设备的投资费用和运行费用相应增加。

表 2-1 显示为目前我国各类常见火电厂的效率情况。

表 2-1　火电厂热效率　　　　　　　　　单位:%

类　别	电厂初参数			
	中参数	高参数	超高参数	超临界参数
全厂效率	24.5	30.5	37	40

造成朗肯循环热效率低的主要原因有两个:一方面是工质从热循环吸入的热量中大部分(占 50%以上)被凝汽器中的冷却水带走,由此造成工质吸热过程的平均温度不高,而蒸汽初参数的提高,其焓也必然增加,这部分热量自然要由锅炉内燃料燃烧放出的热量供给;另一方面是提高蒸汽的初压、初温和降低排汽压力,虽然可提高循环的热效率,但是又受到诸如高参数蒸汽易导致乏汽湿度大等条件的限制。为了解决这些问题,提高循环整体热效率,现代火电厂常采用以下三种措施。

(1)采用回热循环。

利用汽轮机抽汽来加热给水的方法称为给水回热。具有给水回热的循环称为给水回热循环,简称为回热循环,如图 2-11 所示。

回热循环是利用在汽轮机中做过部分功的蒸汽来加热给水,从而提高了吸热过程的平均温度,减少了工质在锅炉中的吸热量。同时因抽汽而减少凝汽器中的热损失,所以回热循环热效率比同参数的朗肯循环热效率高。

采用回热循环后,由于给水温度的提高,锅炉的热负荷减少,从而可减小锅炉的受热面,节约金属材料;但是回热抽汽使每千克蒸汽在汽轮机中热变功的量也相应减少。如要保证发电量不变,则需增加进入汽轮机的新蒸汽量,以弥补因抽汽而减少的发电量,因而汽耗率增大。因此,过大增加抽汽量会使汽轮机做功能力急剧下降,反而降低循环热效率。为了使回热循

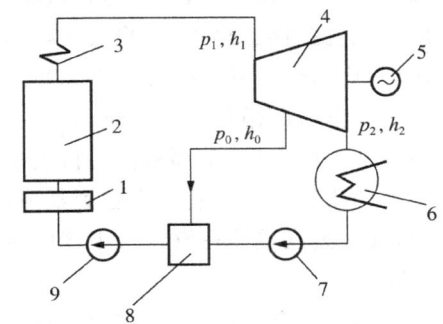

图 2-11　一次抽汽回热循环装置示意图
1-省煤器;2-锅炉;3-过热器;4-汽轮机;5-发电机;
6-凝汽器;7-凝结水泵;8-混合式给水泵;9-给水泵

环获得最大收益,应确定最佳的抽汽压力和抽汽量。

与朗肯循环相比,采用回热循环虽然增加了设备的投资和运行管理费用等,但是从总体上的技术经济比较,还是利大于弊,故多级回热循环被火电厂广泛采用。

(2) 采用中间再热循环。

所谓中间再过热就是将汽轮机中膨胀到某一中间压力的蒸汽从汽轮机中抽出,重新引回到锅炉的再热器中再次进行定压加热,使其温度提高后再导入汽轮机继续膨胀做功到排汽压力的过程,如图 2-12 所示。

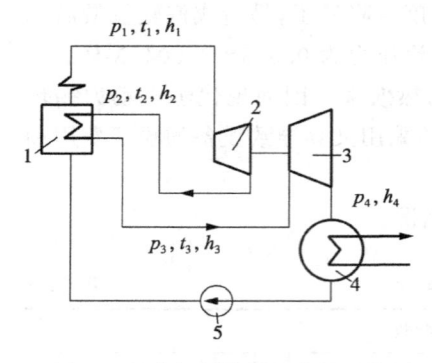

图 2-12 中间再热循环装置示意图
1-锅炉;2-汽轮机高压缸;3-汽轮机低压缸;4-凝汽器;5-给水泵

如图 2-12 所示,再热部分可看作在原朗肯循环上附加了一个新循环。当再热温度与蒸汽初温相等时,由于终参数相同,显然只要再热压力选择得不太低,则附加循环吸热过程的平均温度将高于原循环的吸热过程平均温度,所以复合后的再热循环的热效率大于同参数下的朗肯循环,而且再热循环又能提高排汽干度。

再热压力的选择必须经全面的技术经济比较,应在保证排汽干度的前提下使热效率达到最佳。一般再热压力选择在蒸汽初压的 20%～30% 之间。但是,再热的收益是在付出再热设备昂贵的代价下取得的。所以,中间再热循环一般只有对高参数、大容量机组在经济上才是合理的,而压力低于 10MPa 的机组则很少采用中间再热循环。

(3) 热电联产循环。

在火电厂中,尽管可以通过提高蒸汽的初参数和改进循环方式来提高循环热效率,但是至少还有 50% 的热量被凝汽器中的冷却水带走。这部分热量虽然数量很大,但是因温度过低而没有利用价值。如果将汽轮机的背压提高到 0.1MPa,则排汽温度可达 99.63℃。背压越高,相应地排汽温度也越高。因此,在一定条件下将这部分热量以热能形式直接供给热用户,将大大提高发电厂的经济性。这就是供热和发电兼顾的热力循环,称为热电联产循环。采用热电联产循环的发电厂称为热电厂。

热电联产循环对外供热的方式有两种:一种是蒸汽在汽轮机中膨胀到大于大气压力的某一压力后,全部从汽轮机引出供热用户使用,这种汽轮机称为背压式汽轮机;另一种是蒸汽在汽轮机中膨胀到某一压力后,一部分蒸汽从汽轮机中引出以供热用户使用,其余蒸汽继续在汽轮机中膨胀做功,最终排入凝汽器,这种汽轮机称为调节抽汽式汽轮机。

热电联产循环可有效提高燃料总的热能利用率,目前热电厂的总体热能利用率可达 70%～80%。

2. 汽水系统构成

火电厂的汽水系统是指锅炉给水和蒸汽流经的各种设备及其管道组成的系统,一般由锅炉汽水设备、汽轮机、凝汽器、除氧器、加热器等设备及管道组成,其中包括给水系统、冷却水(循环水)系统和补水系统等三个子系统,如图2-13所示。

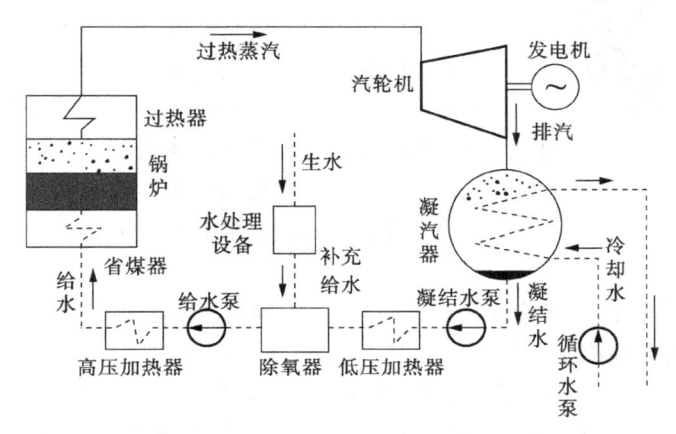

图2-13 火电厂汽水系统流程示意图

如图2-13中所示,锅炉产生的过热蒸汽沿主蒸汽管道进入汽轮机,冲动汽轮机叶片转动并带动发电机转子旋转产生电能。在汽轮机内做功后的蒸汽(又称乏汽),其温度和压力大大下降,最后排入凝汽器并被冷却水冷却凝结成水(称为凝结水)。汇集后的凝结水由凝结水泵打至低压加热器中加热,再经除氧器除氧并继续加热,从除氧器出来的水(称为锅炉给水)经给水泵升压和高压加热器加热,最后送入锅炉汽包,被锅炉蒸发为过热蒸汽由此完成一个做功循环。在现代大型机组中,一般都从汽轮机的某些中间级抽出做过功的部分蒸汽,用以加热系统中的给水;或把做过一段功的蒸汽从汽轮机的某一中间级全部抽出,送到锅炉的再热器中加热后再引入汽轮机的后续几级中继续做功。

1)汽轮机

汽轮机是汽水系统工作的核心,也是火电厂三大主要设备之一,它是以蒸汽为工质,将热能转变为机械能的外燃高速旋转式原动机,为发电机的能量转换提供机械能。

(1)汽轮机的工作原理。

由锅炉来的蒸汽通过汽轮机时,分别在静叶片(喷嘴)和动叶片中进行能量转换。根据蒸汽在静、动叶片中做功原理不同,汽轮机可分为冲动式和反动式两种。

冲动式汽轮机工作原理如图2-14所示,具有一定压力和温度的蒸汽首先在固定不动的喷嘴中膨胀加速,使蒸汽压力和温度降低,部分热能变为动能。从喷嘴喷出的高速汽流以一定的方向进入装在叶轮上的动叶片流道,在动叶片流道中改变速度,产生作用

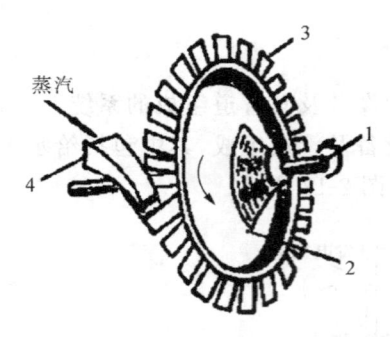

图2-14 冲动式汽轮机工作原理
1-大轴；2-叶轮；3-动叶片；4-喷嘴

力,推动叶轮和轴转动,使蒸汽的动能转变为轴的机械能。

在反动式汽轮机中,蒸汽流过喷嘴和动叶片时,蒸汽不仅在喷嘴中膨胀加速,而且在动叶片中也要继续膨胀,使蒸汽在动叶片流道中的流速提高。当由动叶片流道出口喷出时,蒸汽便给动叶片一个反作用力。动叶片同时受到喷嘴出口汽流的冲动力和自身出口汽流的反作用力。在这两个力的作用下,动叶片带动叶轮和轴高速旋转,这就是反动式汽轮机的工作原理。

(2)汽轮机的常用分类。

汽轮机分类方式很多,按照热力过程特性的不同,一般可分为:

① 凝汽式汽轮机。其特点是在汽轮机中做功后的排汽,在低于大气压力的真空状态下进入凝汽器凝结成水。

② 背压式汽轮机。其特点是在排汽压力高于大气压力的情况下,将排汽供给热用户。有的将高压排汽用作中、低压汽轮机的工作蒸汽,这种汽轮机常称为前置式汽轮机。

③ 中间再热式汽轮机。其特点是在汽轮机高压部分做功后蒸汽全部抽出,送到锅炉再热器中加热,然后回到汽轮机中压部分继续做功。

④ 调整抽汽式汽轮机。其特点是从汽轮机的某级抽出部分具有一定压力的蒸汽供做功用,排汽仍进入凝汽器。

(3)汽轮机的结构与主要组成。

汽轮机设备包括汽轮机本体、调速保护及油系统、辅助设备和热力系统等各组成部分。

汽轮机本体由静止和转动两大部分构成。前者又称静子,包括汽缸、隔板、喷嘴、汽封和轴承等部件;后者又称转子,包括轴、叶轮和动叶片等部件,如图2-15所示。

汽轮机的外壳称为汽缸,它是与外界大气隔绝的封闭汽室。汽缸内部装有静止部件和转子,使蒸汽在里面膨胀做功。汽缸前端有进汽室,中间有引出一部分蒸汽用于加热给水和除氧的抽汽口,后端有形状特殊的排汽室。

为适应蒸汽膨胀流通,按照蒸汽流动方向,汽缸被设计为渐扩形。各个汽缸按照蒸汽压力大小顺序分别称为高压缸、中压缸和低压缸。各缸分开布置,中间相连接。

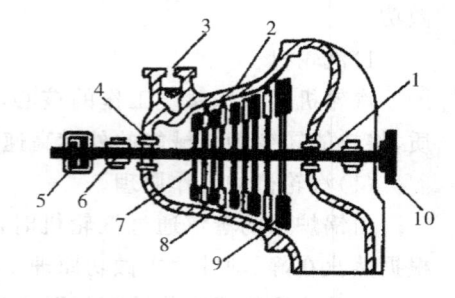

图2-15 汽轮机结构示意图
1-大轴；2-隔板；3-调节气门；4-汽封；5-推力轴承；6-轴承；7-叶轮；8-汽缸；9-叶片；10-联轴器

隔板又称喷嘴板,它将汽轮机的各级进行分

隔,是汽轮机各级间的间壁,隔板由隔板体、喷嘴(静叶片)和内、外围带组成。

汽轮机转子结构形式很多,随工作原理、机组容量及蒸汽参数的不同而有所不同。汽轮机的转子由主轴和固定于主轴上的若干级叶轮组成。因连接方式不同,转子可分为套装式、整锻式、焊接式和组合式,图2-16所示为转子剖面图。

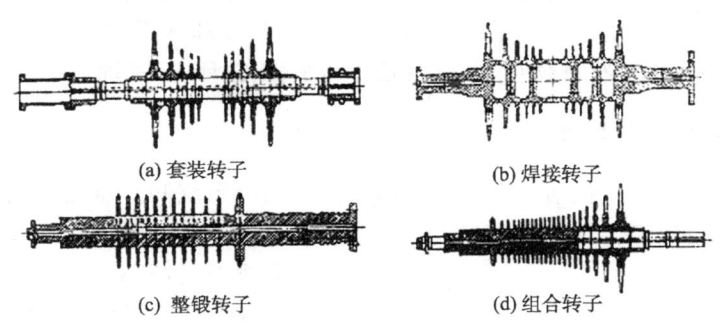

(a) 套装转子　　　　(b) 焊接转子

(c) 整锻转子　　　　(d) 组合转子

图 2-16　转子剖面图

汽轮机的调速保护及油系统包括调速器、油泵、调速传动机构、调速汽门、安全保护装置和冷油器等部件。汽轮机调速保护系统的主要作用是通过控制汽轮机转速来保证机组能根据系统要求供给电能,使电网频率稳定在一定范围内,以及当出现故障时汽轮机转速不致过高以免造成重大事故。

汽轮机的辅助设备有凝汽器、抽汽器、除氧器、加热器和凝结水泵等。

汽轮机的热力系统包括主蒸汽系统、给水除氧系统、抽汽回热系统和凝汽系统等。

2) 给水系统

给水系统由给水泵、给水管道、阀门等组成,一般包括从除氧器给水箱到锅炉省煤器进口的所有管道系统。其作用是将水从除氧器给水箱中不断输入到锅炉中去,补充锅炉蒸发用水以保证锅炉安全连续运行。其中,给水泵之前的部分常称为低压给水系统,给水泵之后的部分常称为高压给水系统。

3) 补水系统

在汽水系统循环过程中总难免有汽、水泄漏等损失,为维持汽、水系统循环的正常进行,必须不断向系统补充经化学处理的软化水,这些补给水一般补入除氧器或凝汽器中,称为补水系统。

在锅炉和汽轮机之间的热力系统中,工质的损失是不可避免的。例如锅炉的排污、汽轮机轴封的冒汽、管道阀门和其他设备的漏汽等,因此必须经常向系统中供给补充水。将厂外江河或深井来的生水经过沉淀、过滤和化学处理后变成软化水或全除盐水,用中继泵打入蒸发器的预热器,再引入蒸发器。蒸发器的作用是利用汽轮机抽汽加热软化水,使之汽化,除去它的暂时硬度和杂质,生成的新蒸汽送到除氧器下部与汽轮机的抽汽一道用来加热凝结水,与凝结水汇合一起流入储水箱,最后由给水泵打入锅炉。这种带蒸发器的补水系统通常在大型机组中采用。中小机组常将生水经化学处理后直接送到除氧器，然后由给水泵打入锅炉。有的机组的补水系统直接将除盐水补入凝汽器底部的疏水井中。

4) 冷却水(循环水)系统

为将汽轮机中做功后的乏汽(压力、温度已降低的蒸汽)冷凝成水，将其排入凝汽器并由循环水泵从凉水塔抽取大量冷却水送入凝汽器，冷却水吸收乏汽的热量后再送回凉水塔冷却，冷却水是循环使用的，这就是冷却水(或循环水)系统。

2.1.4 火电厂的电气系统

火电厂的电气系统包括发电机、励磁装置、厂用电系统和升压变电站等，如图2-17所示。

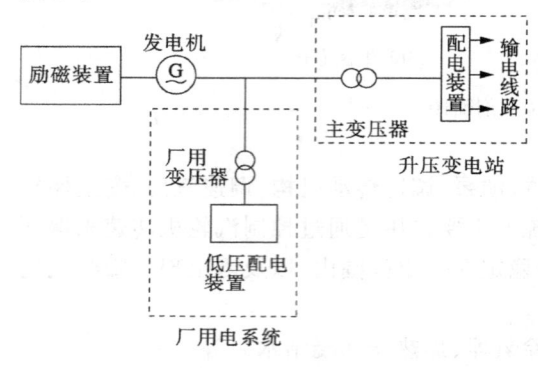

图 2-17 火电厂电气系统示意图

发电机的机端电压和电流随着容量的不同而各不相同，一般额定电压在10~20kV之间，而额定电流可达20kA及以上。发电机发出的电能，其中一小部分(占发电机容量的4%~8%)，由厂用变压器降低电压(一般为6.3kV和0.4kV两个电压等级)后，经厂用配电装置由电缆供给水泵、送风机、磨煤机等各种辅机和电厂照明等设备用电，称为厂用电(或自用电)。其余大部分电能，由主变压器升压后，经高压配电装置、输电线路送入电网。

电气系统的详细内容将在后续章节进行详细介绍。

2.1.5 火电厂的运行

火电厂的三大主体设备是锅炉、汽轮机和发电机，其中锅炉和汽轮机为热力设备，而发电机则属电气设备，因而火电厂的发电过程就是热力和电气设备相互协调配合，共同完成化学能—机械能—电能转换的过程。这里一切附属设备都要为保证主机正常运行而工作。关于锅炉、汽轮机的启、停和正常运行维护，国家有统一规定条例，并且各发电厂也根据自身特点制订的操作规程，下面仅介绍一些有关主体设备运行的基本知识。

1. 锅炉运行

锅炉点火前必须检查各种设备状态是否正常，各系统要均处于启动准备状态。特别是点火前应向烟道通风5min以上，以排除炉内可能存在的可燃气体，防止升火时引起爆炸。升火是加热过程，此时在锅炉的承压部件中，除了内部工质压力外还有附加的温度应力，由于温度应力和压力的共同作用，如在短时间内超过材料的允许应力，就可能造成部件破坏。为了防止汽包、各种受热面、联箱、钢骨架和炉墙等部件因温度不均匀而产生过大的温度应力,升火过程必须缓慢进行。中压锅炉的升火一般需要 2～4h,高压锅炉一般为 4～5h。

一般情况下锅炉从冷状态到投入运行可分为上水、点火、升压和并汽等四个程序。

(1) 上水(即将经过处理的给水送入锅炉)。上水的速度不能过快,水的温度不宜过高,以免与管壁金属温度相差太大。

(2) 点火。当上水达到水位计最低水位(汽包的最低允许水位)时,即可进行锅炉点火,其生火速度要适当,尽可能使锅炉各部分受热均匀,且使燃烧室内保持 19.62～29.43 Pa 负压。这样,既可使炉内通风流畅,又防止烟气外冒伤人。

(3) 升压。当炉水温度逐渐升高并开始汽化时,汽压也逐渐上升,这就是升压过程。当汽压升到 3.924×10^5～5.886×10^5 Pa(即 4～6 个标准大气压)时,要开始暖管并排除管内的凝结水,以防止当过热蒸汽突然进入较冷管段后,产生巨大的温度应力和水击现象,甚至发生蒸汽带水,危及汽轮机运行。一般暖管速度都控制在每分钟温升为 2～3℃。

(4) 并汽。几台锅炉并列运行时,将升火炉接入蒸汽母管投入运行称为并汽。当锅炉并汽结束后,即投入正常运行。

锅炉在运行中,要保持正常的水位、正常的汽压和汽温。水位过高会引起蒸汽带水,蒸汽品质变坏;水位过低使受热面过热,甚至造成烧干锅引起爆炸。汽温、汽压过高往往影响锅炉的安全,过低将影响锅炉运行的经济性。运行人员应根据负荷的变化及时调整给水量、燃料供给量和通风量(包括一、二次风量)等。同时,根据烟气中的 CO_2 含量来适当控制输入炉内的新鲜空气量,以使其既能保证燃料充分燃烧又不至于带走过多热量造成燃料浪费,此外要经常注意燃料燃烧情况和炉内是否结渣。运行中还要保持各受热面的清洁,适当地进行吹灰、清渣和排污等维护工作。

停炉时,应先停给粉系统和燃烧设备,随着负荷的降低应相应减少给水。当完全停止供汽时,关闭主汽阀。停炉后的一段时间内应紧闭炉门,防止因自然通风而引起骤然冷却。若停炉后需转入热备用状态,则必须严密地关闭所有门孔和挡板,以维持锅炉的压力,保持炉内的热量。

2. 汽轮机运行

汽轮机不仅是高温高压设备,而且转速也很高,一旦发生重大事故,对人身及设备造成的直接危害将十分严重。因此,汽轮机的安全运行特别重要,汽轮机的启动和停机过程同时也是其部件的加热和冷却过程。在这些过程中,汽轮机的某些部件由于受热或冷却的条件不同,因而产生温差,于是在某些部件之间就会产生相对位移(又称"胀差"),另一些部件则因本身膨胀不均匀而产生内应力(称"热应力")和变形(称"热变形")。如果温差控制不好,便会发生异常现象,甚至导致重大事故。因此,一般汽轮机从冷态到带负荷运行需经过暖管疏水、暖机、升速、并列及带负荷运行等几个过程。

(1)暖管疏水。先将停运期间凝结在管道中的冷水排出,以免发生蒸汽带水的现象。暖管时缓慢地将主蒸汽引入管道,压力应逐渐上升,升压不宜过快,通常需20～60min。

(2)暖机。暖管后可进行冲车和暖机工作。利用盘车装置把汽轮机转动起来,并开启主汽门送入蒸汽,冲动汽轮机使其维持在300～500r/min的低转速下运行1h左右。具体暖机时间,因不同的机型、容量、参数、季节以及停机时间长短而有所差别。

(3)升速。暖机完毕,确认汽轮机各部件均正常即可升速,升速时应均匀连续地进行。由于转子本身具有一定的自振频率,如果转子转速与自振频率相吻合时就会产生共振,可能导致转子横向振幅增大,损坏汽轮机,这个转速值称为"临界转速"。升速时应密切监视表计,在临界转速时应迅速越过,以免发生振动现象。

(4)并列及带负荷运行。当汽轮机达到额定转速时,需进行一次全面检查,确认正常后,通知主控制室进行并列及带负荷进入正常运行。

一台中型机组从启动到并列,往往要费时2～3h,而要带到满负荷,还需相当长的时间。

汽轮机正常运行时,必须进行如下监视:

(1)新蒸汽压力。汽压过高时,第一级(也称调节级)叶片热能的降落过大,容易过负荷;汽压过低,则出力降低。汽压如降得过多,影响抽汽器工作。

(2)新蒸汽温度。汽温低,会使汽耗增加,如汽温过低因而带水,将会造成汽轮机严重损伤;汽温过高,则金属强度降低,原来热套部件的配合紧力减弱。

(3)凝汽器的真空度或乏汽的压力(或温度)。

(4)调节级后及各抽汽段后的汽压。各段汽压应与流量成正比,若数值过高将影响经济性。

(5)振动。如果超过允许值会造成严重事故。

(6)油系统的油量、油压和油温。油系统的油量和油压应当正常,轴承用油的进口油温不能过低,以防黏度过大;也不能过高,以防油质恶化。进出口油温之差反映了轴承冷却情况和进油油量,不能超过允许值。

(7)轴向位移,不能超过允许值。

(8)声音。绝对不允许有摩擦音和搏击声。

汽轮机的停机过程,同时也是其各部件逐渐冷却的过程,但冷却速度不能过快,以免造成危险的热应力和热应变。所以停机之后,辅助冷却油泵、凝结水泵、循环水泵等都需要继续工作30min左右,同时为保证汽轮机主轴在停机过程中冷却均匀不致发生弯曲变形而要进行盘车。

2.1.6 火电厂在系统中的应用特点及对环境的影响

与其他类型的发电厂相比,火电厂有如下特点:

(1)布局灵活,装机容量大小一般可按需要决定。相比其他发电形式(水电、风电等),火电厂的选址布局较少受环境因素的制约,在我国火电厂的主要燃料是煤炭,因而火电厂既可置于煤矿等燃料基地,也可建在城市或负荷中心附近,主要根据电力布局规划及国民经济对电、热能的需求来确定,在厂址选择上只要充分考虑交通、水源、电及热负荷分布以及除灰、气象等条件,基本就能达到要求。同时,火电厂的装机容量一般可根据地区负荷需求、电力发展规划、交通运输条件等因素灵活确定。

(2)建造工期短,一般为同等容量水电厂的一半甚至更短;并且一次性建造投资少,仅为水电厂的一半左右。一般配置 2×300MW 机组的火电厂,建造工期为 3～4 年,且火电厂设备的年利用小时数较高,而水电厂的运行状况一般要受季节变化的影响。

(3)我国火电以燃煤为主,因而发电耗煤量大。例如,一座装机 4×30 万 kW 的中型火力发电厂,煤耗率按 360g/(kW·h)计,每天即需用标准煤(每千克产生热量7kcal)10368t,加上运煤费用和大量用水,其生产成本比水力发电要高出 3～4 倍。

(4)动力设备繁多,发电机组控制操作复杂,厂用电量和运行人员都多于水电厂,运行费用高。火电厂为保障主体设备(如锅炉、汽轮机等)的正常工作,需要装置很多动力、控制、保护等辅助设备,这些辅助设备运行状况与维护质量的好坏直接影响主体设备的工作,因而火电厂日常操作维护工作的复杂性与费用一般都超过同等级别的水电厂。

(5)汽轮机开、停机过程时间长,耗资大,不宜作为调峰电源用。火电厂是以一定压力和温度的水蒸气作为推动汽轮机—发电机组发电的做功介质,而这种水蒸气的产生是通过一个以锅炉为主体的复杂循环系统实现,由此汽轮机—发电机组的启、停及出力的调整都涉及整个系统运行参数的变化控制,过程耗时较长,例如,一般大中型火电厂的启、停时间在 8～16h,因而火电厂通常承担系统的基荷或腰荷,而不宜作为调峰使用。另一方面,对于大型火电厂频繁进行出力调整也会降低运行的经济性。

(6)对空气和环境的污染大。火电厂在生产运行过程中,由于所用燃料的原因,通常会产生 SO_2、NO_x、CO_2 及粉尘等有害物质,如直接排入大气将会造成环境污染(如酸雨、温室效应等)。现阶段为减少火电厂对环境的污染,通常采用各种过滤、吸附、固化等措施,以求将上述有害物质降到最低。

当前我国的火电厂燃料仍以煤炭为主,在生产过程中会产生大量 CO_2、SO_2、氮氧化物及粉尘等有害物质。这些物质排入大气会导致大气污染,带来诸如温室效应、酸雨危害、臭氧层破坏等环境问题。据国家电监会 2007 年统计,我国火电约占发电总容量的 78%,可再生能源发电及核能发电比例较小,这一方面加剧了煤炭运输紧张,另一方面导致环境问题日趋严重。根据 2007 年资料统计,我国电煤消费约占全国煤炭产量的 50%,火电用水占到工业用水的约 40%,SO_2 排放量占到全国排放量的 50%左右。由此,为了实现经济的可持续发展,我国一方面加大可再生能源及清洁能源的开发投入,促进能源结构的调整;另一方面对现有的火电厂推行节能减排等各项措施,以降低对环境的破坏。

火电厂的节能减排现阶段主要是从以下几个方面着手。

(1)采用先进技术以提高火电厂燃煤发电效率并进行炉内脱硫。这些技术一般包括使用超超临界机组、整体煤气化联合循环发电、加压循环流化床和循环流化床等。其中,加石灰石炉内脱硫率可达到80%～90%。

(2)采用先进的烟气净化技术。这些技术包括烟气脱硫、脱硝、除尘等已得到广泛应用,并取得较显著效果。如电除尘的除尘效率可达99%,袋式除尘的除尘效率可达99.7%。

(3)采用新的水处理技术,节约用水,以实现用水系统闭路循环、废水回收重复利用等,减少排污。

(4)灰渣重新利用,用于烧制砖或作为水泥辅料等。

(5)关停并转一些效率低下、污染严重的小厂。

2.2 水力发电

2.2.1 概述

利用天然水资源中的水能进行发电的方式称为水力发电,它是现代电力生产的重要方式之一,也是开发利用天然水能资源的主要方式。

江河流水具有动能和势能。水流量的大小和水头的高低,决定了水流能量的大小。水能是再生能源,蒸发和降水自然循环使江河水体川流不息。水能又是过程性能源,这种比较集中的能量过程不被利用时,便消耗于自然衍变之中,有的还会造成公害(如洪水泛滥、河床冲蚀和河流改道等)。

水电厂是将水能转变为电能的工厂。从能量转换的观点分析,其过程为水能—机械能—电能。实现这一能量转变的生产方式,一般是在河流上筑坝,提高水位以造成较高的水头;建造相应的水工设施,以有控制地获取集中的水流。在此基础上,经引水机构将集中的水流引入水电厂内的水轮机,驱动水轮机旋转,水能便被转化为水轮机的旋转机械能,同时与水轮机直接相连接的发电机将机械能转换成电能,并由电气系统升压分配送入电网。

各种不同类型的水电厂,其动力部分所包括的蓄水、引水等水工设施和水轮机的型式也各不相同。水电厂装机容量的大小、水电厂在电力系统中的地位和调节运行方式等,都是水力发电动力部分中的重要内容。

2.2.2 水电厂的工作形式

1. 水能的利用

1)水能

天然河道中,水流经常冲刷河床和河底并携带大量泥沙和砾石从上游流向下游。这就表明水流中蕴藏着一定的能量,称为"水能"。形成水能应具备两个条件,即流量和落差。

流量是指江河中在单位时间内通过过水断面(即垂直水流方向的横断面)的水的体积,表示为

$$Q = \frac{W}{t} \tag{2-5}$$

式中,W 为水的体积(m^3);t 为时间(s)。

流量反映了水流的速度及水量的大小。

落差又称为水头。它是指集中起来的上下游水位差,也表征上下游水流的单位能量差,常以 H 表示。

若坝前水库中有体积为 W 的水量,则它所含的总能量为

$$E = HW\gamma \tag{2-6}$$

式中,H 为水头(m);W 为体积(m^3);γ 为水的重度,$\gamma = 9810 N/m^3$。

单位时间内 W 体积水从坝前(上游)流到坝后(下游)所做的功为水流的出力(功率),用 N 表示:

$$N = \frac{E}{t} = \frac{HW\gamma}{t} = HQ\gamma = 9810HQ = 9.81HQ \quad (kW) \tag{2-7}$$

把下泄流量引入水轮机组即可冲动水轮机转动做功。在能量转换过程中要损失掉一部分能量,常用小于 1 的有效利用系数 η 表示,发电厂实际发出的电功率为

$$P = N\eta = 9.81\eta QH \quad (kW) \tag{2-8}$$

式中,η 为水电厂机组效率。

η 反映了水流进入水轮机后,从水能变为电能过程中的能量损失。它是一个无量纲的物理量,用百分数表示,包括水工建筑物的效率、水轮机效率和发电机效率三部分,即

$$\eta = \eta_0 \eta_r \eta_t \tag{2-9}$$

式中,η_0 为水通过建筑物的效率,主要考虑引水建筑物中的水头损失;η_r 为水轮机效率,大中型水轮机为 88%~94%;η_t 为发电机效率,大中型水轮发电机为 85%~86%。

若近似取 $\eta = 85\%$,则发电厂发出的电功率即电厂容量为

$$P = 8.3QH \quad (kW) \tag{2-10}$$

农村小型水电厂一般取 $\eta = 66\% \sim 77\%$,则有

$$P = (6.5 \sim 7.5)QH \quad (kW) \tag{2-11}$$

由此可知,水电厂的容量由水头 H 及流量 Q 来决定。流量越大,水头越高,水电厂发出的电功率就越大。所以通常把流量 Q 和水头 H 看作水力发电的两大要素。近似地用式(2-12)来估算水电厂的可能装机容量和发电量:

$$P \approx 8QH \quad (kW), \quad E \approx \frac{8}{3600}WH \quad (kW \cdot h) \tag{2-12}$$

由此可见,发电厂的装机容量与落差和流量成正比;发电量与落差和水量成正比。

2)水能开发的相关因素

水力发电用的原料是水,但也并非在所有江河湖泊上都能兴建发电厂。水电厂的兴建除取决于河段水能蕴藏量外,还取决于河道的地质、地形、水文等条件。同时,还要妥善处理因兴建电厂而引起的淹没良田、居民搬迁、运输改道等一系列问题以及国民经济建设的需要与可能等。所以水电的开发必须综合考虑诸多因素。

(1)取得水流落差和造成淹没的关系。

要取得水流落差,一般都修建拦河大坝,坝修得越高,在坝以上所形成的水库也越大,相应用来发电的水头也越大,也就能多发电。但是,水库的形成总会使一些城镇和耕地被水库淹没掉。另一方面水库建成后,又可建设一个新的灌溉系统从而为农业发展提供有利条件,而且由于水库具有拦蓄洪水的能力,可使坝以下地区避免洪水袭击,因此需要作较全面比较。

此外,坝高与造价投资有着密切关系。一般认为,随着大坝建筑高度的增加其发电能力也增加,几乎是和坝高成正比的;而随着大坝的增高其体积和造价却是按坝高的平方到三次方的关系在增加。所以当坝高至一定高度后,若为了提高落差或增大库容,再采取增加坝高来提高发电能力就显得不恰当了。

(2)防洪和发电的关系。

建坝蓄水除发电外,其库容的大小还得考虑防洪的要求。因为当上游出现洪水时,要利用水库来拦蓄洪水。下游对防洪的要求越高,也就是说,在洪水季节容许向下游排泄洪水的流量越小,则水库需要拦蓄的洪水水量就越大,水库在正常情况下所限制的水面高程也就越低。同时,水位的降低,势必相应减少了发电所需要的落差,减少了发电能力。为了保证在洪水到来之前有足够的防洪库容而限制的容许最高水位,被称为正常高水位。正常高水位反映了防洪和发电之间的相互关系。为了多发电总希望正常高水位确定得高一些,而为了下游免遭洪水灾害则希望正常高水位低一些,以便留出足够的库容,所以防洪和发电之间的关系必须针对具体情况具体分析。

(3)发电与航运、灌溉和用水的关系。

基于水能发电的考虑,往往需要集中河流落差,建立拦河大坝,坝前蓄水形成水库。实际情况下,除考虑发电外,还要兼顾灌溉、航运、工业及民用供水等综合需求。由于大坝隔断了航运通道就需要修建船闸或升船机,建立新的水上交通,因而要求水库经常提供一定的通航流量,保证各种船舶顺利通航。在枯水季节时,为了保证航运的需要,水电厂的用水量是紧张的,因而必须综合利用,合理地实行水库调度。

此外,有时根据水库综合利用的要求,需要水库均匀地以较小流量不断地向下游放水,满足工业用水的需要;或在灌溉季节,水库应放水保证农灌用水。这时为保证各方面用水,又不致把水白白放至下游,一般可让部分机组运转,利用发电后的尾水满足下游的用水要求。

(4)水电厂投资与修建速度问题。

水电厂的装机容量是根据河流的水能利用蕴藏量决定的。因此,水电厂设计都是一次完成,不考虑发展与扩建。但根据工农业生产用电的需求及国家对电力投资的可能,通常采用一次设计分期装机"以电养电"的办法。由于水电厂水工建筑物的勘测、施工等工作一般投资大、周期长,从而一般认为水电开发没有火电见效快。

关于水电与火电建设的对比,从国民经济整体考虑,在原煤供应不足、交通运输紧张及减小温室气体排放等情况下愈加显得水电开发的优越性。而且大型水电厂的兴建除具有直接综合利用效益外,还有许多间接效益,诸如兴建水库发展养殖,保持生态平衡,调节邻近地区的气候,改善电力系统电网结构,节省燃料增加经济效益等。

3)水电厂电能生产过程

水电厂是利用水能生产电能的工厂,原动机是水轮机,使机械能转换为电能的主机是发电机。为实现能量转化必须借助水工建筑物和动力设备来完成,其生产过程由四部分组成。

(1)获得水能。即取得河水的径流,汇集水量,集中水头。为此,在发电厂中相应设置有各种功能的水工建筑物,诸如渠道、压力前池、大坝等。

(2)调节水能。河川流量的大小取决于集水面积、融雪和降雨量等因素,在一年内不同季节径流分布是不同的,所以河流有洪水期、平水期和枯水期之分。为了使天然径流的变化适用于电力负荷的需要,实现水能调节,水电厂都要在河流上修建水库,将洪水期的水蓄存起来,以便枯水期使用。为此设置有水库、闸门、泄洪渠等建筑物。

(3)转化水能为电能。将具有一定落差和流量的水能,通过水轮机及其同轴的发电机把水能转换为机械能和电能。

(4)输配电能。把发电机发出的电能经过变电、输电馈送给电力系统或用户。

2. 水电厂的类型

水电厂的出力与落差、流量成正比,发电量与落差、水量成正比。而河道的流量则取决于水文特性,河流的自然落差又大多是分散在整个河道上,且分布极不均匀,为了开发利用河流水力资源就必须根据地形、地质、水文等自然条件的特点加以改造,使分散的落差集中起来,获得生产电能所必需的流量和水头。按照集中落差的方式不同,相应水电厂的布置形式及水工建筑设施也就不同。目前,就水电厂的开发方式主要可归纳为三种类型,即堤坝式、引水式和混合式。除此之外还有一种特殊形式的水电厂,即抽水蓄能电厂。

1)堤坝式水电厂

这种开发方式是在河道上修建拦河大坝,将水拦蓄起来抬高上游水位,使库内水面线坡降比原河道水面坡降小得多,因而减小了流速和能量损失。把分散的落差集中起来就形成发电水头。例如,在某一段足够长的河流上,沿河两岸有连绵的山峦,而且河床又有一定的坡度。那么,在这一段河流的下游,选一地质条件比较好且两岸山势又比较靠近的位置,兴建拦河大坝。在坝以上由坝和两岸的山峦把河水拦蓄起来,形成狭长形的自然水库。

在坝的前后两侧造成集中落差,即水头。将水库中的水通过输水管或隧道,引向布置在水电厂厂房中的水轮机,使其旋转并带动发电机发电,这是最常见的形式。

堤坝式布置的特点是在用堤坝集中落差的同时,在坝的上游形成容积较大的水库,储蓄了水量,不仅对天然河流来的水量重新进行调节分配,增加了发电引用流量,而且也和防洪、灌溉、航运等任务结合在一起形成综合利用的水利枢纽。当然,在筑坝蓄水过程中,也必然会造成淹没上游两岸的城镇和良田,引发居民搬迁、交通变化等问题。同时,考虑到水库的泥沙淤积,从而使建坝高度和水库寿命受到限制。按照大坝和水电厂厂房相对位置不同,堤坝式水电厂又可分为河床式、坝后式、溢流式和坝内式等。

(1)河床式水电厂。

电厂厂房与大坝布置在同一直线上,成为坝的一部分,也起挡水作用并靠自身重量直接承受上游水的压力。典型的河床式水电厂枢纽平面布置如图 2-18 所示。河床式水电厂通常修建在河流中、下游河道纵坡平缓的河段中,水头一般不高,对大中型水电厂多在25~30m以下,对小型水电厂在 8~10m 以下,从而既避免造成大量淹没损失,又适当地抬高了上游水位。河床式水电厂大多为低水头大流量电厂且进水口及其附属建筑物,如拦污栅、闸门、启闭机等都与水电厂主厂房连接成一整体,其整体示意如图 2-19 所示。我国长江中游的葛洲坝水电厂、浙江富春江水电厂以及广西郁江西津水电厂等都属此形式。

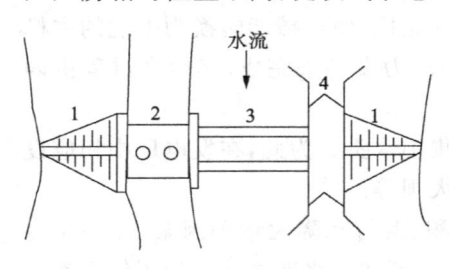

图 2-18 河床式水电厂平面图
1-坝;2-厂房;3-溢流坝;4-船闸

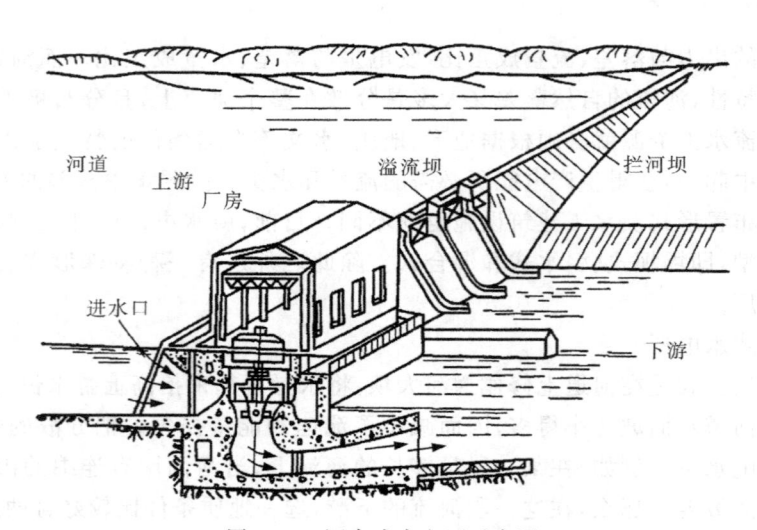

图 2-19 河床式水电厂示意图

· 46 ·

(2)坝后式水电厂。

当拦河大坝集中起来的水头较大时,如果采用河床式布置,则由于上游水压力很大,厂房本身重量已不足以维持其稳定,若加大厂房尺寸则不经济,因此将厂房和大坝分开并建造于拦河大坝之后,使上游水压力完全或主要由坝来承担,而厂房不承受上、下游落差的水压力作用,如图2-20所示。坝后式水电厂一般建造在河流的中、上游。由于在这种河段上容许一定程度的淹没,所以它的坝比河床式为高。不仅使电厂获得较大的水头,还形成了可以调节天然径流的水库,有利于发挥防洪、灌溉、发电、航运、给水及养殖等综合效益。坝后式水电厂布置比较集中,取水口和压力水管一般都设于坝内侧,如图2-21横剖面图所示,坝与厂房间可设构造缝使之分开,也可不设构造缝。前者厂房不承受压力,后者考虑厂坝联合作用共同承受水库压力。坝后式水电厂多系中、高水头电厂,在我国采用得比较广泛。

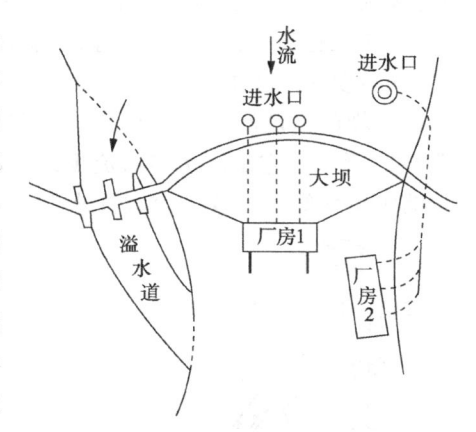

图2-20 坝后式水电厂布置图

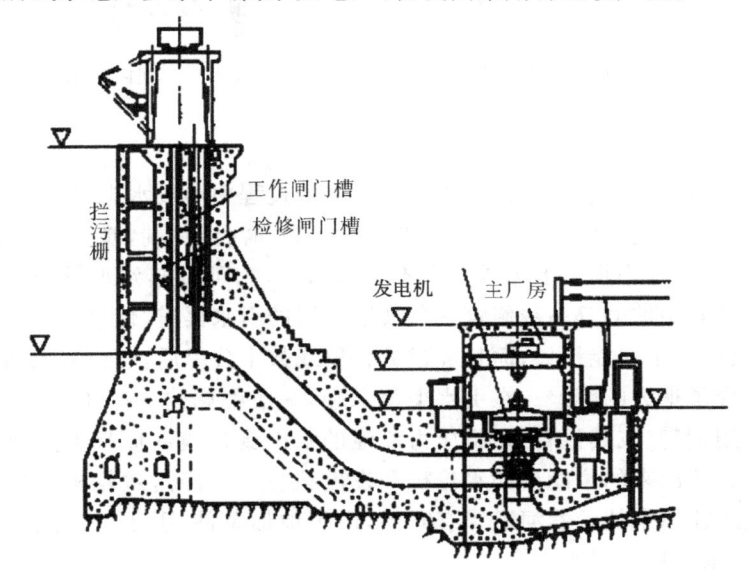

图2-21 坝后式水电厂剖面图

(3)溢流式水电厂。

对于厂房高度相对坝来说很小的情况,往往采取溢流式厂房布置形式。当在河床较窄的峡谷中建设厂房时,溢洪道有时占去了大部分的河床宽度,以致没有足够的地方来布置电厂厂房。此时,可将厂房与溢流坝结合,厂房布置在溢流坝之后,当下泄洪水时,水流经厂房顶板泄下至下游河床中,如图 2-22 所示。我国黄河上游甘肃八盘峡水电厂、浙江省新安江水电厂等就是溢流式坝后布置方式。

(4)坝内式水电厂。

当坝的高度和宽度都较大或河谷狭窄洪水又很大时,可以将厂房布置在坝内,如图 2-23 所示。它是厂房与溢流坝结合的另一种形式。采用坝内式布置,可以节约投资和缩短引水管道。我国上犹江水电厂就是坝内式布置。

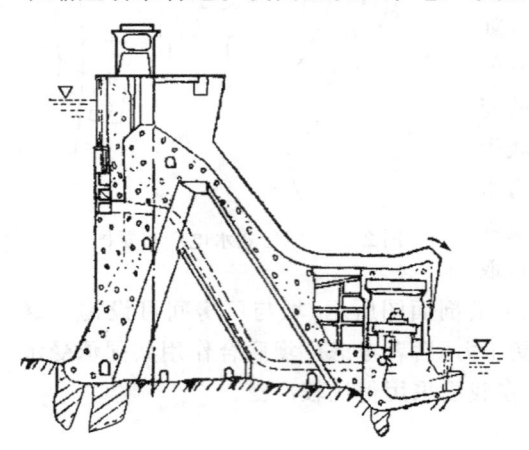

图 2-22 坝后溢流式水电厂剖面图 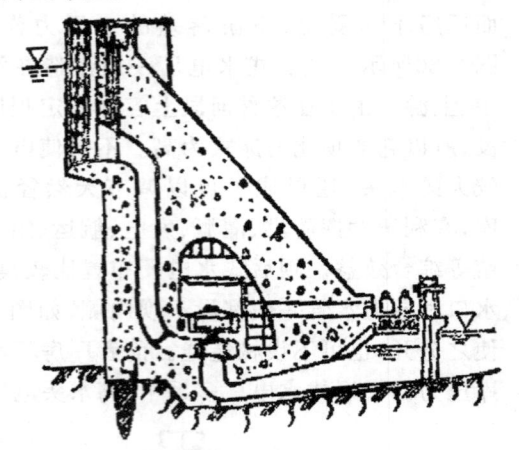   图 2-23 坝内式水电厂剖面图

2)引水式水电厂

引水式水电厂是用渠道、隧洞或水管在引水的过程中形成水头,适用于山区地势险峻,河道坡度较大而流量较小、水流湍急的河流。先在河段首端,修筑一座小型堤坝,把原来的河水截断。在小坝以上形成一个不大的水库,它可以起到水量的调节作用。与小坝相衔接,沿着山坡的等高线修筑一条坡度平缓的引水渠道,使水流流过这条平整的引水渠道不仅减小了水能损失,而且经过数公里或数十公里后,和原来天然河道末端相靠近时,就形成了很大的落差。在引水渠道末端,一般都修建一座压力前池,使渠道来水稳流,而后用钢管(或其他管道)将压力前池的水引到建筑在原来天然河道旁边的厂房中,利用它释放出来的位能推动水轮机和发电机发电。经过水轮机以后的水流称为尾水,就直接排往原来的天然河道。有时候,由于地形条件,引水渠道或压力水管的全部或一部分可采取隧洞引水。

引水隧洞分为有压和无压两种,凡是整个隧洞断面被水流充满,水流处于有压状态下流动的称为有压隧洞,反之称为无压隧洞。

根据采用引水建筑物的不同,引水式水电厂又可分为两种。①采用明渠或无压隧洞引水,称为无压引水式水电厂。此时水先通过明渠或无压隧洞引向压力前池,然后经压力水管引向厂房。②当引水采用有压隧洞和压力水管时称为有压引水式水电厂。此时,水大多先由有压隧洞流向调压井,而后通过压力水管引入厂房。有时也可直接由有

· 48 ·

压隧洞经压力水管引入厂房。图 2-24 为无压引水式水电厂示意图。

图 2-24 无压引水式水电厂示意图
1-坝;2-进水口;3-沉沙池;4-引水渠道;5-日调节池;6-压力前池;
7-压力管道;8-厂房;9-尾水渠;10-配电所;11-泄水道

引水式水电厂所建筑的小坝,其主要作用是蓄水,并不在于集中水头,而水头则主要靠引水渠道来形成。上游所形成的水库,一般库容甚小,在一天或较多一点的时间内完成储存和放出水量的循环,只起到日调节的作用。因此,径流调节性能较差,但兴建电厂的灵活性较高,水头不受限制。引水式水电厂不仅可以沿河道引水,还可以采用跨河引水、裁弯取直等方式引水。

3) 混合式水电厂

如果水电厂的落差是由堤坝与引水渠道两种方式联合组成的,也就是说一部分水头由堤坝抬高水位形成,另一部分水头由引水渠道形成,这种布置形式称为混合式水电厂。它具有堤坝式和引水式两种水电厂的特点。筑坝既可以抬高水位,又可以用来调节流量。而引水渠道可以再度抬高水电厂的水头从而在不增加堤坝高度的情况下,增加了发电厂的出力且相应减少了因修坝造成的淹没损失。

这种电厂最适宜建筑在河流上游地形、地质适宜建库,而水库下游河流坡度突然变陡,有利于引水的河段中。我国四川狮子滩水电厂、河北官厅水电厂等都是混合式水电厂。

4) 抽水蓄能电厂

抽水蓄能电厂大致布局如图2-25所示,抽水蓄能电厂的作用不是开发水能资源,而是以水体为介质,对电力系统起调节电能的作用。抽水蓄能电厂的工作过程是:在夜间电力系统有多余电能时,利用这部分电能带动水泵,将低水位池中的水抽到高水

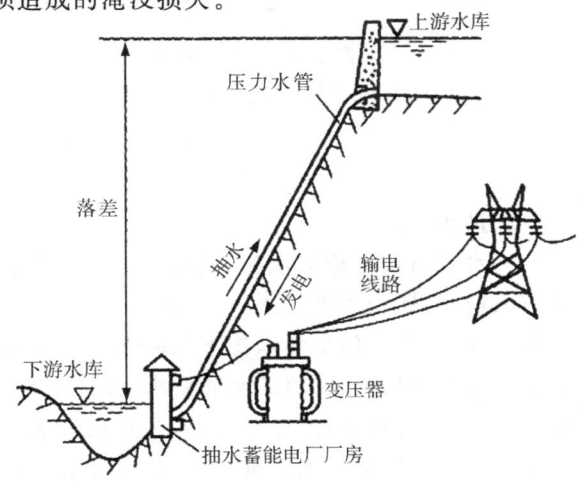

图 2-25 抽水蓄能电厂示意图

位池中,即以水的势能形式将电能储存起来;当电力系统中出力不能满足用电要求时,再将高水位池中的水放下,带动水轮发电机发电,此时又将水能变为电能。由此抽水蓄能电厂必须兼备抽水和发电两类设施。抽水蓄能电厂往往与大型火电厂、核电厂配合使用,以保证它们能维持较稳定的运行状态。

对于一条河流,水利资源的开发利用究竟采用何种方式,应在对河流的水文、地质、地形等情况进行全面了解的基础上,经过综合分析研究之后再决定。一条河流很长,一般都有数百公里或数千公里,而落差又分布在全河道上,不可能一次修建一座数百米高坝或数千公里长的引水渠道并建设一座发电厂来利用整条河流的全部水能。因此,最合理经济地利用资源的办法是将河流分成几个甚至几十个河段,分期分批地建设水电厂,形成所谓"梯级开发",最后达到开发整个河流的目的。

3. 水电厂的主要水工建筑物

水电厂的水工建筑物随电厂的形式和地形、地质等自然条件的不同而异。其结构和功能也有较大的区别,但它们都是直接与水接触,都必须抵抗水压力,防止渗透和冲刷等。一般按照对水流的作用,大体可以把水工建筑物分为以下几类。

1) 挡水建筑物

挡水建筑物是用以拦截河流、抬高水位,并积蓄水量而形成水库的。作为挡水建筑物主要是坝,它必须坚固、稳定、安全和可靠。由于自然条件和使用条件的不同,坝有不同的类型和构造。常见的有混凝土坝、土石坝等,如图2-26所示。

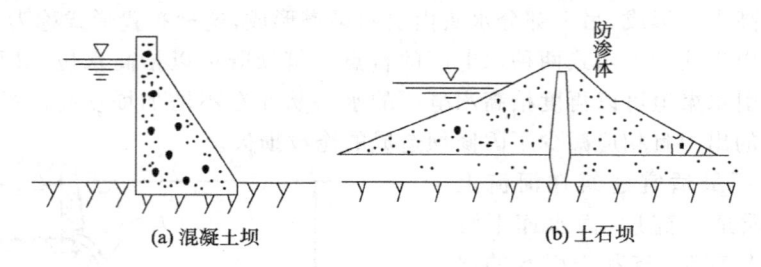

图 2-26 坝的基本形式示意

2) 进水建筑物

进水建筑物也称取水建筑物,其功能是用来把河流中或水库中的水,通过进水口由渠道或隧洞、压力水管等水道,顺畅地引入到厂房或其他用水的地方。对进水建筑物的基本要求是:在任何工作水位下均能保证供应发电所需的水量,防止泥沙、漂浮物进入输水道,满足对引入水流的水质要求;保证水流通过,尽量减少水头损失和不产生负压;满足水电厂灵活运行的控制要求,必须在进水口设置操作方便的控制闸门。根据进水口布置的位置可分为坝式进水口、岸式进水口和前池进水口等。

3）引水建筑物

引水建筑物又称输水建筑物。它是用来把水运送到所需要的地方去。根据自然条件和水电厂形式的不同,可以采用明渠、隧道、管道。有时引水建筑中还包括渡槽、涵洞、倒虹吸管等。明渠若为人工开挖或填筑所致时,多采用梯形断面。无压隧道为马路形和半圆—矩形断面,有压隧道一般为圆形断面。有压引水道通常可以分为两部分：在进口建筑物后的基本水平洞段,一般称为引水隧洞；靠近厂房的斜洞段及其以下的水平段称为压力管道或称高压管道。按照水电厂的型式和布置,压力管道分为三种基本类型,即坝内埋管、地下埋管和地面明管等。

4）泄水建筑物

泄水建筑物的主要作用是：用以泄弃多余洪水,保护水电厂的安全；根据发电要求降低水库水位；在非常时期放空水库,确保下游城镇安全或清理维修水下建筑物以及用于某些特殊用途如冲沙、排放漂木、排水和保证下游用水等。它应具有足够的泄洪能力,而且操作方便、工作可靠,以免引起水库失事,所以人们常把泄水建筑物称为水库的"安全门"。

常见的泄水建筑物有溢流坝、泄洪隧洞、泄水闸以及溢洪道等。当采用混凝土重力坝时多采用溢流坝泄洪,它属于坝顶溢流泄洪方式,当水位超过溢流坝高度时,通过坝身溢流段向下游泄水。当河床处布置为土石坝,而土石坝上又不能布置泄洪建筑物或与其他建筑物设置有矛盾,且河床处不宜布置溢流坝以及在坝头和库岸又无适宜于布置溢洪道的条件时,则采用泄洪隧洞。泄水闸被广泛用在引水式电厂,置于压力前池后进入厂房之前,以便必要时排放多余洪水。在混凝土重力坝坝身下方开设底孔,称为泄流孔,担负着泄洪、排沙和放空水库的任务。正常时孔门封闭,泄洪时打开,借助于巨大的洪流将库底的泥沙排至下游,故又称为"排沙孔"。根据各电厂水库的要求和孔洞位置的布局,泄流孔和排沙孔既可以合并也可分开设置。

5）平水建筑物

它是当负荷变化时用作平稳引水渠道流量及压力的建筑物,如无压引水渠道中的日调节池、压力前池以及有压引水渠道中的调压室、调压塔、调压井、调压阀等。

压力前池位于引水式电厂引水渠道的末端,厂房压力水管的前面。其主要作用是平稳水流并把渠道引入的水均匀分配给厂房各压力水管。它能根据水电厂负荷变化补充机组不足的水量或泄走多余的水量,保证机组安全运行,同时用以拦截渠道来水中的漂浮物或沉积并排走泥沙。为此,压力前池通常由前室、拦污栅、进水室、溢流道及冲沙道等组成。压力前池应有一定的容积,以便当机组引用流量变化时,适当调节流量,保证电厂正常工作。压力前池结构示意如图 2-27 所示。

调压室是连接有压引水隧洞与压力管道的建筑物,一般内部都具有大气压力的自由水面。调压室的作用主要是为了减小水流惯性力和减少压力管道的长度,保证水电厂当负荷突然发生变化时通过调压室能够均匀、及时地作相应的水量调节,以及当突然切断水流时,能借助调压室缓冲水流,减少水击压力,防止水击向有压隧洞扩散。根据地形、地质等自然条件的状况,当设在地面上时称为调压塔,若布置在地面以下岩石内称为调压井,一般大中型发电厂大多采用调压井。此外,有些电厂在压力水管末端还装有调压阀,它只能解决甩负荷时引起的水压升高,而不能解决增加负荷时水压的突然降低,所以装有调压阀仍需建造调压室。调压室应用示意如图2-28所示。

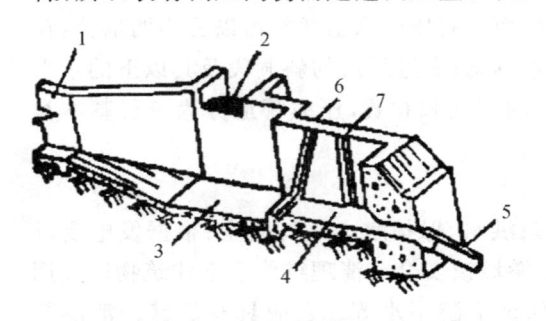

图2-27 压力前池剖面结构示意图
1-引水渠道;2-溢流道;3-前室;4-进水室;
5-压力水管;6-拦污栅槽;7-闸门槽

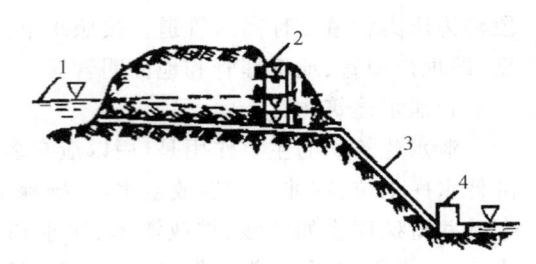

图2-28 调压室示意图
1-水库;2-调压井;3-压力水管;4-厂房

6)其他水工建筑物

在水利枢纽上的水工建筑物除专供发电使用的设施外,还常有一些用来为其他部门服务的建筑物,如通航建筑物、过木建筑物、过鱼建筑物等。

2.2.3 水电厂的主要动力设备

水电厂动力设备主要由水轮机及其调节系统组成。

1. 水轮机

水轮机是将水能转换为旋转机械能的水利机械,是水电厂的原动机,其出力的大小主要取决于水电厂的水头和流量。根据水能转换特征,可将水轮机分为反击式和冲击式两大类。反击式水轮机主要利用水流的压力势能,冲击式水轮机主要利用水流动能。

1)反击式水轮机

反击式水轮机的转轮由若干个具有空间曲面的轮叶(转轮叶片)组成。水流从轮叶间流过,转轮室内充满压力水流,当压力水流流经整个转轮时,由于转轮轮叶间的弯曲叶道,迫使水流改变流向和流速。这样,水流便将其势能和动能以反作用力的方式转给了转轮,并形成旋转力矩推动转轮旋转,如图2-29所示。

反击式水轮机按水流经过转轮的方向不同可分为混流式、轴流式、斜流式和贯流式。混流式水轮机的水流是以幅向从四周进入转轮,经过叶片转为轴向流出,这种水轮机应用广泛,运转稳定,效率较高,多用于高、中等水头的发电厂。轴流式水轮机的水流在进入转轮之前,流向已变得和水轮机轴平行,因而水流是沿轴向进入转轮又依轴向流

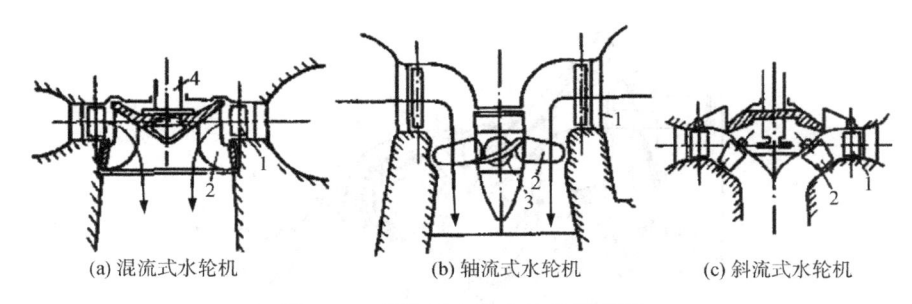

(a) 混流式水轮机　　　　(b) 轴流式水轮机　　　　(c) 斜流式水轮机

图 2-29　部分反击式水轮机示意图
1-导叶；2-轮叶；3-轮毂；4-主轴

出。轴流式水轮机按叶片结构特点又可分为定桨式与转桨式两种,一般应用于中、小水头电站。斜流式水轮机的水流流经转轮时倾斜于轴向,这种水轮机的结构与特性介于混流式与轴流转桨式水轮机之间。当轴流式水轮机的主轴成水平(或倾斜)布置,且不设置蜗壳而使水流直接经过转轮,这样的水轮机称为贯流式水轮机,它是开发低水头资源的机型,效率较高,水力损失较小。

反击式水轮机型式类型虽多,结构也各不相同,但基本过水部分都可由四部分组成:转轮、引水机构、导水调节机构和尾水管道。

2) 冲击式水轮机

冲击式水轮机主要由喷嘴和转轮组成。来自压力水管中的高压水流,通过喷嘴变为具有动能的自由射流,自由射流的压力为大气压力,而且在整个工作过程中不发生变化,转轮内仅部分充水。当射流冲击轮叶时,从进入到离开转轮的过程中,速度的大小和方向都发生变化,因而将启动能传给转轮,形成旋转力矩使转轮转动。冲击式水轮机按射流冲击转轮方式的不同又可分为水斗式、斜击式和双击式三种,如图 2-30 所示。其中,以水斗式应用最为广泛;后两种结构简单、易于制造,但效率较低,多用于小型水电站。

冲击式水轮机较反击式水轮机简单,它没有尾水管、蜗壳及复杂的导水机构。它由转轮、喷嘴及其控制机构、折向器、机壳等组成。

2. 水轮机调速器

为使水轮发电机出力能响应外界负荷变化,以保证机组供电频率在要求范围以内,必须对水轮机过水流量能够加以控制。对于反击式水轮机,可通过改变导叶的开度;对于冲击式水轮机,可通过改变针阀的行程,来改变过流断面面积以达到改变流量而改变水轮机转动力矩的目的。进行此调节的装置就是水轮机调速器。

调速器的主要设备包括调速柜、油压设备和接力器三部分。中小型水轮机调速器的这三部分通常组成一个整体,也称为组合式,结构紧凑,便于布置和安装,运行上也比较方便。大型水轮机调速器的油压设备和接力器尺寸均较大,采用分体式。

(a) 水斗式水轮机

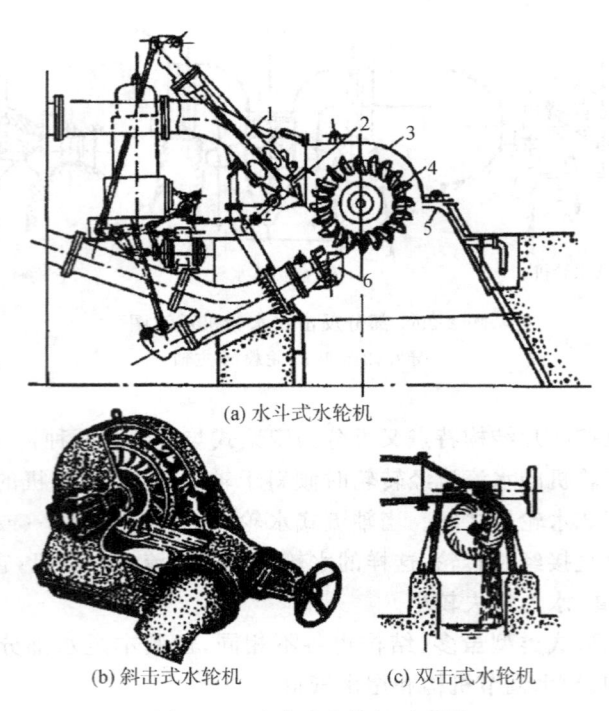

(b) 斜击式水轮机　　(c) 双击式水轮机

图 2-30　冲击式水轮机示意图
1-喷管；2-喷嘴；3-机壳；4-转轮；5-引水板；6-折流板

2.2.4　水电厂的运行特点

水电厂利用水力资源作为发电的能源，水力资源所具有的受自然影响的不确定性特点，使水电厂在运行上相比火电厂具有许多独特之处。

(1)发电厂的出力和发电量受天然流量变化的制约。电能的生产及其运行方式与河流的水文特性及径流调节有很大关系。同时还需要兼顾水库综合利用需水量的要求，如灌溉、航运、工业及民用供水等。因此，水电厂向电力系统每段时间内可能提供的最大功率是根据水库调度情况来控制的。这样，水电厂的运行不仅要接受电力调度所对生产电能要求的调度，而且还要受到水库调度的制约。必须依照电力负荷运行曲线和水库调度计划相结合的原则，实现合理的经济调度和经济运行。

(2)水电厂的水轮机组工作灵活，能迅速适应负荷急剧变化，一般从机组启动、并网到带负荷只需几分钟即可完成。机组设备的控制较为简单，容易实现全盘自动化。因此，水电厂在电力系统中承担负荷变动部分较为方便，从而水电厂多承担尖峰负荷，作调频和事故备用容量。

(3)水电厂电能生产成本低，因为它使用的能源是取之不尽、用之不竭的水源，不像火电厂要消耗大量燃料。因此水电的电能成本较低，不仅对能源部门经济效益有所提高,而且对国民经济各部门都有利。

(4)水电厂的自动化程度相对较高。根据水轮机组的特点,容易实现机组全盘自动化。这主要由于水电厂的水工、水机部分比火电厂的热工、热机部分简单,设备少并易于实现程序控制。同时,水电厂的运行方式多变,也促进了优先向自动化方向发展。

在水电厂的运行管理工作中应把水电厂视为一个整体,根据水文预报、水库调度、电力负荷的需求,以最优方案实现机组的启停,成组地进行调节,自动合理分配各机组之间的负荷,以最有效地利用水能资源且满足电能需求,保证系统安全可靠运行。

2.3 核能发电

2.3.1 核电厂简介

利用核能转换为热能产生蒸汽推动汽轮机,汽轮机再带动发电机生产电能的电厂称为核电厂。由于核反应堆类型不同,核电厂采用的设备与系统也有一定的差别。目前,核电厂常用的反应堆有压水堆、沸水堆、重水堆和改进气冷堆等,其中应用最广泛的是压水反应堆。

1. 压水堆核电厂

压水堆核电厂以压水堆为热源,其流程如图 2-31 所示,主要由核岛和常规岛组成。核岛中的四大部件是蒸汽发生器、稳压器、主泵和堆芯。在核岛中,系统设备主要有压水堆本体、一回路系统以及支持一回路系统正常运行和保证反应堆安全的辅助系统。常规岛主要包括汽轮机组及二回路系统,其形式与常规火电厂类似。

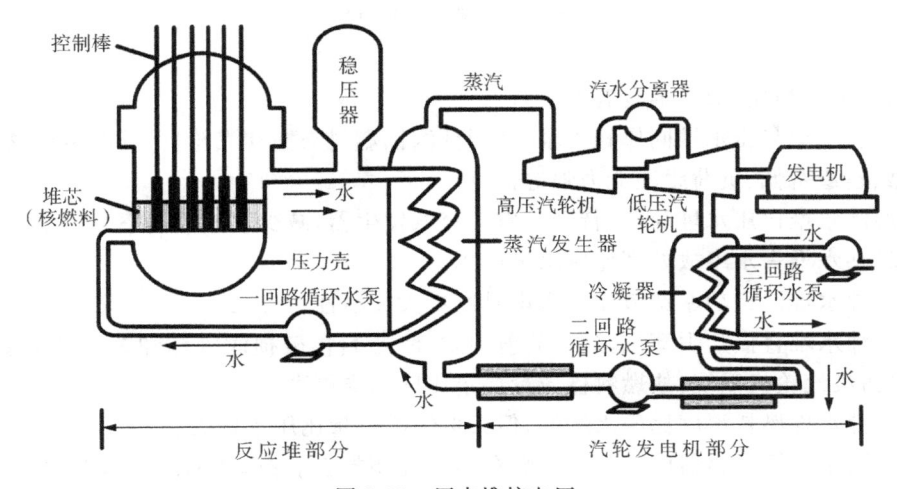

图 2-31 压水堆核电厂

2. 沸水堆核电厂

沸水堆核电厂以沸腾轻水为慢化剂和冷却剂并在反应堆压力容器内直接产生饱和蒸汽为动力源,其流程如图 2-32 所示。来自汽轮机系统的给水进入反应堆压力容器后,沿堆芯围筒与容器内壁之间的环形空间下降,在喷射泵作用下进入堆下腔室,再向上流过堆芯,受热并部分汽化。汽水混合物经汽水分离器分离后,水分沿环形空间下降,与给水混合;蒸汽则经干燥器后出堆,通往汽轮发电机做功发电。汽轮机乏汽冷凝后经净化、加热再由给水泵送入反应堆压力容器,形成闭合循环。再循环泵的作用是使堆内形成强迫循环,进水取自环形空间底部,升压后再送入反应堆压力容器,成为喷射泵驱动流。

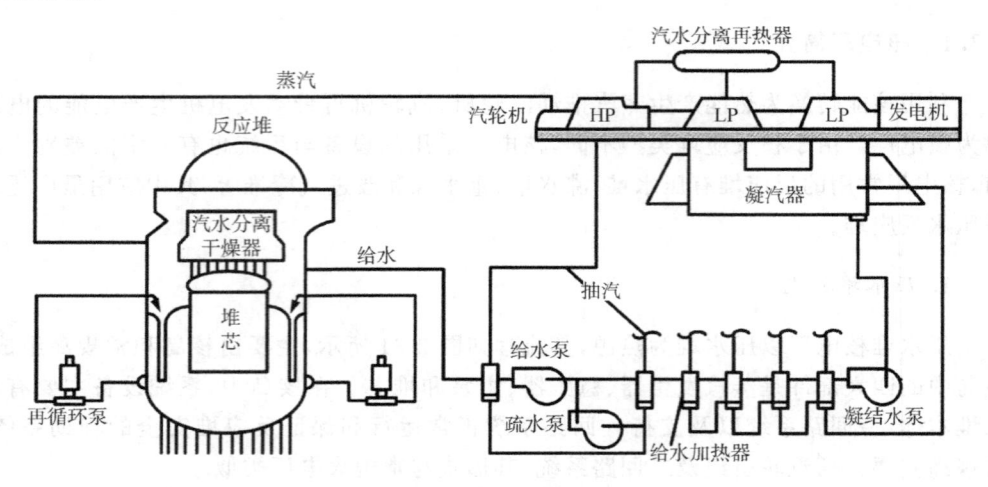

图 2-32 沸水堆核电厂

与压水堆相比,沸水堆具有如下特点:

(1) 沸水堆与压水堆同属轻水堆,使用低浓铀燃料与饱和汽轮机,具有结构紧凑、安全可靠、建造费低、负荷跟随能力强等优点。

(2) 沸水堆比压水堆简单,特别是省去蒸汽发生器,减少了事故概率。

(3) 沸水堆失水事故处理比压水堆简单。

(4) 沸水堆流量功率调节比压水堆具有更大灵活性。

(5) 沸水堆直接产生蒸汽,除了放射问题外,燃料棒破损时气体和挥发性裂变产物会直接污染汽轮机系统,故燃料棒质量要求比压水堆更高。

(6) 沸水堆燃耗深度比压水堆低,但天然铀需要量比压水堆大。

(7) 沸水堆压力容器底部除有为数众多的控制棒开孔外,尚有中子探测器开孔,增加了小失水事故的可能性;控制棒驱动机构较复杂,可靠性要求高,维修困难增加。

3. 重水堆核电厂

重水堆核电厂是发展较早的核电厂,以重水作慢化剂的反应堆为动力源,可以直接利用天然铀作为核燃料。以圆筒形反应堆厂房为中心,周围为燃料厂房、核辅助厂房、汽轮机厂房、电气和控制厂房等。重水堆核电厂的种类很多,但已实现工业规模的只有加拿大的CANDU型压力管式重水堆核电厂。

2.3.2 核电厂系统及设备

1. 核反应堆系统与设备

(1)反应堆系统主要包括冷却系统、压力调节系统和超压保护系统。

①冷却系统。它由反应堆冷却剂泵、反应堆和蒸汽发生器及相应管道组成。在正常运行时,冷却剂泵使冷却水强迫循环通过堆芯,带走燃料元件产生的热量。

②压力调节系统。冷却水经波动管涌入或流出稳压器,引起一回路压力升高或降低。当压力超过设定值时,压力调节系统调节喷淋阀,由冷管段引来的过冷水向稳压器汽空间喷淋降压;若压力低于设定值,压力调节系统启动加热器,使部分水蒸发,升高蒸汽压力。

③超压保护系统。当一回路系统压力超过限值时,装在稳压器顶部卸压管线上的安全阀开启,向卸压箱排放蒸汽,使稳压器压力下降,以维持整个一回路系统的完整性。

(2)反应堆本体主要由堆芯、堆芯支撑结构、反应堆压力容器及控制棒驱动机构组成。

①堆芯。它位于反应堆压力容器中心偏下的位置。反应堆冷却剂流过堆芯时起到慢化剂的作用。控制棒组件控制反应堆,提供反应堆停堆能力和控制反应快慢,在堆启动和运行中起重要作用。

②堆芯支撑结构。它用来为堆芯组件提供支撑、定位和导向,组织冷却剂流通,以及为堆内仪表提供导向和支撑。

③反应堆压力容器。它支撑和包容堆芯和堆内构件,工作在高压高温含硼酸水介质环境和放射性辐照条件下。

④控制棒驱动机构。它是反应堆的重要动作部件,带动控制棒组件在堆芯内上下抽插,实现反应堆的启动、功率调节、停堆和事故情况下的安全控制。

(3)反应堆冷却剂泵为反应堆冷却剂提供驱动压头,保证足够的强迫循环流量通过堆芯,把反应堆产生的热量送至蒸汽发生器,产生推动汽轮机做功的蒸汽。

(4)蒸汽发生器是压水堆核电厂一回路、二回路的枢纽,将反应堆产生的热量传递给蒸汽发生器二次侧,产生蒸汽推动汽轮机做功。蒸汽发生器又是分隔一次侧、二次侧介质的屏障,对核电厂安全运行十分重要。

(5)稳压器建立并维持一回路系统的压力,避免冷却剂在反应堆内发生容积沸腾。在电厂稳态运行时,将一回路压力维持在恒定压力;在一回路系统瞬态时,将压力变化限制在允许值内;在事故时,防止一回路系统超压,维护一回路完整性。此外,稳压器作为一回路系统的缓冲容器,吸收一回路系统水容积的迅速变化。

2. 二回路热力系统

二回路热力系统将热能转变为电能的动力转换系统。将核蒸汽供应系统的热能转变为电能的原理与火电厂基本相同,都是建立在朗肯循环基础上。当然二者也有重大差别,在核电厂,用压水堆进行核再热是不现实的,只能采用新蒸汽对高压缸排汽进行中间再热。此外,核电厂的冷却剂回路是封闭的,不仅防止放射性物质泄漏到环境,而且从热力学角度提高了循环热效率。

3. 核汽轮发电机组

核汽轮发电机组与火电厂汽轮机组的原理及结构相似,都是将蒸汽的热能转换成机械能的蜗轮式机械,主要用途是在热力发电厂中作为带动发电机的原动机。在采用化石燃料(煤、燃油和天然气)和核燃料的发电厂中,基本上都采用汽轮机作为原动机。

4. 核电厂主要辅助系统

(1)化学和容积控制系统。
①通过改变反应堆冷却剂的硼质量分数,控制堆芯反应性;
②维持稳压器水位,控制一回路系统的水装量;
③对反应堆冷却剂的水质进行化学控制和净化,减少冷却剂对设备的腐蚀,控制冷却剂中裂变产物和腐蚀产物的含量,降低放射性水平;
④向反应堆冷却剂系统提供轴封水;
⑤为反应堆冷却剂系统提供充水和水压试验;
⑥对于上充泵兼作高压安注泵的化学和容积控制系统,事故时用上充泵向堆芯注入应急冷却水。

(2)反应堆硼和水补给系统。它是化学和容积控制系统的支持系统,辅助化学和容积控制系统完成主要功能。
①为一回路系统提供除汽除盐含硼酸水,辅助化学和容积控制系统的容积控制;
②为进行水质的化学控制提供化学药品添加设备;
③为改变冷却剂硼质量分数,向化学和容积控制系统提供硼酸水和除汽除盐水;
④为换料水储存箱、安注系统的硼注入罐提供硼酸水和补水,为稳压器卸压箱提供喷淋冷却水,为主泵轴封蓄水管供水。

(3)余热排出系统。它以一定速率从堆芯及一回路系统排出堆芯剩余发热、一回路及余热排出系统流体和设备的显热、主泵运行加给一回路的热量。

（4）设备冷却水系统。它是一个封闭的冷却水回路,把热量从具有放射性介质的系统传输到外界环境的中间冷却系统。

（5）重要厂用水系统。它主要作用是冷却设备冷却水,将设备冷却水系统传输的热量排入海水,又称为重要生水系统,是核岛的最终热阱。

（6）反应堆换料水池、乏燃料池冷却和处理系统。反应堆换料后,卸出的乏燃料在乏燃料水池中存放半年以上,待燃料冷却到一定程度,再送往后处理工厂。

（7）废物处理系统。从核电厂放射性气体、液体（主要是废水）和固体的来源、分类及特点来看,放射性废水有可复用废水和不可复用废水。可复用废水经过处理分离成水和硼酸再利用；不可复用废水按放射性水平高低、化学物含量多少分别处理。废气主要分为放射性水平较高的含氢废气和低放射性水平的含氧废气。固体废物处理系统处理废树脂、放射性水蒸发浓缩液、废滤芯和其他固体废弃物等。

（8）核岛通风空调及空气净化系统。它是核电厂通风空调的一部分,属于核岛辅助系统,承担以下任务。

① 确保工作人员人身安全。通过良好通风和合理气流有效防止工作场所空气中放射性剂量的增高,保障工作人员的人身安全。

② 控制污染空气保护环境。通风系统将被污染的空气局限在小范围内,经净化后排放,防止扩散造成大面积污染。

③ 满足核电厂运行工艺要求。工艺设备、仪器仪表的正常工作对核电厂安全运行十分重要。运行人员也需要良好的人居环境。此外,运行中产生的热、湿、有毒有害易燃易爆气体都会影响核电厂的安全运行。

（9）核电厂的安全设施。

为在事故工况下确保反应堆停闭,排出堆芯余热和保持安全壳的完整性,避免在任何情况下放射性物质的失控排放,减少设备损失,保护公众和核电厂工作人员的安全,核电厂设置了专设安全设施。安全设施主要包括安全注射系统、安全壳、安全壳喷淋系统、安全壳隔离系统、安全壳消氢系统、辅助给水系统和应急电源。在核电厂发生事故时,这些设施向堆芯注入应急冷却水,防止堆芯熔化；对安全壳气空间冷却降压,防止放射性物质向大气释放；限制安全壳内氢气浓度；向蒸汽发生器应急供水。

2.3.3 核电厂的运行

核电厂正常启动分为冷态启动和热态启动。反应堆停闭相当长时间,温度降至60℃以下的启动称为冷态启动；反应堆停闭短时间后的启动称为热态启动,启动时反应堆温度和压力等于或接近工作温度和压力。核电厂停闭是指反应堆从功率运行水平降至中子源功率水平,分为正常停闭和事故停闭。

核电厂正常停闭分为热停闭和冷停闭。热停闭是核电厂短期的暂时性停堆,此时,一回路系统保持热态零功率运行的温度和压力,二回路系统处于热备用状态,随时准备带负荷运行。核电厂只有经过热停闭后,才能进入冷停闭,此时,所有控制棒组全部插入并向一回路加硼。

当核电厂发生直接涉及反应堆安全事故时,安全保护系统动作,所有控制棒组快速插入堆芯,称为紧急停堆。事故严重时,需向堆芯紧急注入含硼水。事故停闭后,必须保证反应堆的长期冷却。

2.4 风力发电

2.4.1 风力发电的基础

1. 风能的运用

风能属于可再生能源,与存在于自然界中的其他一次能源如煤、石油、天然气等不同,不会随着其本身的转化和人类的利用而日趋减少。风能又是一种过程性能源,与煤、石油、天然气等广为开发利用的能源不同,不能直接储存起来,只有转化成其他形式的可以储存的能量才能储存。风能在20世纪70年代中叶以后重新受到重视和开发利用,因此,风能与太阳能、地热能、海洋能、生物质能等一起也被称为新能源。

人类利用风能的历史可追溯到中世纪甚至更早,最初是将风能转换为机械能,用风车提水灌溉、碾米磨面,以及借风帆为船助航。但直到20世纪末,才开始大规模地利用风能发电。目前风能的利用方式如图2-33所示,将风能转换成电能是风能开发利用的主要方式。

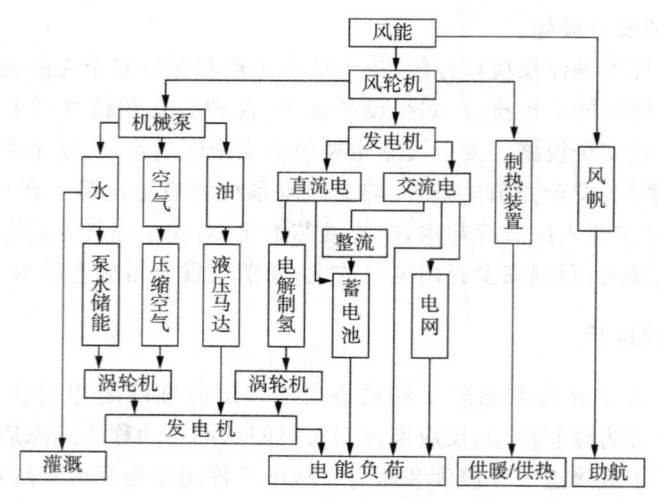

图 2-33 风能转换与利用示意图

2. 风力发电

1)风力发电的原理

风力发电是利用风能来发电,而风力发电机组(简称风电机组)是将风能转化为电能的设备。风力机的工作原理是:空气流经风轮叶片产生升力或阻力,推动叶片转动,将风能转化为机械能。

人们通过长期的科学实践发现,如果将一块薄板放在气流中,并且与气流方向呈一角度(又称攻角),当气流流经翼形叶片时,叶片上面气流速度增高,压力下降,叶片下面几乎保持原来的气流压力。作用在翼形上的气动力如图 2-34 所示,沿气流方向将产生一正面阻力 F_x 和一垂直于气流方向的升力 F_y,其值分别由式(2-13)确定:

$$\begin{cases} F_x = \frac{1}{2}\rho C_x S v^2 \\ F_y = \frac{1}{2}\rho C_y S v^2 \end{cases} \quad (2\text{-}13)$$

式中,C_x 和 C_y 分别为由实验得出的薄板随攻角而变化的阻力系数和升力系数;S 为薄板的面积;ρ 为空气的质量密度;v 为气流速度。

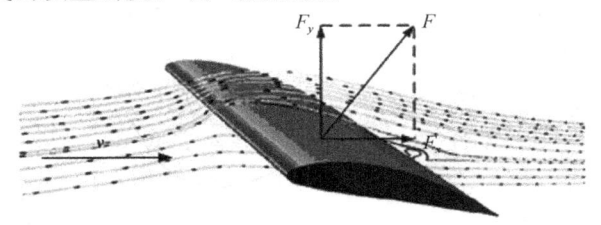

图 2-34 气体流经翼形叶片的受力示意图

在以风轮作为风能收集器的风力机上,如果由作用于风轮叶片上的阻力 F_x 而使风轮转动,称为阻力型风轮,我国传统的风车通常为阻力型风轮;若由升力 F_y 而使风轮转动,则称为升力型风轮,现代风力机一般都采用升力型风轮。

升力是设计高效风力机的动力,要求在特定条件下升阻比尽可能大。对于同一翼型,其升力系数与阻力系数之比值,称为它的升阻比 k。

$$k = \frac{C_y}{C_x} \quad (2\text{-}14)$$

2)影响升力系数与阻力系数的因素

影响升力系数与阻力系数的主要因素有翼型、攻角、雷诺数和粗糙度等。

(1)翼型的影响。图 2-35 示出三种不同横截面形状(翼型)的叶片。当气流由左向右吹过,产生不同的升力与阻力。平板型阻力>弧板型阻力>流线型阻力;流线型升力>弧板型升力>平板型升力。对应的 C_x 与 C_y 值也如此。

(2)攻角的影响。攻角也称迎角,是指气流方向与叶片横截面的弦 l 的夹角。其值正、负如图 2-36 所示。C_x 与 C_y 随 α 的变化情况如图 2-37 所示。

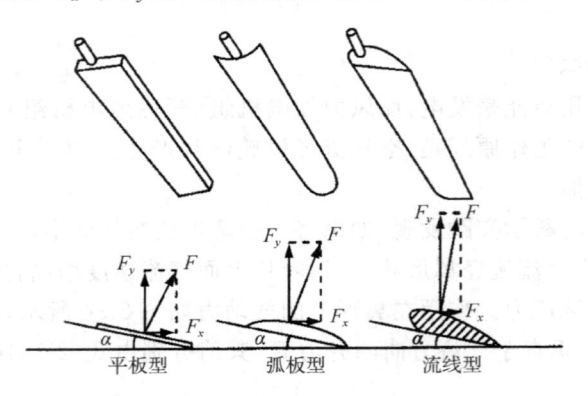

图 2-35　不同叶片截面形状的升力和阻力

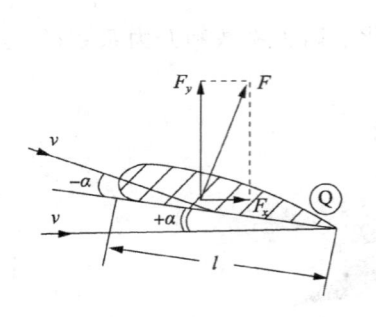

图 2-36　风轮叶片的攻角

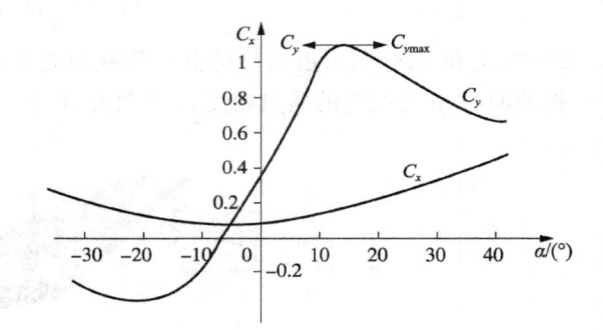

图 2-37　C_x、C_y 与攻角 α 的关系

当攻角 α 值在一定范围内变化时,升力随攻角的增加而变大,阻力也在变化;当攻角 α 增加到某一临界值时,升力达到最大值(即 $C_y \rightarrow C_{ymax}$);当 α 值再增大时,升力突然开始下降,同时阻力也急剧增加,这种现象称为"失速"。产生失速的根本原因,是气体的比较有规则的流线与翼型上后部(见图 2-36 之 Q 处)轮廓的分离,并在分离区形成涡流,使翼型上下压差变小。

(3)雷诺数的影响。空气流经叶片时,气体的黏性力将表现出来,这种黏性力可以用雷诺数 Re 表示:

$$Re = \frac{vl}{\upsilon} \tag{2-15}$$

式中,v 为吹向叶片的空气流速;l 为翼型弦长;υ 为空气的运动黏性系数($\upsilon = \mu/\rho$,μ 为空气的动力黏性系数,ρ 为空气密度)。

Re 值越大,黏性作用越小,C_y 值增加,C_x 值减小,升阻比 k 值变大。

(4)叶片表面粗糙度的影响。叶片表面不可能做得绝对光滑,我们把凹凸不平的波峰与波谷之间高度的平均值称为粗糙度。若粗糙度值较大,使 C_x 值变大,增加了阻力;而对 C_y 值影响不大。制造时应尽量使叶片表面平滑,将粗糙度隐匿在附面层底部,一般就不会引起摩擦阻力的增大。

2.4.2 风力发电系统的构成

风力发电系统包括风力发电机组、机舱、塔架和基座等部件。风力发电机组是该系统的核心部件。机舱由底盘、整流罩和机舱罩组成,底盘上安装机组发电系统、变桨距系统及偏航系统等主要部件。机舱罩后上方装有风速和风向传感器,舱壁上有隔音及通风装置等,底部与塔架连接。塔架支撑机舱达到所需高度,其上布置发电机和主控制器之间的动力电缆、控制电缆及通信电缆,塔架上还装有供操作人员上下机舱的扶梯或电梯。基座采用钢筋混凝土结构,其中心预置与塔架连接的基础部件,基座周围还设置了防雷击的接地装置。水平轴中大型风力发电机组结构如图 2-38 所示。

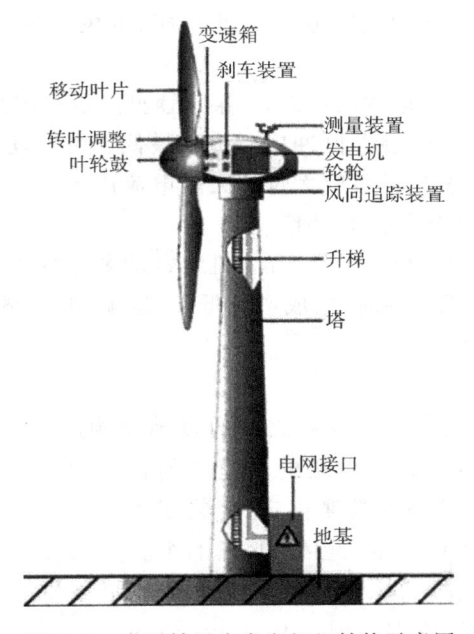

图 2-38 水平轴风力发电机组结构示意图

1. 风力发电机

风力发电机可简称为风机,是风力发电的必要设备之一。根据发电机类型不同,可分为鼠笼式异步发电机、双馈异步发电机和永磁型同步发电机;根据风机能否变桨和变速运行,又可分为定桨定速和变桨变速两大类。

目前采用的机型主要有三种类型:变桨变速型双馈机组、定桨定速型机组以及直驱型机组(变桨变速型永磁同步电机)。其中以变桨变速型双馈机组份额最大,定桨定速型机组次之,直驱型机组最少。

1)定桨定速型风机

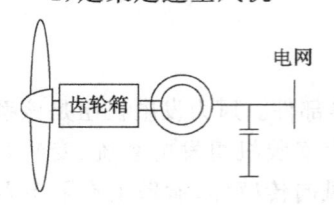

图 2-39　定桨定速式(鼠笼电机)

　　定桨定速机型风机主要特点是桨叶与轮毂固定连接在一起,风速变化时桨叶的角度不会变,工作原理如图 2-39 所示。桨叶经过特殊的设计,可以依靠其气动特性保持叶轮转速相对不变。当风速超过额定值时,叶片会通过自动失速来调节功率,防止转速过快造成过载,所以又称失速式风机。

定桨定速型风机主要由塔架、轮毂、桨叶、主轴、变速箱、发电机、偏航系统、液压系统和电气控制等组成。桨叶与齿轮增速箱通过主轴连接,发电机采用笼式异步发电机,为了提高发电机的效率,多采用双绕组发电机(大/小发电机),控制系统根据不同的风速切换大/小电机,低风速时切入小发电机,高风速时大发电机工作。

为了减小风机并网时对电网的冲击,定桨定速型风机采用晶闸管软并网,再由并网开关(或接触器)旁路晶闸管,将并网冲击减少到最低。由于发电机采用笼式异步发电机,风机在并网状态时需从电网吸收大量的无功电流用于励磁,因而功率因数较低,必须配置一定数量的移相电容器进行补偿。

失速式定桨定速机型风机为早期产品,机组容量多为兆瓦级以下,功率以 600kW、750kW 为主。失速式风机结构简单、成本较低、坚固耐用,但效率偏低,随着时间的推移将会逐步退出风机市场。

2)变桨变速型风机

变桨变速型的特点是桨叶与轮毂之间通过轴承相连,变桨是指桨叶可以沿轴向 0°~90°的范围内变化,变速是指电机的转速是随着风速变化的,输出频率由变频装置来恒定,变桨变速型风机一般是 1MW 以上级居多,是目前风机的主流产品。

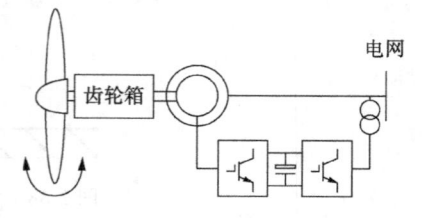

图 2-40　变桨变速式(双馈电机)

变桨变速型风机工作原理如图 2-40 所示,按变桨执行机构的动力形式可分为电动和液压变桨控制;按采用的发电机类型主要可分双馈异步发电机和永磁同步发电机;按传动方式又可分为齿轮增速和直驱(半直驱)式。定桨定速型风机和采用双馈发电机的风机,由于其额定转速较高,必须要采用齿轮箱来增速,而永磁同步发电机可采用多极化设计,发电机转速可低至十几转,因而可采用直驱式。

(1)变桨距控制。

变桨距控制主要有两个作用:①在高于额定风速的情况下通过增大桨距角改变气流对叶片的攻角,将输出功率稳定在额定功率下,保证功率曲线的平滑,防止风机过负荷。②在风机失电脱网等紧急状态下进行空气动力制动,配合高速轴制动器对风机叶轮快速刹车。风机变桨执行机构的动力形式可分为两种,即电液伺服变桨和电动伺服变桨。

变桨作业大致可分为两种工况,即正常运行时的连续变桨和停止(紧急停止)状态下的全顺桨。风机开始启动时桨叶由90°向0°方向的转动以及风速超过额定值时桨叶由0°向90°方向的调节都属于连续变桨,液压变桨系统的连续变桨过程是由液压比例阀控制液压油的流量大小来进行位置和速度控制的,而电动变桨系统则是由变频器控制伺服发电机低速转动来控制位置和速度的。当风机停机或紧急情况时,为了迅速停止风机,桨叶将快速转动到90°,一是让风向与桨叶平行,使桨叶失去迎风面;二是利用桨叶横向拍打空气来进行制动,以达到迅速停机的目的,这个过程叫做全顺桨。液压变桨系统的全顺桨是由电磁阀全导通液压油回路进行快速顺桨控制的,电动变桨系统则是由变频器提高输出频率使交流伺服发电机高速转动来实现的(有的机型采用直流电动机)。紧急变桨时,液压变桨系统的后备动力是充氮的储压罐,而电动变桨系统则是电容器或蓄电池组。

(2)采用双馈异步电机的发电机。

绝大多数的变桨变速型风电发电机组采用了双馈异步变速恒频控制方式。所谓双馈电机有两层意思:①指发电机不仅从定子绕组上馈出功率,在超过同步转速的情况下转子绕组也会馈出功率,双馈电机的额定功率实际上是定子和转子功率的总和;②指电机的转子电流可以双向流动,在低于同步转速时,转子绕组是从电网吸收无功电流的,而当转速超过同步转速时,转子绕组则向外输出功率。由于上述原因,变频器必须具有四象限运行能力。双馈型风机变频系统基本上采用交—直—交电压型变频器(用电容器组作为直流环节缓冲元件),由于双馈型风机要求变频器具备四象限运行能力,所以变频器均采用了双PWM变流器。双馈异步发电机由变频装置为其提供交流励磁,交流励磁与直流励磁不同,它不仅可以调节励磁电流的幅值,还可以改变励磁电流的频率和相位。调节励磁电流的频率,保证风机在变速运行的情况下发出恒定频率的电能;改变励磁电流的幅值和相位,可达到调节输出有功功率和无功功率的目的,因而机组的功率因数本身是可调的,不需要额外增加功率因数补偿装置。

3)直驱式风力发电机

直驱式风力发电机工作原理如图2-41所示,可分为电激磁同步发电机和永磁同步发电机两大类,其中永磁同步发电机的风机是目前正在研发的新一代风机。由于永磁同步电机容易实现多极化,可省去或简化齿轮增速箱结构,其叶轮主轴与发电机可以直接耦合,不经齿轮增速而直接驱动发电机,因此称为直驱(半直驱)式。

直驱式风机均采用低速永磁同步发电机,

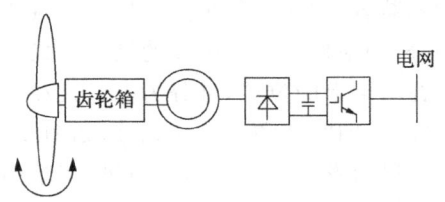

图2-41 直驱式(永磁同步电机)

低速永磁同步电机设计极对数 $P40\sim80$ 对，因此发电机额定转速可低至每分钟十几到二十转。由于风轮转速随着风速变化，发电机发出电能的频率是波动的，而永磁同步电机没有转子绕组，所以不能采用类似于双馈电机转子的变频装置来稳定输出频率。

解决的方法是采用全功率变频器，即首先将永磁同步发电机输出的频率不稳定的交流电进行整流，然后通过逆变器逆变，输出恒定频率的电能。这就要求变频器的功率大于等于发电机的额定功率，也就是说，1.5MW 的风机的变频器容量将不能小于 1.5MW，得益于变频器价格的下降，目前全功率变频器成本能够得到有效控制。

由于齿轮箱是目前在兆瓦级风机中损坏率较高和损耗较大的部件，而永磁同步发电机的转子采用稀土永磁材料制作，不需电励磁，没有转子绕组和集电环组件，因此，大大提高了机组可靠性和效率，具有结构简单、噪声低、寿命长、机组体积小、低风速时效率高、运行维护成本低等诸多优点。

2. 风力发电系统的其他关键部件

除了风力发电机外，风力发电系统的其他关键部件还包括风力机、调向机构、传动装置、控制系统等。图 2-42 给出了典型的并网型变速变桨距控制双馈风力发电系统的构成。

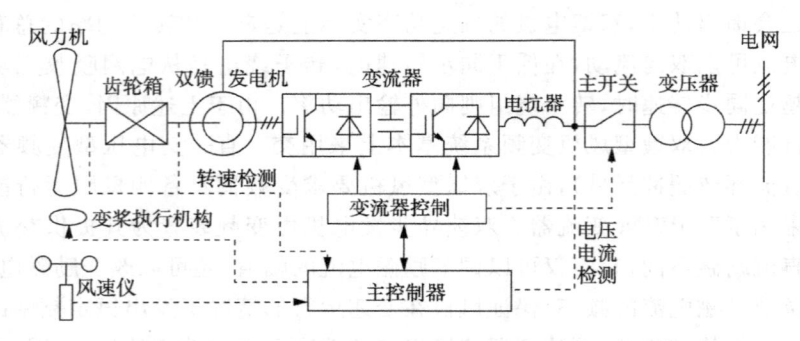

图 2-42 变速变桨距控制双馈风力发电系统的构成

1) 风力机

风力机是将通过风轮旋转面的流动空气的一部分动能转变为其轴上输出有用机械能的装置，即实现将风能转换为机械能的装置。风力机可以根据其风轮的不同而进行划分，如根据它收集风能的结构形式及在空间的布置，可分为水平轴式和垂直轴式；从它在塔架上的位置，可分为上风式和下风式；还可以按桨叶数量，分为单叶片、双叶片、三叶片、四叶片和多叶片式等，如图 2-43 所示。

风力发电中采用的风力机，在结构型式上，水平轴式与垂直轴式都存在，但数量上水平轴式的风力机占绝大多数达 98% 以上。

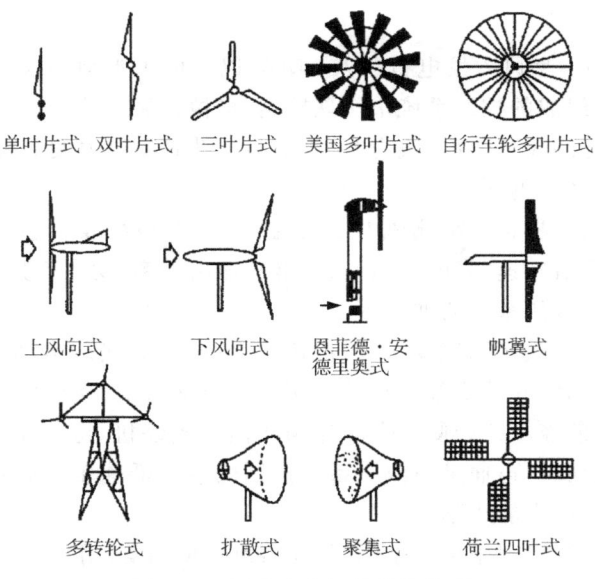

图 2-43 风力发电机风轮的类型

2) 调向机构

水平轴风力机的调向机构是用来调整风力机的风轮叶片旋转平面与空气流动方向相对位置的机构。因为当风轮叶片旋转平面与气流方向垂直时,也即是迎着风向时,风力机从流动的空气中获取的能量最大,因而风力机的输出功率最大,所以调向机构又称为迎风机构(国外通称偏航系统)。小型水平轴风力机常用的调向机构有尾舵和尾车,两者皆属于被动对风调向。风电场中并网运行的中大型风力机则采用由伺服电动机(也有用液压马达)驱动的齿轮传动装置来进行调向,伺服电动机(也称偏航电动机)则是在风信标给出的信号下转动。伺服电动机可以正反转,因此可以实现两个方向的调向。为了避免伺服电动机连续不断地工作,规定当风向偏离风轮主轴$\pm 10°\sim 15°$时,调向机构才开始动作。

调向速度一般为 $1°/s$ 以下,机组容量越大,调向速度越慢,例如,600kW 机组为 $0.8°/s$ 左右,而 1MW 机组则为 $0.6°/s$ 左右。

3) 传动装置

风力机属于低速旋转机械,所采用的传动装置通常是升速变速齿轮箱。其作用是将风力机轴上的低速旋转输入转变为高速旋转输出,以便与发电机运转所需要的转速相匹配。升速传动装置的升速比对风力发电机组的性能及造价有重要影响,选择高升速比有利于降低发电机造价,但升速齿轮箱体积增大,造价增高。合适的升速比应通过系统的方案优化比较来选定。现在大中型风电场中兆瓦级风力发电机组中齿轮箱的变速比在 1:70 左右,齿轮箱的组合型式一般为 3 级齿轮传动。

4）控制系统

100kW以上的中型风力发电机组及1MW以上的大型风力发电机组皆配有由微机或可编程控制器组成的控制系统来实现控制、自检和显示功能。其主要功能是：

（1）按预先设定的风速值（一般为3～4m/s）自动启动风力发电机组，并通过软启动装置将异步发电机并入电网。

（2）借助各种传感器自动检测风力发电机组的运行参数及状态，包括风速、风向、风力机风轮转速、发电机转速、发电机温升、发电机输出功率、功率因数、电压、电流等以及齿轮箱轴承的油温、液压系统的油压等。

（3）当风速大于最大运行速度（一般设定为25m/s）时实现自动停机。失速调节风力机是通过液压控制使叶片尖端部分沿叶片枢轴转动90°，从而实现气动刹车。桨距调节风力机则是借助液压控制使整个叶片顺桨而达到停机，也是属于气动刹车。当风力机接近或停止转动时，再通过由液压系统控制的装于低速轴或高速轴上的制动盘以及闸瓦片刹紧转轴，使之静止不动。

（4）故障保护。当出现恶劣气象（如强风、台风、低温等）情况、电网故障（如缺相、电压不平衡、断电等）、发电机温升过高、发电机转子超速、齿轮及轴承油温过高、液压系统压力降低以及机舱振动剧烈等情况时，机组也将自动停机，并且只有在准确检查出故障原因并排除后，风力发电机组才能再次自动启动。

（5）通过调制解调器与电话线连接。现代大型风电场还可实现多台机组的远程监控，从远离风电场的地点读取风电场中风力发电机组的运行数据及故障记录等，也可远程启动及停止机组的运行。

5）塔架

水平轴风力发电机组需要通过塔架将其置于空中，以捕捉更多的风能。广泛使用的有两种类型塔架，即由钢板制成的锥形筒状塔架和由角钢制成的桁架式塔架。锥形筒状塔架塔筒直径沿高度向上方向逐渐减小，一般由2～3段组成，在塔架内装有梯子和安全索，对于寒冷地区或在大风时工作人员可进入机舱，控制系统的控制柜（包括主开关、微处理机、晶闸管软启动装置、补偿电容等）皆可置于塔筒内的地面上，但塔筒较重、运输较复杂、造价较高。桁架式塔架由于重量较轻，可拆卸为小部件运到场地再组装，因此造价较低。桁架式塔架由螺栓连接，没有焊接点，因此没有焊缝疲劳问题，同时它还可承受由于风力发电机组调向系统动作时施加于整个结构上的轻微扭转力矩；但桁架式塔架需在其旁边地面处另建小屋，以安放控制柜。

除去上述主要部件外，风力发电系统上还装有联轴器、防雷装置、冷却装置、机舱盖及机舱基础底板等。

2.4.3 风力发电的运行

风力发电的运行方式主要有两类。一类是独立运行供电系统，即在电网未通达的偏远地区，用小型风电机组为蓄电池充电，再通过逆变器转换成交流电向终端电器供电,单机容量一般为100W～10kW;或者采用中型风电机组与柴油发电机组成混合供电系统,系统的容量为10～200kW,可解决小的社区用电问题。另一类是作为常规电网的电源,与电网并联运行,联网风力发电是大规模利用风能的最经济方式,机组单机容量范围在200～2500kW之间,既可以单独并网,也可以由多台甚至成百上千台组成风力发电场,简称风电场。

风力发电机组通常有独立运行、与其他发电形式联合运行及并网运行三种运行方式。

1. 独立运行方式

独立运行的风力发电机组,又称离网型风力发电机组,是把风力发电机组输出的电能经蓄电池蓄能,再供应用户使用,如用户需要交流电,则需在蓄电池与用户负荷之间加装逆变器。5kW以下的风力发电机组多采用这种运行方式。在容量较大的独立运行方式下,为了避免大量使用蓄电池,常采用由负荷控制器按负荷的优先保证次序来直接控制负荷的接通与断开,以适应风速大小的变化。这种方式的缺点是在无风期不能供电,因此需要配备少量蓄电池来保证不能断电设备在无风期间内从蓄电池获得电能。风电系统采用的储能系统主要有蓄电池储能,以及正在研究实验的压缩空气储能、飞轮储能和电解水制氢储能等,在地形条件合适的地点,也可以采用抽水蓄能。

2. 与其他发电形式联合运行

为了保证独立运行的离网型风力发电机组能连续可靠地供电,解决风力发电受自然条件的限制影响,风力发电机组经常与其他动力联合使用,常用的方式有风力发电机—柴油发电联合运行和风电发电机—太阳能电池发电联合运行等。图2-44为风力发电机—柴油发电联合运行系统。

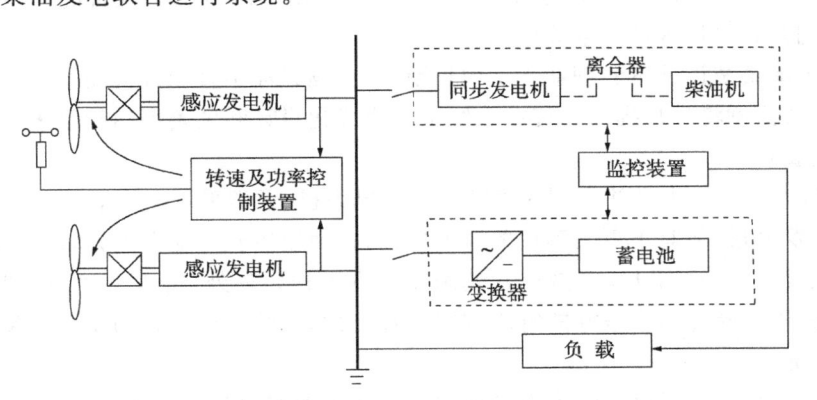

图2-44 风力发电机—柴油发电联合运行系统

3. 并网运行方式

采用风力发电机与电网连接,由电网输送电能的方式,可以克服风的随机性而带来的蓄能问题。10kW 以上直至兆瓦级的风力发电机组皆可采用这种运行方式。并网运行又可分为两种不同的方式：

(1)恒速恒频方式，即风力发电机组的转速不随风速的波动而变化，始终维持恒转速运转，从而输出恒定额定频率的交流电。这种方式目前已普遍采用，具有简单可靠的优点，但是对风能的利用不充分，因为风力机只有在一定的叶尖速比的数值下才能达到最高的风能利用率。

(2)变速恒频方式，即风力发电机组的转速随风速的波动作变速运行，但仍输出恒定频率的交流电。这种方式可提高风能的利用率，但将导致必须增加实现恒频输出的电力电子设备，同时还应解决由于变速运行而在风力发电机组支撑结构上出现共振现象等问题。

风力发电场是目前世界上风力发电并网运行方式的基本形式，是在风能资源良好的地区，将几十台、几百台或几千台单机容量从数百千瓦直至兆瓦级以上的风力发电机组按一定的阵列布局方式成群安装而组成的风力发电机群体。风力发电场属于大规模利用风能的方式，其发出的电能全部经变电设备送往大电网。风力发电场是在大面积范围内大规模开发利用风能的有效形式，弥补了风能能量密度低的弱点。风力发电场的建立与发展可带动和促进形成新的产业，有利于降低设备投资及发电成本。

2.4.4 风力发电技术的发展前景

风力发电是未来重要的可再生能源，受到国内外的极大重视，当前风力发电技术发展趋势包括以下几部分。

(1)单机容量增大。目前世界上最大风电机组的单机容量达到了 6MW，叶轮直径 127m，8～10MW 的风电机组也已在设计开发中。由于风电机组设备的大型化尚未出现技术限制，其单机容量将继续增大。

(2)传动系统设计不断创新。从中长期看，直驱式和半直驱式传动系统在特大型风力机中所占比例将日趋提高。传动系统采用集成化设计和紧凑型结构是未来特大型风力机的发展趋势。

(3)叶片技术不断改进。对于 2MW 以下风力机，通常采用增加塔筒高度和叶片长度来提高发电量，但对于更大容量的风电机组，这两项措施可能会大幅增加运输和吊装的难度及成本。为此，开发高效叶片越来越受到重视。另外，特大型风力机叶片长，运输困难，分段式叶片是个很好的解决方案，而解决两段叶片接合处的刚性断裂问题则成为技术关键。

(4)变速变桨距风电机组占主导地位。变桨距功率调节方式具有系统柔性好、调节平稳、发电量大的优点，这种调节方式将逐渐取代失速功率调节方式。变速恒频方式通过控制发电机的转速，能使风力机的叶尖速比接近最佳值，从而最大限度地利用风能，提高发电量，已逐渐取代恒速恒频调节方式。

(5)开发新型风力发电机。无刷交流双馈异步发电机除了具有交流双馈异步发电机的优点外,还因省去电刷和滑环而具有结构简单可靠、基本上免维护的优点。高压同步发电机的特点是输出电压高达 10～40kV,因而可省去变压器而直接与电网连接,并采用高压直流输电;其转子采用多极永磁励磁,可直接与风力机轴相连,省去了齿轮箱。

(6)开发建设海上风力发电项目。海上风力发电场成为新的大型风电机组的应用领域。海上风电技术发展的焦点是大容量风电机组,特别是大容量轻质量机舱装备的生产技术、大尺寸叶片的制造技术和先进的合成工艺技术、近海风力发电场基础的设计安装和维护技术等。

(7)开发应用混合型塔架(混凝土＋金属结构)。当塔架底部钢管直径超过 4m 时,其运输难度明显加大、造价明显提高,故 80m 以上高度被认为是钢制塔架的极限。为此,国外在陆地上安装 80m 以上塔架时,多采用混合型塔架。目前的混合型塔架造价仍然较高,仅在钢制塔架极限高度以上才具有经济性,因而尚在继续改进不断完善之中。

2.5　太阳能发电

2.5.1　太阳能的利用

太阳能是由太阳的氢经过核聚变而产生的一种能源。在太阳的表面所释放出的能量如果换算成电能则大约为 3.8×10^{19} MW,到达地球的能量中约 30% 反射到宇宙,剩下的 70% 的能量被地球接收。太阳照射地球 1 h 的能量相当于世界 1 年的总消费能量。可见来自太阳的能量有多么巨大。

太阳能具有能量巨大、非枯竭、清洁、不存在不均匀性问题等特点,作为未来的能源是一种非常理想的清洁能源。如果合理地利用太阳能,将会为人类提供充足的能源。太阳能的利用方式很多,主要有太阳能发电、太阳能热利用、太阳能动力利用、太阳能生物利用和太阳能光—光利用等,详见表 2-2。

表 2-2　太阳能利用方式

利用方式	内　　容
太阳能发电	直接光发电:光伏发电、光偶极子发电 间接光发电:光热动力发电、光热电子发电、热光伏发电、光热温差发电、光化学发电、光生物电池(叶绿素电池)等
太阳能热利用	高温利用(>800 ℃):高温太阳炉、熔炼金属等 中温利用(200～800 ℃):太阳灶、太阳能热发电等 低温利用(<200 ℃):太阳能热水器、太阳能干燥、海水淡化、太阳能空调制冷、太阳能暖棚等
太阳能动力利用	热气机—斯特林发动机(用于抽水和发电)、光压转轮等

续表

利用方式	内容
太阳能光化利用	光聚合、光分解、光解制氢等
太阳能生物利用	速生物、油料植物、巨型海藻等
太阳能光—光利用	太阳反光镜、太阳能激光器、光导照明等

太阳能发电的方式有两种,一种是光—热—电转换方式,另一种是光—电直接转换方式。前者为通过热过程的"太阳能热发电",后者不通过热过程,包括"光伏发电"、"光感应发电"、"光化学发电"及"光生物发电"等。

作为最重要的新能源形式,太阳能发电,特别是光伏发电,同以往其他电源发电相比,具有以下特点:①无枯竭危险;②绝对干净(无公害);③不受资源分布地域的限制;④可在用电处就近发电;⑤能源质量高;⑥使用者从感情上容易接受;⑦获取能源花费的时间短。不足之处是:①照射的能量分布密度小,即要占用巨大面积;②获得的能源同四季、昼夜及阴晴等气象条件有关。总的说来,太阳能作为新能源具有极大优点,因此受到世界各国的重视。

要使太阳能发电进一步推广应用,一是要提高太阳能光电转换效率并降低其成本,二是要实现太阳能发电同现在的电网联网。

2.5.2 太阳能热发电

太阳能热发电技术是指:利用大规模阵列抛物或碟形镜面收集太阳热能,通过换热装置提供蒸汽,结合传统汽轮发电机的工艺,从而达到发电的目的。采用太阳能热发电技术,避免了昂贵的硅晶光电转换工艺,可以大大降低太阳能发电的成本。而且这种形式的太阳能利用还有一个其他形式的太阳能转换所无法比拟的优势,即太阳能所加热的水可以储存在巨大的容器中,在太阳落山后几个小时仍然能够带动汽轮发电。

1. 太阳能电站热系统

太阳能是来自太阳内部高温核聚变的辐射能。设想利用一种太阳能锅炉,将太阳辐射能收集起来并转变为热能,取代图 2-13 中的常规燃料锅炉,就成为太阳能热发电系统。所以,太阳能热发电的基本工作原理可以阐述如下:利用太阳集热器将太阳能收集起来,加热工质,产生过热蒸汽,驱动热动力装置带动发电机发电,从而将太阳能转换为电能。

由于在热力学原理上与常规热力发电厂完全一样,技术上把这种按郎肯循环或布劳顿循环原理工作的太阳能热电转换称为太阳能热发电,以区别于太阳能光伏发电。典型太阳能热发电站热力循环系统原理,如图 2-45 所示。

太阳能热发电站的热循环系统和常规热力发电厂基本相近,它们的汽轮发电部分则完全一样,都是产生过热蒸汽驱动汽轮发电机组发电,不同之处在于使用不同的一次能源。常规热力发电厂燃烧矿物燃料,太阳能热发电站收集太阳辐射能为能源。正因为如此,表现在收集太阳能的太阳集热器和燃烧矿物燃料的普通锅炉,在各自的设计、结构和所需要解决的自身特殊技术问题上,都有本质的区别。此外,太阳能为自然能,自身能量密度低,昼夜间歇,冬夏变化,且一天之中变化莫测,为能使太阳能热电站稳定运行,一般在太阳能热发电系统中,都设置蓄热子系统或辅助能源子系统。

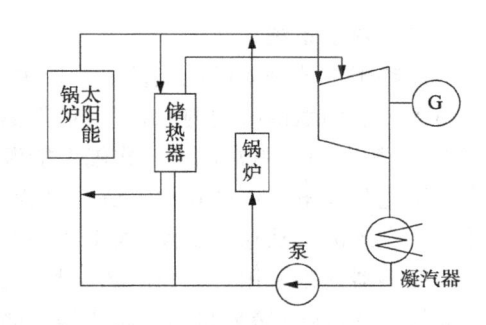

图 2-45 典型太阳能热发电站热力循环系统

2. 太阳能热发电系统的组成

典型太阳能热发电系统由以下四部分组成:聚光集热子系统、储热子系统、辅助能源子系统和汽轮发电子系统。

1) 聚光集热子系统

聚光集热子系统主要包括聚光器、接收器和跟踪装置。

聚光器的作用是收集阳光并将其聚集到一个有限尺寸面上,以提高单位面积上的太阳辐照度,从而提高被加热工质的工作温度。聚光器是太阳能热发电系统中的一个关键部件,入射阳光首先经过它反射到接收器。聚光器性能的优劣明显地影响太阳能热发电系统的总体性能。在太阳能热发电系统中,最常用的聚光方式有两种,即平面反射镜和曲面反射镜。

接收器是通过接收经过聚焦的阳光,将太阳辐射能转变为热能,并传递给工质的部件。在这里,工质被太阳辐射能加热,变成过热蒸汽,再经管道送往汽轮机。根据不同的聚光方式,接收器的结构也将有很大的差别。接收器的关键技术,是其接收阳光的表面必须涂覆选择性吸收膜,使对太阳辐射的吸收率高,而在接收器表面温度下发射率较低,两者的比值越大,则接收器所可能达到的集热温度越高。

跟踪装置是为了使一天中所有时刻的太阳辐射都能通过反射镜面反射到固定不动的接收器上而设置的跟踪机构。太阳聚光器的跟踪方式有两种,即单轴跟踪和双轴跟踪,是指反射镜面绕一根轴还是两根轴转动。槽形抛物面反射镜多为单轴跟踪,盘式抛物面反射镜和塔式聚光的平面反射镜都是双轴跟踪。

从实现跟踪的方式上讲,包括程序控制方式和传感器控制方式两种。程序控制方式是按计算的太阳运动规律来控制跟踪机构的运动,它的缺点是存在累积误差;传感器控制方式是由传感器瞬时测出入射太阳辐射的方向,以此控制跟踪机构的运动,它的缺点是在多云的条件下难以找到反射镜面正确定位的方向。现在多采用二者结合方式进行控制,以程序控制为主,采用传感器瞬时测量作反馈,对程序进行累积误差修正。这样,能在任何气候条件下使反射镜得到稳定而可靠的跟踪控制。

2) 储热子系统

储热子系统是太阳能热发电系统中重要组成部分。因为太阳能热发电系统在早晚和白天云遮间歇的时间内，都必须依靠储存的太阳能来维持正常运行。至于夜间和阴雨天，一般考虑采用常规燃料作辅助能源，否则由于储热容量需求太大，将明显加大整个太阳能热发电系统的初次投资。设置过大的储热系统，在目前技术条件下，经济上显然是不合理的。从这点出发，太阳能热发电站比较适合作电力系统的调峰电站。

储热器就是采用真空或隔热材料作良好保温的储热容器，目前可采用的储热方式有显热储热、潜热储热和化学储能等。储热系统在集热器和汽轮发电机组之间提供一个缓冲环节，保证机组稳定运行。

3) 辅助能源子系统

太阳能热发电系统除要配置储热子系统外，还需配置辅助能源子系统，以维持电站能够一直持续运行。太阳能热发电系统要求的储热子系统容量太大，以致投资巨大。所以在太阳能热发电系统中更普遍地采用常规燃料作辅助能源。

太阳能热发电系统中的辅助能源子系统，就是在系统中增设常规燃料锅炉，用于阴雨天和夜间启动。这时，由常规能源维持电站的连续运行。设计中选用哪种常规燃料作辅助能源，视太阳能热电站当地的能源资源情况而定，可以是天然气、石油或煤。随着技术的发展，现代太阳能热发电站的最新设计概念是建造太阳能和天然气双能源发电站。

4) 汽轮发电子系统

太阳能热发电系统用的动力发电装置，可选用的有现代汽轮机、燃气轮机、低沸点工质汽轮机和斯特林发动机。

动力发电装置的选择，主要根据太阳集热系统可能提供的工质参数而定。现代汽轮机和燃气轮机的工作参数很高，适合用于大型塔式或槽式太阳能热发电系统。斯特林发动机的单机容量小，通常在几十千瓦以下，适合用于盘式抛物面反射镜发电系统。低沸点工质汽轮机则适合用于太阳池太阳能热发电系统。

3. 太阳能热发电形式

太阳能热发电形式有塔式、槽式和碟式三种系统。

(1) 塔式太阳能热发电系统是在空旷的地面上建立一高大的中央吸收塔，塔顶上安装固定一个吸收器，塔的周围安装一定数量的定日镜，通过定日镜将太阳光聚集到塔顶的接收器的腔体内产生高温，再将通过吸收器的工质加热并产生高温蒸汽，推动汽轮机进行发电。塔式太阳能热发电系统如图 2-46 所示。

(2) 槽式太阳能热发电系统是利用柱形抛物面的槽式聚光系统将太阳能聚焦到管状的吸收器上，并将管内传热工质加热。槽式太阳能热发电系统以线聚焦代替了点聚焦，并且聚焦的吸收器管线随着柱状抛物面反射镜一起跟踪太阳的运动而运动。槽式太阳能热发电系统如图 2-47 所示。

图 2-46　塔式太阳能热发电系统 　　　　　图 2-47　槽式太阳能热发电系统

(3)碟式太阳能热发电系统是利用旋转抛物面的碟式反射镜将太阳光聚焦到一个焦点,接收器在抛物面的焦点上,接收器内的传热工质被加热到 750℃ 左右,驱动发动机进行发电。和槽式太阳能热发电一样,碟式太阳能热发电系统的太阳能接收器也不固定,随着碟形反射镜跟踪太阳的运动而运动,克服了塔式太阳能热发电系统较大余弦效应的损失问题,光热转换效率大大提高。和槽式太阳能热发电不同的是,碟式接收器将太阳光聚焦于旋转抛物面的焦点上,而槽式接收器则将太阳光聚焦于圆柱抛物面的焦线上。碟式太阳能热发电系统适用于边远地区独立电站。碟式太阳能热发电系统如图 2-48 所示。

图 2-48　碟式太阳能热发电系统

4. 三种太阳能热发电系统的比较

太阳能热发电从经济角度可分为两种,一种是发电成本不依赖聚光面积规模的热发电系统,以点聚焦的碟式太阳能热发电系统为代表,适合于作为分布式能源系统。另一种是发电成本依赖聚光面积规模的热发电系统,它以线聚焦的槽式太阳能热发电系统和点聚焦的塔式太阳能热发电系统为代表,其发电成本依赖装机容量,如 80MW 槽式电站的单位发电成本只有 10MW 电站的 50%,因此建立大规模太阳能热发电站是降低太阳能发电成本的趋势和必要途径。三种系统均可单独使用太阳能运行,也可安装成与其他燃料(如与天然气、生物质气等)混合发电的互补系统。

就三种形式的太阳能热发电系统相比较而言,槽式热发电系统最为成熟,也是达到商业化发展的技术,塔式热发电系统尽管可以实现 1000℃ 的聚焦高温,但一直面临着单位装机容量投资过大的问题,而且造价降低非常困难,所以塔式系统五十多年来始终停留在示范阶段而没有推广开来。碟式热发电系统配以斯特林发电机具有优好的性能指标,但目前主要还是用于边远地区的小型独立供电,大规模应用成熟度则稍逊一等。应该指出,槽式、塔式和碟式太阳能光热发电技术同样受到世界各国的重视,并正在积极开展工作。

2.5.3 太阳能光伏发电

1. 太阳能光伏发电原理

1839年,法国物理学家贝克勒尔(A. E. Becquerel)意外地发现:将两片金属浸入溶液构成的伏打电池,当受到阳光照射时会产生额外的伏打电动势。他把这种现象称为"光生伏特效应",简称"光伏效应"。1883年,有人在半导体硒和金属接触处发现了固体光伏效应。之后人们即把能够产生光生伏打效应的器件称为"光伏器件"。因为半导体P-N结器件在太阳光照射下的光电转换效率最高,所以通常把这类光伏器件称为"太阳能电池"或称光伏电池,是太阳能光伏发电系统的基础和核心器件。

当太阳光(或其他光)照射到太阳能电池上时,太阳能电池吸收光能,产生光生电子—空穴对。在电池内建电场作用下,光生电子和空穴分离,电池两端出现异号电荷的积累,即产生"光生电压",这就是"光生伏打效应"。若在内建电场的两侧引出电极并接上负载,则负载就有了"光生电流"流过,从而获得功率输出。这样,太阳的光能就直接变成了可以使用的电能。

太阳能转换成为电能的过程主要包括三个步骤,即:
(1)太阳能电池吸收一定能量的光子后,半导体内产生电子—空穴对,称为"光生载流子",两者的电性相反,电子带负电,空穴带正电。
(2)电性相反的光生载流子被半导体P-N结所产生的静电场分离开。
(3)光生载流子电子和空穴分别被太阳能电池的正、负极收集,并在外电路中产生电流,从而获得电能。

因此光伏发电就是利用半导体界面的光生伏特效应而将光能直接转变为电能的一种技术。其优点是较少受地域控制,安全可靠,无噪声,低污染,无需消耗燃料,架设输电线路即可就地发电供电,以及建设周期短等。

2. 太阳能光伏系统的基本构成

太阳能光伏系统主要由太阳能电池阵列、控制器、蓄电池(根据情况可不用)、负载以及特制保护装置等构成。太阳能电池阵列接收来自太阳的光能产生直流电能;功率调节器由逆变器、并网装置、系统监视保护装置以及充放电控制装置等构成,主要用来将太阳能电池所产生的直流电变成交流电等;蓄电池则存储剩余电能,当太阳能电池不发电时或电能不足时供负载使用。由于该系统的装置在实际应用时会根据利用的情况而变,因此,太阳能光伏系统一般由太阳能电池、功率调节器以及蓄电池等外围设备构成。

1) 光伏电池组件

对太阳能电池组件进行必要的组合,然后安装在房顶等处而构成的太阳电池全体称为太阳能电池阵列。太阳能电池阵列由多枚太阳能电池组件经串、并联而成的组件群以及支撑这些组件群的台架构成。图 2-49 为太阳能电池单元、太阳能电池组件及太阳能电池阵列之间的关系。

太阳能电池阵列的电路如图 2-50 所示,由太阳能电池组件构成的纵列组件、逆流防止元件(二极管)Ds、旁路元件(二极管)Db 以及端子箱体等构成。纵列组件是根据所需输出电压将太阳能电池组件串联而成的电路。各纵列组件经逆流防止元件并联构成。

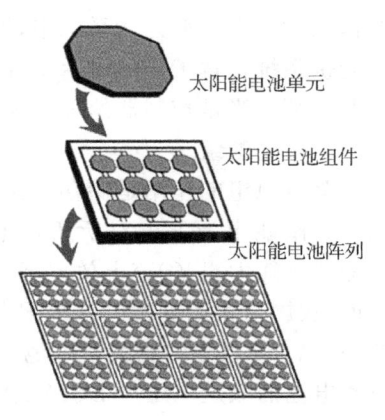

图 2-49 太阳能电池单元、组件与阵列之间的关系

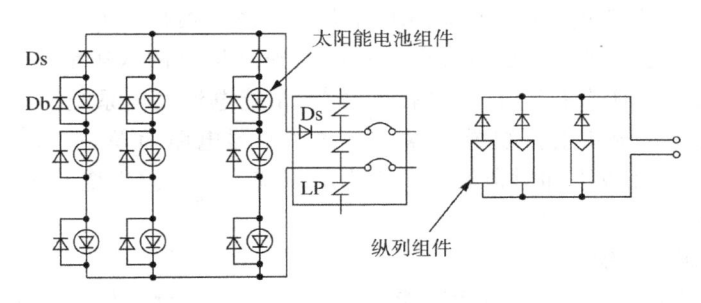

图 2-50 太阳能电池阵的电路图

当太阳能电池组件被鸟粪、树叶、日影覆盖时,太阳能电池组件几乎不能发电。此时,各纵列组件之间的电压会出现不相等的情况,使各纵列组件之间的电压失去平衡,导致出现各纵列组件间以及阵列间循环电流流动以及逆变器等设备的电流流向阵列的情况。为了防止逆流现象的发生,需在各纵列组件串联逆流防止二极管。逆流防止二极管一般装在接线盒内,也有安放在太阳能电池组件的端子箱内的。当然,也可不用逆流防止二极管,而使用继电器来达到防止逆流的目的。

太阳能电池组件接有旁路二极管,是为了防止当太阳能电池阵列的一部分被日影遮盖或组件的某部分出现故障时,电流可流经旁路二极管为负载提供电力,从而避免因纵列组件输出电压的合成电压对没有发电的组件形成反向电压,导致部分过热而使全阵列的输出下降。

2) 太阳能控制器

太阳能控制器是光伏发电系统的核心部件之一,也是平衡系统的主要组成部分。在小型光伏系统中,控制器也称为充放电控制器,它主要起防止蓄电池过充电和过放电的作用。在大中型光伏系统中,控制器担负着平衡管理光伏系统能量、保护蓄电池及整个光伏系统正常工作和显示系统工作状态等重要作用。其他附加功能如光控开关、时控开关都应当是控制器的可选项。

3) 蓄电池组

蓄电池组的作用是储存太阳能电池方阵受光照时发出的电能并可随时向负载供电。太阳能电池发电对所用蓄电池组的基本要求是:①自放电率低;②使用寿命长;③深放电能力强;④充电效率高;⑤少维护或免维护;⑥工作温度范围宽;⑦价格低廉。目前,我国与太阳能发电系统配套使用的蓄电池主要是铅酸蓄电池和镉镍蓄电池。配套 200A·h 以上的铅酸蓄电池,一般选用固定式或工业密封式免维护铅酸蓄电池,每只蓄电池的额定电压为 DC2V;配套 200A·h 以下的铅酸蓄电池,一般选用小型密封免维护铅酸蓄电池,每只蓄电池的额定电压为 DC12V。

4) 逆变器

逆变器是将直流电转换成交流电的设备。由于太阳能电池和蓄电池是直流电源,而负载是交流负载时,逆变器是必不可少的。逆变器按运行方式,可分为独立运行逆变器和并网逆变器。独立运行逆变器用于独立运行的太阳能电池发电系统,为独立负载供电。并网逆变器用于并网运行的太阳能电池发电系统。逆变器按输出波形可分为方波逆变器和正弦波逆变器。方波逆变器电路简单,造价低,但谐波分量大,一般用于几百瓦以下和对谐波要求不高的系统。正弦波逆变器成本高,但可以适用于各种负载。

5) 太阳能跟踪系统

太阳能跟踪系统是能够保持太阳能电池板随时正对太阳,使太阳光的光线随时垂直照射太阳能电池板的动力装置,能够显著提高太阳能光伏组件的发电效率。

3. 光伏发电系统的分类

光伏发电系统分为独立太阳能光伏发电系统和并网太阳能光伏发电系统。

1) 独立发电系统

独立太阳能光伏发电是指太阳能光伏发电不与电网连接的发电方式,典型特征为需要蓄电池来存储夜晚用电的能量。独立太阳能光伏发电在民用范围内主要用于边远的乡村,如家庭系统、村级太阳能光伏电站;在工业范围内主要用于电讯、卫星广播电视、太阳能水泵,在具备风力发电和小水电的地区还可以组成混合发电系统,如风力发电/太阳能发电互补系统等。

独立光伏发电系统的工作原理是:太阳能电池方阵吸收太阳光并将其转化成电能后,在防反充电二极管的控制下为蓄电池充电。直流或交流负载通过开关与控制器连接。控制器负责保护蓄电池,防止出现过充电或过放电状态,即在蓄电池达到一定的放电深度时,控制器将自动切断负载;当蓄电池达到过充电状态时,控制器将自动切断充电电路。有的控制器能够显示独立光伏发电系统的充放电状态,并能储存必要的数据,甚至还具有遥测、遥信和遥控的功能。在交流光伏发电系统中，DC/AC逆变器将蓄电池组提供的直流电变成能满足交流负载需要的交流电。

独立光伏发电系统根据负载的特点可分为直流系统、交流系统和交直流混合系统，其主要区别在于系统中是否有逆变器。独立光伏发电系统框图如图2-51所示。

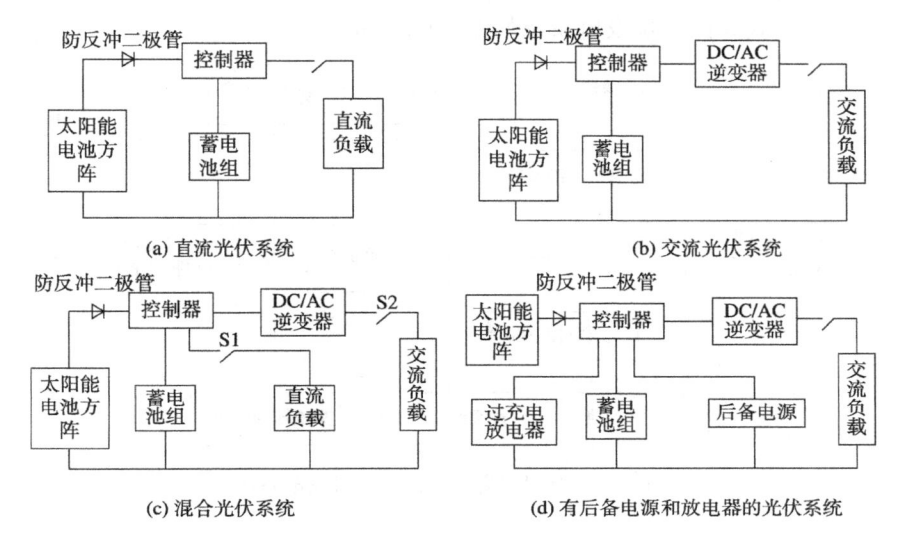

图 2-51　独立光伏发电系统框图

2) 并网发电系统

光伏发电系统的主流发展趋势是并网光伏发电系统。太阳能电池所发的电是直流，必须通过逆变装置转换成交流，再同电网的交流电合起来使用，这种形态的光伏系统就是并网光伏发电系统，典型特征为不需要蓄电池。

并网光伏发电系统可分为住宅用和集中式两大类。前者的特点是光伏发电系统发的电直接被分配到住宅内的用电负载上，多余或不足的电力通过连接电网来调节；后者的特点是光伏发电系统发的电直接被输送到电网上，由电网把电力统一分配到各个用电单位。目前，住宅用并网光伏发电系统在国外已得到大力推广，集中式并网光伏发电系统目前成本较高，但随着太阳能电池技术的提高及价格的逐年下降，在少数国家已经有较大的发展。

对于住宅用并网光伏发电系统，又可以分为有倒流系统和无倒流系统两类。有倒流系统是在光伏发电系统产生剩余电力时，将这些剩余电能送入电网，由于向同一电网提供方向相反的电力，因此称为有倒流系统。当光伏发电系统电力不够时便由电网供电。这种系统往往是为光伏发电系统的能力大于负载或发电时间与负载用电时间不匹配而设计的。例如住宅用并网光伏发电系统，由于输出电力受天气和季节约束，而用电又有时间段的区分，为了保证电力平衡，一般都设计成有倒流系统。无倒流系统是指光伏发电系统的功率始终小于或等于负载，电力不够时由电网提供，即光伏发电系统与电网形成并联向负载供电。对于无倒流系统,即使光伏发电系统因某种原因产生剩余电力,也只能通过某种手段放弃。由于不会出现光伏发电系统向电网输电的现象,因此称为无倒流系统。根据光伏发电系统所连接电网电压的高低,又可以分为低压并网系统和高压并网系统。

典型的集中式并网光伏发电系统如图 2-52 所示。

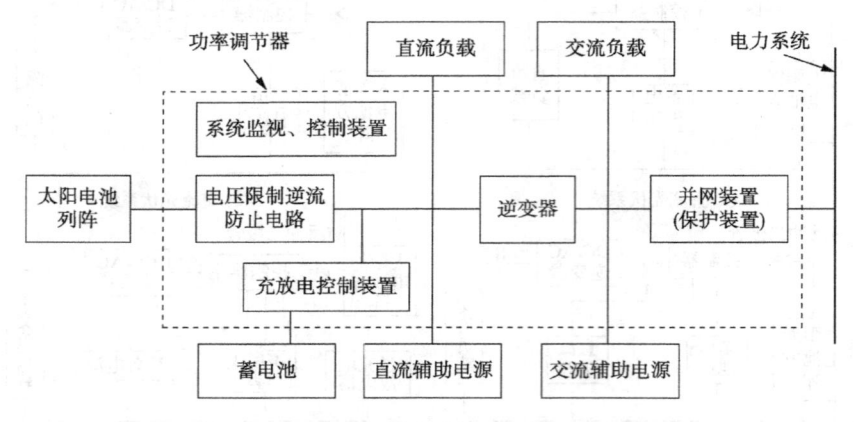

图 2-52 典型的集中式并网光伏发电系统

4. 太阳能光伏发电的发展趋势

目前,制约太阳能光伏发电发展的主要因素是产品价格比较昂贵,所以提高光电转换效率、降低光伏发电成本是推广应用的关键。为此,世界各国特别是发达国家不惜投入巨大的人力和物力对其进行研究,这些研究归纳起来主要分为以下两个方面。

(1)通过研制高效新型太阳能光伏电池或改进工艺,降低光伏电池成本的方式,达到提高电池性能价格比的目的。例如,目前单晶硅太阳能光伏电池工业化生产的产品平均光电转换效率已达 19%,多晶硅的光电转换效率也已达到 18%(2010 年统计数据)。同时,随着纳米技术的发展及新材料的出现,成本低、工艺简单的薄膜电池、二氧化钛有机纳米电池等新产品将会逐步实用化,也将会进一步推动光伏发电的发展。

(2)通过自动跟踪技术及聚光方式来延长光伏电池光电转换时间和提高其能量密度,从而达到降低系统成本的目的。随着自动控制技术的发展和完善,在技术上投入很少成本就可以实现光伏电池自动跟踪太阳,从而充分发挥光伏电池的发电能力;而采用新材料及聚光技术,如抛物面型反射式或菲涅尔透镜透射式,则可使太阳能光伏电池的发电能力提高为原来的几倍甚至几十倍。

2.6 其他新能源发电

2.6.1 生物质能发电

生物质能是太阳能以化学能形式储存在生物质中的能量形式,是以生物质为载体的能量。生物质燃料总量十分丰富,它是人类赖以生存的重要能源,目前仅次于煤炭、石油和天然气,位居世界能源消费总量的第 4 位。生物质能具有可再生性、种类多样性、低污染性和分布广泛等特点。生物质能发电是利用农业、林业和工业废弃物,甚至城市垃圾为原料,采取直接燃烧或气化等方式发电,主要包括直接燃烧发电、沼气发电和整体汽化联合发电等几种形式。

1. 直接燃烧发电

以秸秆、垃圾等为代表的生物质发电方式为直接燃烧发电。燃烧秸秆发电时,秸秆入炉有多种方式:秸秆打包、粉碎造粒(压块)、或打成粉末或者与煤混合后打入锅炉。秸秆直接燃烧发电生产过程为:将秸秆等生物质加工成适于锅炉燃烧的形式(粉状或块状),送入锅炉内充分燃烧,使储存于生物质燃料中的化学能转变成热能;锅炉内的水加热后产生饱和蒸汽,饱和蒸汽在过热器内继续加热成过热蒸汽进入汽轮机,驱动汽轮发电机组旋转,将蒸汽的内能转换成机械能,最后由发电机将机械能变成电能。具体发电流程如图 2-53 所示。

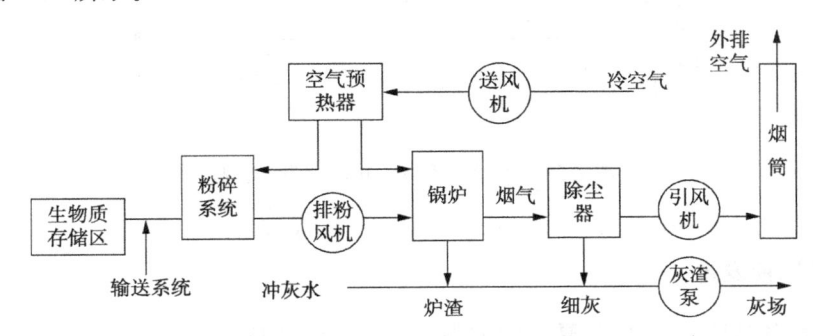

图 2-53 秸秆直接燃烧发电原理流程

2. 沼气发电

沼气发电是随着沼气综合利用的不断发展而出现的一项沼气利用技术,是将沼气用于发动机上,并装有综合发电装置,以产生电能和热能的一种有效利用沼气方式。该系统用一个密闭型的热动力装置,包括一套沼气发动机、发电机和一台带出热量的热交换器。与现用的液体发酵主要区别在于物料有机质不需要液化过程,在高温厌氧环境下将生物质原料直接装入模块式的密封发酵设备，在渗滤液环流作用下使干燥物料潮湿，经过几周时间，变成甲烷含量达70%～80%的高质量沼气，通过沼气发动机转换成电能以及余热利用。

3. 整体气化联合发电

生物质气化联合发电技术是生物质通过热化学转化为气体燃料，将净化后的气体燃料直接送入锅炉、内燃发电机、燃气机的燃烧室中燃烧来发电。气化发电过程主要包括三个方面，一是生物质气化，在气化炉中把固体生物质转化为气体燃料；二是气体净化，气化出来的燃气都含有一定的杂质，包括灰分、焦炭和焦油等，需经过净化系统把杂质除去，以保证燃气发电设备的正常运行；三是燃气发电，利用燃气轮机或燃气内燃机进行发电，有的工艺为了提高发电效率，发电过程可以增加余热锅炉和蒸汽轮机。整体气化联合发电原理流程图如图2-54所示。

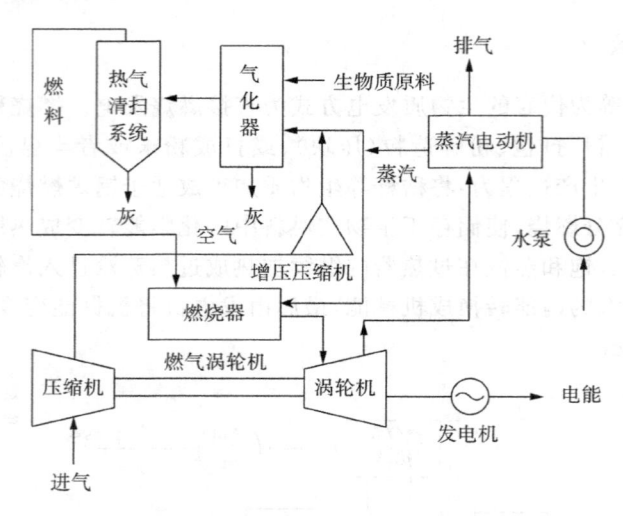

图2-54 生物质整体气化联合发电流程

2.6.2 地热能发电

地球的内部是一个高温、高压的世界，是一个巨大的热库，蕴藏着无比巨大的热能。据估计，全世界地热资源的总量，大约为1.45×10^{26} J，相当于4.948×10^{15} t标准煤燃烧时所放出的热量。如果把地球上储存的全部煤炭燃烧时所放出的热量作为标准来计算，那么，石油的储存量约为煤炭的3%，目前可利用的核燃料的储存量约为煤炭的15%，而地热能的总储存量则为煤炭的1.7亿倍。然而，地壳浅层的地热能分布很不均匀，有许多地方的地热能过于分散，或者温度过低，没有开发价值，在10～20年内可开发的能量大约为5×10^{20} J。

地热资源按在地下的储存形式可分为五大类,如表 2-3 所示。目前,多为人类开发利用的主要是地热蒸汽和地热水两大类资源。干热岩型地热资源经过美国、英国、德国、日本、澳大利亚、瑞典等少数工业发达国家多年的试验研究,已有成功的案例。

表 2-3 地热资源类型及其状况

类型		温度范围/℃	储藏情况		开发技术状况	资源量估计 (quad[①]×10³)	
						已查明	待查明
蒸汽型		>200	蕴藏在1.5km左右的地表深度。200~240℃干蒸汽(含少量其他气体)		开发良好(分布区很少)	0.1	
热水型	高温	>150	以水为主	蕴藏在2km以内的地表深度	开发中(量大、面广,为当前重点研究对象)	3	10
	中温	90~150					
	低温	50~90		蕴藏在3km以内的地表深度			
地压型		>150	蕴藏深度在2~3km,深层沉积低压水,溶解大量碳氢化合物,开发可同时得到压力能、热能、化学能(天然气)		实验开发	44	132
干热岩型		150~160	地表下10km左右的干燥无水的热岩石		应用基础研究	48	150
岩浆型		600~1500	10km以下深处的熔融状和半熔融状岩浆		研究题目	52	150

① 1quad=1818J,相当于 36.02×10⁶ t 标准煤。

地热发电是利用地下热水和蒸汽为动力源的一种新型发电技术。地热发电和火力发电的基本原理是一样的,都是将蒸汽的热能经过汽轮机转变为机械能,然后带动发电机发电。所不同的是,地热发电不像火力发电那样要备有庞大的锅炉,也不需要消耗燃料,它所用的能源就是地热能。地热发电的过程,就是把地下热能首先转变为机械能,然后把机械能转变为电能的过程。

如图 2-55 所示,要利用地下热能,首先需要由载热体把地下的热能带到地面上来。目前能够被地热电站利用的载热体,主要是地下的天然蒸汽和热水。按照载热体类型、温度、压力和其他特性的不同,可把地热发电的方式划分为地热蒸汽发电、地下热水发电、联合循环以及正在研究试验的干热岩发电系统。

1. 地热蒸汽发电

1)背压式汽轮机地热蒸汽发电系统

最简单的地热干蒸汽发电的工作原理是:把干蒸汽从蒸汽井中引出,先加以净化,经过分离器分离出所含的固体杂质,然后就可把蒸汽通入汽轮机做功,驱动发电机发电。做功后的蒸汽,可直接排入大气,或送热给用户。这种系统结构简单,但效率不高,多用在电

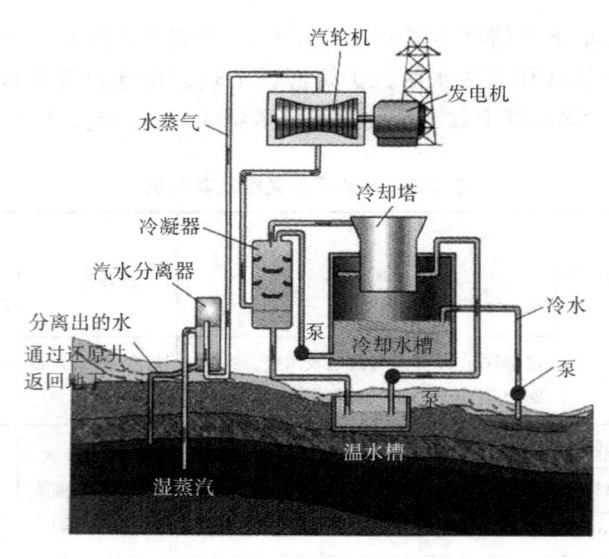

图 2-55 地热能的发电过程

站规模较小(5MW 以内),且仅能用于地热蒸汽中不凝结气体含量很高的场合。

2)凝汽式汽轮机地热蒸汽发电系统

为提高地热电站的机组出力和发电效率,通常采用凝汽式汽轮机地热蒸汽发电系统。在该系统中,由于蒸汽在汽轮机中可膨胀到很低的压力,因而能做出更多的功。做功后的蒸汽排入混合式凝汽器,并在其中被循环水泵打入冷却塔冷却凝结成水,然后排走。在凝汽器中,为保持很低的冷凝压力,即真空状态,装设带有冷却器的抽气设备来抽气,把由地热蒸汽带来的各种不凝结气体和外界漏入系统中的空气从凝汽器中抽走。在该系统中,蒸汽在汽轮机中能膨胀到很低的压力,因此其效率比背压式地热电站高,但系统要复杂,适用于高温(160 ℃以上)地热的发电。

2. 地下热水发电

地下热水发电有两种方式:一种是直接利用地下热水所产生的蒸汽进入汽轮机工作,称为闪蒸地热发电系统;另一种是利用地下热水来加热某种低沸点工质,使其产生蒸汽进入汽轮机工作,称为双循环地热发电系统。

1)闪蒸地热发电

在此种方式下,不论地热资源是湿蒸汽田或者是热水田,都是直接利用地下热水所产生的蒸汽来推动汽轮机做功。

闪蒸地热发电的工作原理:将地热井口来的地热水,先送到闪蒸器中进行降压闪蒸(或称扩容)使其产生部分蒸汽,再引到常规汽轮发电机组做功发电。汽轮机排出的蒸汽在混合式凝汽器内冷凝成水,送往冷却塔。分离器中剩下的含盐水排入环境或打入地下,或引入至二级低压闪蒸分离器中,分离出低压蒸汽引入汽轮机的中部某一级膨胀做功。用这种方法产生蒸汽来发电就称为闪蒸法地热发电,它又可以分为单级闪蒸法、两级闪蒸法和全流法等。

采用闪蒸法的地热电站,热水温度低于100℃时,全热力系统处于负压状态。这种电站设备简单,易于制造,可以采用混合式热交换器;其缺点是设备尺寸大,容易腐蚀结垢,热效率较低。由于是直接以地下热水蒸气为工质,因而对于地下热水的温度、矿化度以及不凝气体含量等有较高的要求。

2) 中间介质法地热发电

中间介质法地热发电也称为双循环地热发电或热交换法地热发电。这是20世纪60年代以来在国际上兴起的一种地热发电新技术。这种发电方式,不是直接利用地下热水所产生的蒸汽进入汽轮机做功,而是通过热交换器利用地下热水来加热某种低沸点的工质,使之变为蒸汽,然后以此蒸汽去推动汽轮机,并带动发电机发电;汽轮机排出的乏汽经凝汽器冷凝成液体,使工质再回到蒸发器重新受热,循环使用。因此,在这种发电系统中,采用两种流体:一种是采用地热流体作热源,它在蒸汽发生器中被冷却后排入环境或打入地下;另一种是采用低沸点工质流体作为一种工作介质(如氟利昂、异戊烷、异丁烷、正丁烷、氯丁烷等),这种工质在蒸汽发生器内由于吸收了地热水放出的热量而汽化,产生的低沸点工质蒸汽送入汽轮发电机组发电。做完功后的蒸汽,由汽轮机排出,并在冷凝器中冷凝成液体,然后经循环泵打回蒸汽发生器再循环工作。该方式分为单级中间介质法系统和双级(或多级)中间介质法系统。

这一系统的优点是能够更充分地利用地下热水的热量,降低发电的热水消耗率;缺点是增加了投资和运行的复杂性。

3. 联合循环地热发电

联合循环地热发电系统就是把蒸汽发电和地热水发电两种系统合二为一。这种地热发电系统最大的优点就是适用于大于150℃的高温地热流体发电,经过一次发电后的流体,在不低于120℃的工况下,再进入双工质发电系统,进行二次做功,充分利用了地热流体的热能,既提高了发电效率又将以往经过一次发电后的排放尾水进行再利用,大大节约了资源。

这种联合循环地热发电方式从生产井到发电,再到最后回灌到热储,整个过程都是在全封闭系统中运行的,因此即使是矿化程度很高的热卤水也可以用来发电,不存在对环境的污染。同时,由于是全封闭的系统,在地热电站也没有刺鼻的硫化氢味道,因而是100%的环保型地热发电系统。这种地热发电系统进行100%的地热水回灌,从而延长了地热田的使用寿命。

4. 利用地下热岩石发电

与那些只从火山活动频繁地区的温泉中提取热能的方法相比,干热岩发电系统将不受地理限制,可以在任何地方进行热能开采。首先将水通过压力泵压入地下4~

6km深处,在此处的岩石层温度大约在200℃。水在高温岩石层被加热后通过管道加压被提取到地面并输入热交换器中。热交换器推动汽轮发电机将热能转化成电能。而推动汽轮机工作的热水冷却后再重新输入地下供循环使用。这种地热发电成本与其他再生能源的发电成本相比具有竞争力,而且这种方法在发电过程中不产生废水、废气等污染,是一种未来的新能源。

2.6.3 潮汐能发电

海洋是个庞大的能源宝库,但其发生在广袤无垠的海洋环境中,能量密度低,因而开发利用海洋能的技术难度大,对材料和设备的要求比较高。目前对于海洋能的开发,主要是潮汐能。潮汐能是指海水涨潮和落潮形成的水的动能和势能,它是一种无需燃料、不会污染环境的新能源。

潮汐发电,就是利用海水涨落及其所造成的水位差来推动水轮机,再由水轮机带动发电机来发电。其发电的原理与一般的水力发电差别不大。不过,一般的水力发电的水流方向是单向的,而潮汐发电则不同。从能量转换的角度来说,潮汐发电首先是把潮汐的动能和位能通过水轮机变成机械能,然后再由水轮机带动发电机,把机械能转变为电能。如果建筑一条大坝,把靠海的河口或海湾同大海隔开,造成一个天然的水库,在大坝中间留一个缺口,并在缺口中安装上水轮发电机组,那么涨潮时,海水从大海通过缺口流进水库。冲击水轮机旋转,从而就带动发电机发出电来;而在落潮时,海水又从水库通过缺口流入大海,则又可从相反的方向带动发电机组发电。这样,海水一涨一落,电站就可源源不断地发出电来。潮汐发电的原理如图2-56所示。

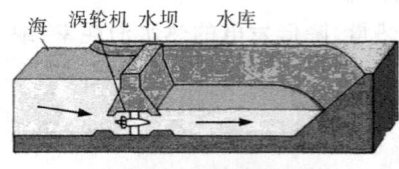

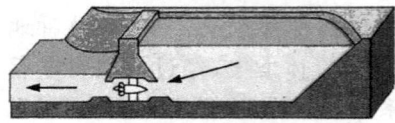

图2-56 潮汐发电的原理图

潮汐发电可按能量形式的不同分为两种:一种是利用潮汐的动能发电,就是利用涨落潮水的流速直接去冲击水轮机发电;另一种是利用潮汐的势能发电,就是在海湾或河口修筑拦潮大坝,利用坝内外涨落潮时的水位差来发电。利用潮汐动能发电的方式,一般是在流速大于1m/s的地方的水闸闸孔中安装水力转子来发电,它可充分利用原有建筑,因而结构简单,造价较低,如果安装双向发电机,则涨落潮时都能发电。但是由于潮流流速周期性地变化,致使发电时间不稳定,发电量也较小。因此,目前一般较少采用这种方式。利用潮汐势能发电,要建筑较多的水工建筑物,因而造价较高,但发电量较大。由于潮汐周期性地发生变化,所以电力的供应是间歇性的。

潮汐能发电站又可按其开发方式的不同分为如下三种型式。

1) 单库单向式

也称单效应潮汐电站,这种电站仅建一个水库调节进出水量,以满足发电的要求。电站运行时,水流只在落潮时单方向通过水轮发电机组发电。其具体运动方式是:在涨潮时打开水库,到平潮时关闭闸门,落潮时打开水轮机阀门,使水通过水轮发电机组发电。这种形式的电站,只需建造一道堤坝,并且水轮发电机组仅需满足单方向通水发电的要求即可,因而发电设备的结构和建筑物结构都比较简单,投资较少。但是因为这种电站只能在落潮时单方向发电,所以每日发电时间较短,发电量较少,一般电站效率仅为 22%。

2) 单库双向式

单库双向式潮汐能发电站与单库单向式潮汐能发电站一样,也只用一个水库,但不管是在涨潮时或是在落潮时均可发电。这种形式的电站,由于需满足涨、落潮两个方向均能通水发电的要求,所以在厂房水工建筑物的结构上和水轮发电机组的结构上,均较第一种形式的要复杂些。但由于它在涨、落潮时均可发电,所以每日的发电时间长,发电量也较多,一般每天可发电 16～20h,能较为充分地利用潮汐的能量。

3) 双库单向式

双库单向式潮汐发电站需要建造两座相互毗邻的水库,一个水库设有进水闸,仅在潮位比库内水位高时引水进库;另一个水库设有泄水闸,仅在潮位比库内水位低时泄水出库。这样,前一个水库的水位便始终较后一个水库的水位高,故前者称为上水库或高水库,后者则称为下水库或低水库。高水库与低水库之间终日保持着水位差,水轮发电机组放置于两水库之间的隔坝内,水流即可终日通过水轮发电机组不间断地发电。这种形式的电站可连续发电,故其效率较高;同时,也易于和火电、水电或核电厂并网,联合调节。但需建两座或三座堤坝、两座水闸,工程量和投资较大,由于在经济上不合算,实际应用很少。

思 考 题

2-1 火电厂一般由哪些子系统构成?各子系统中的主体设备有哪些?

2-2 自然循环锅炉内水循环过程是怎样的?为什么自然循环锅炉中可以不配备强制循环泵?

2-3 决定火电厂动力循环做功效率的主要因素有哪些?造成朗肯循环热效率低的因素有哪些?为什么现代火力发电厂一般向高参数、大容量方向发展?

2-4 水电厂的常见类型有哪些?分别有什么特征?

2-5 试比较水电厂和火电厂的工作特点。

2-6 核电厂按照反应堆类型主要有哪几类?并对比分析工作原理。

2-7 对比分析核电厂与火电厂的工质、系统与设备、运行特点有哪些不同?

2-8 风力发电机组包括哪些组件?主要风力发电机类型有哪些?

2-9 风力发电的运行方式有哪些?

2-10 简述太阳能热发电系统的组成及各部分的作用。

2-11 太阳能热发电系统的发电形式有哪些?其特点是什么?

2-12 太阳能光伏系统的基本构成是什么?

第 3 章　电气设备原理与选择

电力系统是由大量具有一定功能的电气设备相互联接组成,因而电气设备的工作状况直接影响到整个系统的运行水平。电气设备在运行中,除本体功能外一般还要满足一定的耐压、受热、受力等工作要求,这里从一般意义上讲述电气设备的选择条件及要求,并对一些常用典型设备的工作原理与应用加以介绍。

3.1　载流导体的发热和电动力

3.1.1　概述

在发电厂和变电站中,大量使用各种载流导体。载流导体在电能生产与传输过程中,由于有电流的通过而必然产生损耗,例如由载流导体和连接部分本身电阻所产生的损耗,载流导体周围的金属构件处于交变电磁场中产生的磁滞和涡流损耗,以及绝缘材料在电磁场作用下产生介质损耗等。所有这些能量损耗几乎全部变为热能,从而使电气设备和载流导体温度升高,导致材料的物理和化学性能变坏。

基于通过电流大小和持续时间不同,导体和电气设备的发热情况通常分为两种。

(1)长期发热。在正常工作状态,电压和电流都不超过额定值,即由工作电流所引起的连续发热,称为长期发热。长期发热的特征是导体内部所发出的热量与散失到周围介质中的热量相等,即热量平衡,因此导体的温度保持稳定不变。导体和电气设备需长期而经济地运行。

(2)短路时发热。在短路工作状态,由短路电流所引起的发热,称为短路时发热,或简称短时发热。短路时短路电流很大,将产生较多的热量;一般情况下,短路故障持续的时间很短,平衡状态来不及建立。在故障即将切除的短期内,导体或电气设备应能承受短时发热和力的作用。

由上述可知,在电能生产和传输过程中,发热是不可避免的,发热给电气设备带来的不良影响,归结为以下三个方面。

(1)使绝缘材料的绝缘性能降低。绝缘材料老化的速度与使用时的温度有关。有机绝缘材料长期受到高温的作用,将会逐渐变脆和老化,致使绝缘材料失去弹性,绝缘性能降低,甚至会被击穿,使用寿命大为缩短。

(2)使金属材料的机械强度下降。金属材料温度的升高,会使材料退火软化,机械强度下降。试验表明,如果长期发热温度超过100℃(铝导体)和150℃(铜导体)时,或短路时发热温度超过200℃(铝导体)和250℃(铜导体)时,则这两种导体的抗拉强度便急剧地下降，因而可能在短路电动力的作用下变形或损坏。

(3) 使导体接触的接触电阻增加。在导体的接触连接处，若温度过高，接触连接表面会被强烈氧化，形成电阻率很高的氧化层（银的氧化层电阻不大），将进一步使接触部分的温度继续升高，从而又加剧了发热势态，产生恶性循环，致使接触处松动或烧熔，破坏正常工作状态。在生产实践中由此而出现的事故时有发生。

为了保证电气设备可靠地工作，应限制其发热，减少不良影响。限制其温度不得超过某一数值，该限制值称为最高允许温度。具体情况见表 3-1。

表 3-1 导体的长期和短时最高允许温度

运行状态		最高允许温度/℃
导体的长期最高允许温度	一般情况	+70
	计及太阳的辐射（日照）影响	+80
	导体接触面处有镀锡覆盖层	+85
	导体接触面处有银覆盖层	+95
导体的短时最高允许温度	硬铝及铝锰合金	+200
	硬钢	+330

当电气设备中的载流导体通过电流时，除了具有上述发热效应之外，载流导体相互之间还会产生作用力，通常称为电动力。正常运行时，由工作电流产生的电动力数值较小，对导体不会造成任何破坏。短路时，导体中流过数值很大的短路电流，由此产生的电动力可能达到很高的数值，有可能造成导体变形或结构损坏。

因此，发热和电动力是导体（或电器）在设计和运行中必须要考虑的问题。为了保证导体在工作中具有足够的热稳定性和动稳定性，选择导体时必须进行发热和电动力计算。

3.1.2 导体的长期发热和载流量计算

1. 导体的发热和散热

导体的发热计算，是根据能量守恒原理，即导体产生的热量与耗散的热量应相等进行计算的。导体的发热主要来自导体电阻损耗的热量，在室外时有时需要考虑导体吸收太阳日照的热量；导体热量的散热过程，就其物理本质而言，可分为对流、辐射、导热三种形式。在长期稳定状态时，导体产生及吸收的热量应该等于导体三种方式耗散的热量之和，可用下列能量守恒公式表达：

$$Q_R + Q_t = Q_l + Q_f + Q_d \tag{3-1}$$

式中，Q_R 为单位长度导体电阻损耗产生的热量（W/m）；Q_t 为单位长度导体吸收太阳日照的热量（W/m）；Q_l 为单位长度导体的对流散热量（W/m）；Q_f 为单位长度导体向周围介质辐射散热量（W/m）；Q_d 为单位长度导体导热的散热量（W/m）。

下面分别针对式(3-1)中的各热量计算方式进行介绍。

1)导体电阻损耗产生的热量 Q_R

单位长度的导体通过电流 $I(A)$ 时,由电阻损耗产生的热量为

$$Q_R = I^2 R_{ac} \quad (W/m) \quad (3-2)$$

导体的交流电阻 R_{ac} 为

$$R_{ac} = K_f R_{dc} = K_f \frac{\rho[1 + a_t(\theta_w - 20)]}{S} \quad (3-3)$$

式中,K_f 为导体集肤效应系数,可通过查询获得;ρ 为导体温度为20℃时的直流电阻率($\Omega \cdot mm^2/m$);a_t 为电阻温度系数(℃$^{-1}$);θ_w 为导体的运行温度(℃);S 为导体截面积(mm^2)。

导体的集肤效应系数 K_f 与电流的频率、导体的形状和尺寸有关。集肤效应就是当交变电流通过导体时,电流将集中在导体表面流过,而非平均分布于整个导体的截面积中的现象。这是因为当导线流过交变电流时,在导线内部将产生与电流方向相反的电动势。由于导线中心较导线表面的磁链大,在导线中心处产生的电动势就比在导线表面附近处产生的电动势大。为此,电流在表面流动,中心则无电流,这种由导线本身电流产生的磁场使导线电流在表面流动。频率越高,集肤效应越明显。

2)导体吸收太阳日照的热量 Q_t

太阳照射的能量造成导体温度升高,凡安装在屋外的导体,应考虑日照的影响。对于圆管导体,日照的热量可按式(3-4)计算:

$$Q_t = E_t A_t D \quad (W/m) \quad (3-4)$$

式中,E_t 为太阳照射功率密度(W/m^2),我国取 $E_t = 1000 \ W/m^2$;A_t 为导体的吸收率;D 为导体的直径(m)。

对于屋内导体,因无日照的作用,这部分热量可忽略不计。

3)导体对流散热量 Q_l

对流是由气体各部分发生相对位移将热量带走的过程。对流换热所传递的热量,与温差及换热面积成正比,即导体对流散热量 Q_l 为

$$Q_l = \alpha_l(\theta_w - \theta_0)F_l \quad (W/m) \quad (3-5)$$

式中,α_l 为对流换热系数[$W/(m^2 \cdot ℃)$];θ_w 为导体温度(℃);θ_0 为周围空气温度(℃);F_l 为单位长度导体对流散热面积(m^2/m)。

由于对流条件不同,可分为自然对流和强迫对流两种情况。屋内自然通风或屋外风速小于0.2m/s,则属于自然对流换热。

4)导体辐射散热量 Q_f

热量从高温物体,以热射线方式传至低温物体的传播过程,称为辐射。根据斯蒂芬—波耳兹曼定律,导体向周围空气辐射的热量,与导体和周围空气绝对温度四次方之差成正比,即辐射换热量 Q_f 为

$$Q_f = 5.7\varepsilon \left[\left(\frac{273 + \theta_w}{100}\right)^4 - \left(\frac{273 + \theta_0}{100}\right)^4\right] F_f \quad (W/m) \quad (3-6)$$

式中,ε 为导体材料的辐射系数,可通过查询获得;F_f 为单位长度导体的辐射散热面积(m^2/m)。

5) 导体导热散热量 Q_d

固体中由于晶格振动和自由电子运动,使热量由高温区传至低温区。而在气体中,气体分子不停地运动,高温区域的分子比低温区域的分子具有较高的速度,分子从高温区运动到低温区,便将热量带至低温区。这种传递能量的过程,称为导热。根据传热学可知,导热散热量 Q_d 为

$$Q_d = \lambda F_d \frac{\theta_1 - \theta_2}{\delta} \quad (W/m) \tag{3-7}$$

式中,λ 为导热系数 $W/(m \cdot ℃)$;F_d 为单位长度导热面积(m^2/m);δ 为物体厚度(m);θ_1、θ_2 为高温区和低温区的温度(℃)。

2. 导体的温升过程

导体的温度由最初温度开始上升,经过一段时间后达到稳定温度。导体的温升过程,同样可用热量平衡方程式来描述,发热过程有如下关系:

$$Q_R + Q_t = Q_w + (Q_l + Q_f + Q_d) \tag{3-8}$$

即导体电阻损耗自身产生的热量及吸收太阳日照的热量之和($Q_R + Q_t$),一部分用于本身温度升高(Q_w),另一部分($Q_l + Q_f + Q_d$)以热传递的形式散失出去。

有遮阳措施的导体,可不考虑日照热量 Q_t 的影响;散热部分的导热量 Q_d 很小,也可忽略不计。另外,工程上为了便于分析计算,常把辐射换热量 Q_f 表示为与对流换热量 Q_l 相似的形式,并用一个总换热系数 a 及总的换热面积 F 来表示两种换热作用。设导体在发热过程中的温度为 θ,则有

$$Q_l + Q_f = a(\theta - \theta_0)F \quad (W/m) \tag{3-9}$$

于是热平衡方程为

$$Q_R = Q_w + (Q_l + Q_f) = Q_w + a(\theta - \theta_0)F \quad (W/m) \tag{3-10}$$

设导体通过电流 I 时,在 t 时刻温度为 θ,则温升为 $\tau = \theta - \theta_0$,在时间 dt 内的热平衡方程为

$$I^2 R dt = mc d\tau + aF\tau dt \quad (J/m) \tag{3-11}$$

式中,m 为单位长度导体的质量(kg/m);c 为导体的比热容$[J/(kg \cdot ℃)]$。

导体通过正常工作电流时,其温度变化范围不大,因此电阻 R、比热容 c 及换热系数 a 均可视为常数。设 $t=0$,初始温升为 $\tau_i = \theta_i - \theta_0$,对式(3-11)进行积分,当时间由 $0 \to t$ 时,温度从开始温度 θ_0 上升至相应温度 θ,温升由 $\tau_i \to \tau$,可得

$$\int_0^t dt = -\frac{mc}{aF}\int_0^t \frac{1}{aF\tau - I^2 R} d(aF\tau - I^2 R)$$

解得

$$t = -\frac{mc}{aF} \ln \frac{aF\tau - I^2 R}{aF\tau_i - I^2 R} \tag{3-12}$$

可求得

$$\tau = \frac{I^2 R}{aF}(1 - e^{-\frac{aF}{mc}t}) + \tau_i e^{-\frac{aF}{mc}t} \tag{3-13}$$

经过很长时间后 $t \to \infty$，导体的温升也趋于稳定值 τ_w，故稳定温升为

$$\tau_w = \frac{I^2 R}{aF} \tag{3-14}$$

由此可知，τ_w 与电阻功耗 $I^2 R$ 成正比，与导体散热能力 aF 成反比，而与起始温度 τ_i 无关。式(3-14)可写成 $aF\tau_w = I^2 R$，即到达稳定温升时，导体产生的热量全部都散失到周围介质中。令

$$T_r = \frac{mc}{aF} \tag{3-15}$$

T_r 称为导体的热时间常数。它表示发热过程进行的快慢，与导体热容量 mc 成正比，与导体的散热能力 aF 成反比，而与电流 I 无关。对于一般铜、铝导体，T_r 为 10～20s。

将式(3-14)、式(3-15)代入式(3-13)，最后得出温升过程的表达式为

$$\tau = \tau_w(1 - e^{-\frac{t}{T_r}}) + \tau_k e^{-\frac{t}{T_r}} \tag{3-16}$$

式(3-16)说明，温升过程是按指数曲线变化。如图 3-1 所示，大约经过 $t = (3 \sim 4)T_r$ 时间，τ 趋近稳定温升 τ_w。图中 T_r 表示，在任何时刻，指数函数 τ 如果一直按该时刻的增长率(在该点的切线)增长下去，则经过时间 T_r 就会到达 τ_w。

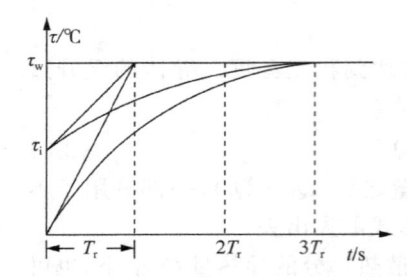

图 3-1　导体温升的 τ 变化曲线

3. 导体的载流量计算

根据稳定温升的公式，可以算出导体的载流量，即

$$I^2 R = \tau_w aF = Q_1 + Q_f$$

则导体的载流量为

$$I = \sqrt{\frac{aF(\theta_w - \theta_0)}{R}} = \sqrt{\frac{Q_1 + Q_f}{R}} \quad (A) \tag{3-17}$$

此式亦可计算导体的正常发热温度 θ_w 或载流导体的截面积 $S(S = \rho l/R)$。

式(3-17)并未考虑日照的影响。对于屋外导体，计及日照作用时导体的载流量为

$$I = \sqrt{\frac{Q_1 + Q_f - Q_t}{R}} \quad (A) \tag{3-18}$$

为了提高导体的载流量，宜采用电阻率小的材料，如铝、铝合金等。对于导体的形状，在同样截面积的条件下，圆形导体的表面积较小，而矩形、槽形的表面积则较大。导体布置应采取散热效果最佳的方式，而矩形截面竖放的散热效果比平放的要好。

若已知导体的材料、截面形状、尺寸、布置方式，并取 θ_w 等于正常最高允许温度

(70℃),取 θ_0 等于基准环境温度(25℃),可求得 R、Q_l、Q_f,从而可由式(3-17)求得无日照的 I。我国生产的各类导体均已标准化、系列化,其允许电流 I 已由有关部门经计算、试验得出,并列于有关手册上,使用时只要查表选用即可。

可采取一系列措施提高导体的载流量,例如:

(1)减小导体电阻 R。①采用电阻率小的材料,如铜、铝、铝合金等;②减小接触电阻,如接触面镀锡、银等;③增加截面积 S,但 S 增加到一定程度时,K_f 随 S 的增加而增加,故单根标准矩形导体的 S 不大于 1250mm^2,单根不满足要求时,可采用 2~4 根,或采用槽形、管形导体。

(2)增大导体的散热面积 F。同样截面积 S 下,实心圆形导体的表面积最小,而矩形、槽形导体的表面积较大。

(3)提高换热系数。①导体的布置尽量采用散热最佳的方式,如矩形导体竖放较平放散热效果好;②屋内配电装置的导体表面涂漆,可提高辐射系数,从而提高辐射散热能力,但屋外配电装置的导体不宜涂漆,而保留光亮表面,以减少对日照热量的吸收;③采用强迫冷却。

【例 3-1】 屋内配电装置中装有 $100\text{mm}\times 8\text{mm}$ 的矩形导体,导体正常运行温度为 $\theta_w=70℃$,周围空气温度为 $\theta_0=25℃$,试计算此导体的载流量。

解 屋内配电装置忽略风和日照影响,此时导体的载流量为

$$I=\sqrt{\frac{Q_l+Q_f}{R}} \quad (\text{A})$$

下面分别求 R、Q_l 和 Q_f。

(1)求交流电阻 R。

温度 20℃ 时铝的电阻率为 $\rho_{20}=0.028\Omega\cdot\text{mm}^2/\text{m}$。铝的电阻温度系数 $a=0.0041℃^{-1}$。当温度为 70℃ 时,1000 m 长铝导体的直流电阻为

$$R_{dc}=1000\frac{\rho_{20}[1+a(\theta_w-20)]}{S}$$

$$=1000\times\frac{0.028\times[1+0.0041\times(70-20)]}{100\times 8}=0.0422(\Omega)$$

对于 $\sqrt{\dfrac{f}{R_{dc}}}=\sqrt{\dfrac{50}{0.0422}}=34.42$ 及 $\dfrac{h}{b}=0.08$,通过查询得到集肤效应系数 $K_f=1.05$,则每米长导线的交流电阻为

$$R=1.05\times 0.0422\times 10^{-3}=0.0443\times 10^{-3}(\Omega/\text{m})$$

(2)求对流散热量 Q_l。

对流散热面积为

$$F_1=2A_1+2A_2=2\times\left(\frac{100}{1000}+\frac{8}{1000}\right)=0.216(\text{m}^2/\text{m})$$

对流散热系数为

$$a_1=1.5(\theta_w-\theta_0)^{0.35}=1.5\times(70-25)^{0.35}=5.685[\text{W}/(\text{m}^2\cdot℃)]$$

对流散热量为

$$Q_1 = a_1(\theta_w - \theta_0)F_1 = 5.685 \times (70-25) \times 0.216 = 55.26(\text{W/m})$$

(3)求辐射散热量 Q_f。

单位长导体的辐射散热面积为

$$F_f = 2A_1 + 2A_2 = 2 \times \left(\frac{100}{1000} + \frac{8}{1000}\right) = 0.216(\text{m}^2/\text{m})$$

由于导体表面涂漆,取辐射系数 $\varepsilon = 0.95$,因此辐射散热量为

$$Q_f = 5.7\varepsilon \left[\left(\frac{273+\theta_w}{100}\right)^4 - \left(\frac{273+\theta_0}{100}\right)^4\right] F_f$$

$$= 5.7 \times 0.95 \times \left[\left(\frac{273+70}{100}\right)^4 - \left(\frac{273+25}{100}\right)^4\right] \times 0.216$$

$$= 69.65(\text{W/m})$$

(4)导体的载流量。

铝导体载流量为

$$I = \sqrt{\frac{Q_1 + Q_f}{R}} = \sqrt{\frac{55.26 + 69.65}{0.0443}} = 1679(\text{A})$$

3.1.3 导体的短时发热

载流导体短路时(或称为短时)发热,是指短路开始至短路切除为止,很短一段时间内导体发热的过程。此时导体发出的热量比正常发热量要多得多,导体温度升得很高。短时发热计算的目的,就是确定导体可能出现的最高温度。

1. 导体短路时发热过程

短路时导体的发热过程如图 3-2 所示,图中 θ_w 是导体正常工作时(短路前)的温度,θ_h 是短路后导体的最高温度,θ_0 是导体周围环境的温度。由图可以看出,从短路开始(t_w)到短路被切除(t_k)这段极短时间内,导体的温度从最初值 θ_w 很快上升到最大值 θ_h。在短路被切除后,导体的温度从最大值 θ_h 自然冷却到周围环境温度 θ_0。

载流导体短时发热计算的目的在于确定短路时导体的最高温度 θ_h,θ_h 不应超过所规定的导体短时发热允许温度。当满足这个条件时,则认为导体在流过短路电流时具有热稳定性。

短时发热的特点是:

(1)发热时间很短,产生的热量来不及向周围介质散布,因此耗失的热量可以不计,基本上是绝热过程,即导体产生的热量,全部用于使导体温度升高。

(2)短路时导体温度变化范围很大,电阻和比热容会随温度而变,故不能作为常数对待,而应为温度的函数。

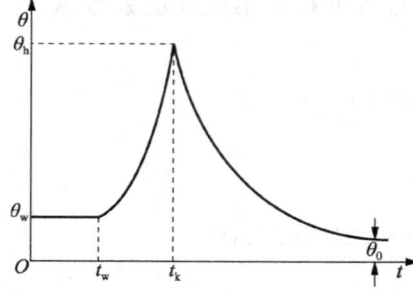

图 3-2 短路时均匀导体的发热过程

在导体短时发热过程中,热量平衡关系是:电阻损耗产生的热量应等于导体温度升高所需的热量。在时间 dt 内,可列出热平衡方程式为

$$I_{kt}^2 R_\theta dt = mc_\theta d\theta \tag{3-19}$$

式中,I_{kt} 为短路电流全电流的有效值(A);R_θ 为温度为 θ℃ 时导体的电阻(Ω),$R_\theta = \rho_0(1+\alpha\theta)\dfrac{l}{S}$;$m$ 为导体的质量(kg);c_θ 为温度为 θ℃ 时导体的比热容[J/(kg·℃)],$c_\theta = c_0(1+\beta\theta)$;$\rho_0$ 为 0℃ 时导体的电阻率(Ω·m);α 为 ρ_0 的温度系数(℃$^{-1}$);c_0 为 0℃ 时导体的比热容[J/(kg·℃)];β 为 c_0 的温度系数(℃$^{-1}$);l 为导体的长度(m);S 为导体的截面积(m^2);ρ_m 为导体材料的密度(kg/m^2)。

将 R_θ、m、c_θ 等值代入式(3-19),即得导体短时发热的微分方程式

$$I_{kt}^2 \rho_0 (1+\alpha\theta)\frac{l}{S} dt = \rho_m S c_0 (1+\beta\theta) d\theta$$

整理后得

$$\frac{1}{S^2} I_{kt}^2 dt = \frac{\rho_m c_0}{\rho_0} \frac{1+\beta\theta}{1+\alpha\theta} d\theta$$

对上式两边求积分。等式左边从短路开始($t_w=0$)到短路切除时(t_k)积分,等式右边从导体的短路开始温度(θ_w)到通过短路电流发热后的最高温度(θ_h)积分,于是得

$$\frac{1}{S^2}\int_0^{t_k} I_{kt}^2 dt = \frac{\rho_m c_0}{\rho_0} \int_{\theta_w}^{\theta_h} \frac{1+\beta\theta}{1+\alpha\theta} d\theta = \frac{\rho_m c_0}{\rho_0} \left[\int_{\theta_w}^{\theta_h} \frac{d(1+\alpha\theta)}{d(1+\alpha\theta)} + \int_{\theta_w}^{\theta_h} \frac{\beta\theta d\theta}{1+\alpha\theta}\right]$$

$$= \frac{\rho_m c_0}{\rho_0}\left[\frac{\alpha-\beta}{\alpha^2}\ln(1+\alpha\theta_h) + \frac{\beta}{\alpha}\theta_h\right] - \frac{\rho_m c_0}{\rho_0}\left[\frac{\alpha-\beta}{\alpha^2}\ln(1+\alpha\theta_w) + \frac{\beta}{\alpha}\theta_w\right] \tag{3-20}$$

为了使公式简洁,令

$$A_h = \frac{\rho_m c_0}{\rho_0}\left[\frac{\alpha-\beta}{\alpha^2}\ln(1+\alpha\theta_h) + \frac{\beta}{\alpha}\theta_h\right]$$

$$A_w = \frac{\rho_m c_0}{\rho_0}\left[\frac{\alpha-\beta}{\alpha^2}\ln(1+\alpha\theta_w) + \frac{\beta}{\alpha}\theta_w\right]$$

式(3-20)可以写成

$$\frac{1}{S^2}\int_0^{t_k} I_{kt}^2 dt = A_h - A_w \tag{3-21}$$

式(3-21)左端的积分 $\int_0^{t_k} I_{kt}^2 dt$,与短路电流发出的热量成比例,称为短路电流的热效应(或称热脉冲),用 Q_k 表示,即

$$Q_k = \int_0^{t_k} I_{kt}^2 dt$$

在考虑导体的集肤效应时,可以得到

$$A_h = \frac{k_f}{S^2} Q_k + A_w \tag{3-22}$$

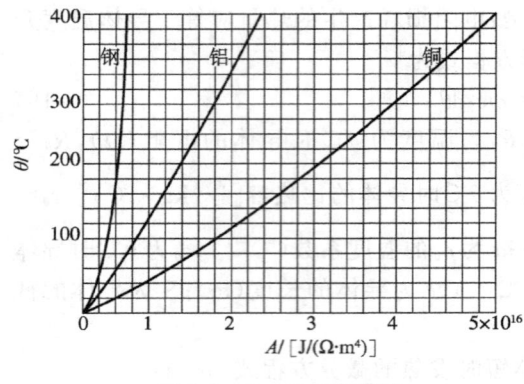

图 3-3 $\theta=f(A)$ 的曲线

根据式(3-22),只要求出 Q_k 和 A_w,便可求出最终温度(即最高温度)θ_h 所对应的 A_h。实际上,为了简化 A_w 和 A_h 的计算,已按各种材料的平均参数作成 $\theta=f(A)$ 曲线,如图 3-3 所示。图中横坐标是 A 值,纵坐标是 θ 值。用此曲线计算最高温度 θ_h 的方法如下:

(1)由已知的导体初始温度 θ_w(通常取为正常运行时最高允许温度),从相应的导体材料的曲线上查出 A_w。

(2)将 A_w 和 Q_k 值代入式(3-22)求出 A_h。

(3)由 A_h 再从曲线上查出 θ_h,该值就是所要求的短时发热最高温度。

载流导体和电器耐受短路电流热效应而不致被损坏的能力,称为载流导体和电器的热稳定性。当确定了导体通过短路电流时的最高温度后,此值若不超过所规定的导体材料短时发热最高允许温度,则称该导体在短路时是热稳定的,否则,需要增加导体截面或限制短路电流,以保证其热稳定性。

由上述内容可知,在确定导体短时发热最高温度的过程中,较关键的一项内容就是短路电流热效应(Q_k)的计算。

2. 短路电流热效应的计算

对短路电流热效应 Q_k 较为准确的计算方法是解析法,但由于短路开始的变化规律复杂,故一般不予采用。以前工程上常用的计算方法是等值时间法,但对于大容量的电气设备计算误差较大。目前,一般用近似数值积分法。短路全电流中包含周期分量 I_p 和非周期分量 I_{np},其热效应 Q_k 也由两部分构成:

$$Q_k = Q_p + Q_{np} \tag{3-23}$$

(1)短路周期电流热效应 Q_p 的求取。

$$Q_p = \int_0^{t_k} I_p^2 dt = \frac{t_k}{12}(I''^2 + 10I_{0.5t}^2 + I_t^2) \tag{3-24}$$

式中,I'' 为短路电流周期分量起始值;I_t 为短路切除瞬间的周期分量有效值;$I_{0.5t}$ 为 $0.5t$ 瞬间的有效值。

式(3-24)适用于单电源支路短路周期电流热效应的计算。若有多电源支路向短路点供给短路电流时,应先求出短路点周期分量的总电流,再利用式(3-24)求出短路点总周期电流。

(2)短路非周期分量热效应 Q_{np} 的求取。

$$Q_{np} = \int_0^{t_k} I_{np}^2 dt = \int_0^{t_k} (\sqrt{2} I'' e^{-\frac{t}{T_a}})^2 dt = T_a(1-e^{-\frac{2t_k}{T_a}})I''^2 = TI''^2 \tag{3-25}$$

当 $t_k > 0.1\text{s}$ 时，$e^{-\frac{2t_k}{T_a}} \approx 0$，式(3-25)可简化为

$$Q_{np} = T_a I''^2 \tag{3-26}$$

由于短路电流非周期分量衰减很快，当 $t_k > 1\text{s}$ 时，非周期分量早已衰减完毕，Q_{np} 与 Q_p 相比很小可以忽略不计。表3-2为非周期分量时间常数 T 值。

表3-2 非周期分量时间常数 T

短路点	T/s	
	$t_k \leq 0.1\text{s}$	$t_k > 0.1\text{s}$
发电机出口及母线	0.15	0.2
发电机升高电压母线及出线发电机电压电抗器后	0.08	0.1
变电站各级电压母线及出线		0.05

3. 短路时导体允许的最小截面

如果使导体短路时最高温度 θ_k 刚好等于材料短路时最高允许温度，且已知短路前导体工作温度为 θ_w，从 $\theta = f(A)$ 曲线中可查得相应的 A_k 和 A_w，由此可由式(3-22)反求短路时满足热稳定要求的导体最小截面：

$$S_{min} = \sqrt{\frac{Q_k}{A_k - A_w}} = \frac{1}{C}\sqrt{K_f Q_k} \tag{3-27}$$

式中，C 为与导体材料和导体短路前温度 θ_w 有关的热稳定系数，见表3-3；K_f 为集肤效应系数，与导体截面形状有关，可查阅有关设计手册。

表3-3 对应不同工作温度的裸导体 C 值

工作温度/℃	40	45	50	55	60	65	70	75	80	85	90
硬铝及铝锰合金	99	97	95	93	91	89	87	85	83	82	81
硬铜	186	183	181	179	176	174	171	169	166	164	161

实用中常取材料的长期发热允许温度70℃代替短路前导体的实际温度 θ_w，这样对铝导体取 $C=87$，对钢导体取 $C=171$。式(3-27)中 Q_k 单位为 $(A^2 \cdot s)$ 时，S_{min} 单位为 mm^2。只要选用的导体截面积等于或大于 S_{min} 导体便是热稳定的。

【例3-2】 发电机出口引出母线采用 $100\text{mm} \times 8\text{mm}$、$K_f = 1.05$ 的矩形截面硬铝母线，运行在额定工况时母线的温度为70℃。经计算流过母线的短路电流为 $I'' = 28\text{kA}$，$I_{0.6} = 24\text{kA}$，$I_{1.2} = 22\text{kA}$。继电保护的动作时间为 $t_p = 1\text{s}$，断路器全分闸时间为 $t_b = 0.2\text{s}$。试计算母线短路时最高温度及其热稳定性。

解 1)短路全电流热效应计算

(1)短路切除时间为
$$t_k = t_p + t_b = 1 + 0.2 = 1.2(s)$$

(2)短路电流周期分量热效应,由式(3-24)得
$$Q_p = \frac{t_k}{12}(I''^2 + 10I_{0.5t}^2 + I_t^2)$$
$$= \frac{1.2}{12} \times (28^2 + 10 \times 24^2 + 22^2) = 702.8(kA^2 \cdot s)$$

(3)短路电流非周期分量的热效应可以忽略(因 $t_k > 1s$)。

(4)短路全电流的热效应为
$$Q_k = Q_p = 702.8 kA^2 \cdot s$$

2)求短路时导体的最高发热温度及校核热稳定

由 $\theta_w = 70\ ℃$,查图 3-3 得 $A_w = 0.55 \times 10^{16} J/(\Omega \cdot m^4)$,代入式(3-22)并计及集肤效应,得

$$A_k = \frac{K_f}{S^2}Q_k + A_w = \frac{1.05}{\frac{100}{1000} \times \frac{8}{1000}} \times 702.8 \times 10^6 + 0.55 \times 10^{16}$$

$$= 0.115 \times 10^{16} + 0.55 \times 10^{16} = 0.665 \times 10^{16} [J/(\Omega \cdot m^4)]$$

查图 3-3 得 $\theta_k = 90℃ < 200℃$(铝导体最高允许温度),表明该母线在短路时由式(3-31)求得满足热稳定的导体最小面积:满足最高温度。

$$S_{min} = \frac{1}{C}\sqrt{K_f Q_k} = \frac{1}{87}\sqrt{1.05 \times 702.8 \times 10^6} = 312(mm^2)$$

实际的导体截面积
$$S = 100 \times 8 = 800 mm^2 > 312 mm^2$$

可见,实际截面也大于热稳定要求的最小截面,满足热稳定要求。

3.1.4 导体的电动力计算

位于磁场中的载流导体要受到电动力的作用。电力系统中的三相导体,每一相导体均位于其他两相产生的磁场中,因此在运行时每相导体都要受到电动力的作用。

电网中发生短路时,三相导体中将会流过巨大的短路冲击电流,在这一瞬间,载流导体将要承受非常巨大的电动力。如果导体本身及其支撑物(如绝缘瓷件等)的机械强度不够,就可能导致变形甚至损坏,引发更为严重的事故。因此,要计算出在短路冲击电流作用下载流导体所受到的电动力,也就是短路电流的电动力效应,进行导体或电器的动稳定校验。

1. 两平行导体通过电流时的电动力

两平行导体中分别流过电流 i_1 和 i_2(瞬时值),当两电流方向相同时为吸引力,反之

为推斥力。相互作用力的大小由式(3-28)决定：

$$F = 0.2 K i_1 i_2 \frac{L}{a} \quad (N) \quad (3-28)$$

式中，i_1、i_2 为流过两平行导体中的电流瞬时值(kA)；L 为平行导体长度(或两支撑物之间的距离)(m)；a 为两导体中心的距离(m)；K 为导体截面的形状系数，对圆形、管形导体，$K=1.0$；对其他截面导体，当 $L \gg a$ 时，$K \approx 1.0$；对短形截面导体，可从图3-4中查得。

2. 三相母线在短路时的电动力

经计算，当三相母线安装于同一平面时，中间相母线所受的电动力最大(约比边相母线受力大7%)。在三相短路冲击电流作用下，中间相母线所受的最大电动力为

$$F = 0.173 K i_{sh}^2 \frac{L}{a} \quad (N) \quad (3-29)$$

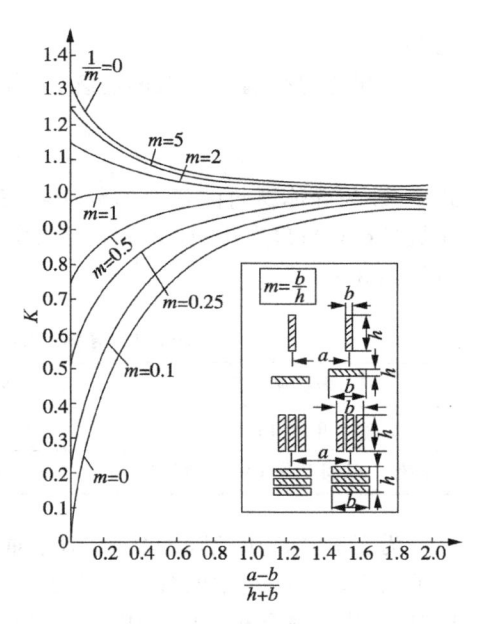

图3-4 矩形母线截面形状系数

式中，i_{sh} 为三相短路冲击电流(kA)；L 为两支柱绝缘子之间的一段母线长度，称为跨距(m)；a 为相邻两相导体的中心地距离(m)。

最大电动力大约出现于三相短路发生后的0.01s瞬间，完全与三相短路电流最大瞬时值同步。而同一地点发生两相短路时，母线所受的电动力要比三相短路时小13%。

3. 导体振动的动态应力

硬导体及其支架(钢构、绝缘子等)都具有质量和弹性，组成一个弹性系统。在两个绝缘子之间的硬导体可当作两端固定的弹性梁。导体振动主要包括自由振动和强迫振动两种。

(1)弹性系统的自由振动。弹性系统在一次性外力的作用下，将发生弯曲变形。当外力除去时，弹性系统在弹性恢复力的作用下，自行在平衡位置两侧作往复运动，称为自由凸振动或固有振动，其振动频率称为自振频率或固有频率。自由振动时，不可避免地受到空气阻力及内部摩擦力的作用，振动将逐渐衰减，所以这种振动对导体强度的影响不大。

(2)弹性系统的强迫振动。弹性系统在周期性外力(或称扰动力)的作用下发生的振动称为强迫振动。导体在短路电动力作用下所发生的振动属强迫振动。由于电动力中含有工频和2倍工频分量，如果导体系统的固有频率等于或接近这两个频率之一，将发生机械共振现象，这时振幅特别大，可能使导体系统遭到破坏，所以设计时应避免发

生共振。

如果把导体看作多跨的连续梁,其一阶固有频率为

$$f_1 = \frac{N_f}{L^2}\sqrt{\frac{EJ}{m}} \quad (3-30)$$

式中,E 为导体材料的弹性模量(Pa);J 为导体界面惯性矩(m^4);m 为导体单位长度的质量(kg/m);L 为跨距(m);N_f 为频率系数,根据导体连续跨数和支撑方面的不同,其值见表 3-4。

表 3-4 导体在不同固定方式下的频率系数 N_f 值

跨数及支撑方式	N_f	跨数及支撑方式	N_f
单跨、两端简支	1.57	单跨、两端固定多等跨、简支	3.56
单跨、一端固定、一端简支两等跨、简支	2.45	单跨、一端固定、一端活动	0.56

为了避免产生危险的共振,对于重要的导体,应使其固有频率在下述范围以外:对于单条导体及一组中的各条导体 35~135Hz;对于多条导体及引下线的单条导体 35~155Hz;对于槽形和管形导体 30~160Hz。

【例 3-3】 某降压变电站 10kV 母线选用 100mm×8mm 铝排,三相平面布置,相间距离 250mm,两支柱绝缘子间的跨距为 2m。该母线处的三相短路电流 $I''=12$kA,母线平放和竖放时的最大电动力是否相同?

解 降压变电站离电源较远,三相短路冲击电流为

$$i_{sh} = \sqrt{2} \times 1.8 \times 12 = 30.55(\text{kA})$$

当母线平放时,有

$$b=100, h=8, \frac{b}{h}=\frac{100}{8}=12.5, \frac{a-b}{h+b}=\frac{250-100}{8+100}=1.39; K=1.05,$$

$$F = 0.173 \times 1.05 \times 30.55^2 \times \frac{2000}{250} = 1356(\text{N})$$

当母线竖放时,有

$$b=8, h=100, \frac{b}{h}=\frac{8}{100}=0.08, \frac{a-b}{h+b}=\frac{250-8}{100+8}=2.24>2; K\approx 1.0,$$

$$F = 0.173 \times 1.0 \times 30.55^2 \times \frac{2000}{250} = 1291.7(\text{N})$$

可见母线平放与竖放所受的电动力是不相同的。平放时所受的电动力略大,但母线对受力方向的抗弯强度大为提高。因此,综合起来看,还是三相水平布置且母线平放时动稳定性能较好。

3.2 电气设备选择的一般条件

不同类别的电气设备承担的任务和工作条件各不相同,因此它们的具体选择方法

也不相同。但是,为了保证电气设备工作的可靠性及安全性,在选择它们时的基本要求是相同的,即按正常工作条件选择,按短路条件校验其动稳定和热稳定。对于断路器、熔断器等还要校验其开断电流的能力。

3.2.1 按正常工作条件选择设备

1. 设备额定电压选择

电气设备的额定电压 U_N 一般就是其铭牌上标出的线电压,另外设备还规定有允许最高工作电压 U_{alm}。由于电力系统负荷的变化、调压及运行方式的改变而引起功率分布和网络阻抗改变等原因,往往使得电网各部分的实际运行电压在不断波动,要使设备能正常运行必须保证其允许最高工作电压 U_{alm} 不低于安装位置处系统可能出现的最高运行电压 U_{Sm},即 $U_{alm} \geqslant U_{Sm}$。

通常情况下,对于电气设备一般其允许最高工作电压较额定电压高出 10%～15%,即 $U_{alm}=(1.1\sim1.15)U_N$。而对于电力网,由于各种调压措施的作用,使得其运行电压波动通常不超过电网额定电压 U_{SN} 的 10%,即有 $U_{Sm} \leqslant 1.1 U_{SN}$。这样,只要满足设备额定电压不低于安装位置处的系统额定电压,即 $U_N \geqslant U_{SN}$,就可保证设备正常运行。

2. 设备额定电流选择

电气设备的额定电流 I_N 是指在额定环境条件(环境温度、日照、海拔、安装条件等)下,电气设备的长期允许载流。

我国规定电气设备的一般额定环境条件为:额定环境温度(又称计算温度或基准温度)θ_N,其中裸导体和电缆的额定环境温度 θ_N 取 25℃,断路器、隔离开关、穿墙套管、电流互感器、电抗器等电器的额定环境温度 θ_N 取 40℃;无日照;海拔高度不超过 1000m。

当实际环境条件不同于额定环境条件时,电气设备的长期允许电流应作修正。一般情况下,各类电气设备的长期允许电流需按实际环境温度及布置方式等条件进行修正。

经综合修正后的长期允许电流 I_{al} 不得低于所在回路在各种可能运行方式下的最大持续工作电流 I_{max},即

$$I_{al}=kI_N \geqslant I_{max} \tag{3-31}$$

式中,k 为综合修正系数,与实际环境条件及设备布置情况等因素有关,如考虑环境温度影响时,环境温度在 +40～+60℃ 内的,一般可按温度每增高 1℃,长期允许电流减少 1.8% 进行修正;I_{max} 为电气设备所在回路的最大持续工作电流(A),可按表 3-5 的原则计算。

表 3-5　回路最大持续工作电流

回　　路	最大持续工作电流 I_{max}	说　　明
发电机、调相机回路	1.05 倍的发电机、调相机额定电流	发电机、调相机、变压器可在电压降低 5% 时出力保持不变
变压器回路	(1)1.05 倍变压器额定电流 (2)1.3～2.0 倍变压器额定电流	变压器通常允许正常或事故过负荷，必要时按 1.3～2.0 倍计算
母线、母联回路	母线上最大一台发电机或变压器的 I_{max}	
母线分段回路	(1)发电厂为最大一台发电机额定电流的 50%～80% (2)变电所应满足用户的一级负荷和大部分二级负荷	考虑电源元件事故跳闸后仍能保证该段母线负荷
旁路回路	需旁路的回路的最大额定电流	
出线	除考虑正常运行条件的最大工作电流外，还应计及故障条件下可能转移过来的负荷	用于存在联络、备用等多运行模式的场合

3. 环境条件对设备选择的影响

当电气设备安装地点的环境条件如温度、风速、海拔、污秽等级、地震烈度和覆冰厚度等超过一般电气设备使用条件时，应对设备的参数、种类和型式进行调整。

电气设备安装地点的海拔对绝缘介质强度有影响。随着海拔的增加，空气密度、压强和湿度相对地减少，使空气间隙和外绝缘的放电特性下降，设备外绝缘强度将随海拔的升高而降低，导致设备允许的最高工作电压下降。当海拔在 1000～4000m 时，一般按海拔每增 100m，设备最高允许工作电压下降 1% 予以修正。当设备最高允许工作电压不能满足要求时，应选用高原型产品或外绝缘提高一级的产品。对现有 110kV 及以下的设备，由于其外绝缘有较大裕度，可在海拔 2000m 以下使用。

一般高压电气设备可在环境温度为 −30～+40℃ 的范围内长期正常运行。当使用环境温度低于 −30℃ 时，应选用适合高寒地区的产品；若使用环境温度超过 +40℃ 时，应选用干热带型产品。

一般高压电气设备可在温度为 +20℃、相对湿度为 90% 的环境下长期正常运行。当环境的相对湿度超过标准时，应选用湿热带型产品。

安装在污染严重，有腐蚀性物质、烟气、粉尘等恶劣环境中的电气设备，应选用防污型产品或将设备布置在室内。

3.2.2　按短路状态校验

1. 短路热稳定校验

短路电流通过电气设备时，设备各部件温度（或发热效应）应不超过允许值。满足

热稳定的条件为

$$I_t^2 t \geqslant Q_k \tag{3-32}$$

式中，Q_k 为所在回路短路电流的热效应；I_t、t 分别为电气设备允许通过的热稳定电流（有效值）和时间，一般由制造厂直接给出。

2. 短路动稳定校验

动稳定就是设备承受短路冲击电流所产生的机械效应的能力，满足动稳定的条件为

$$i_{es} \geqslant i_{sh} \text{ 或 } I_{es} \geqslant I_{sh} \tag{3-33}$$

式中，i_{es}、I_{es} 分别为电气设备允许通过的动稳定电流幅值及其有效值(kA)；i_{sh}、I_{sh} 分别为所在回路短路冲击电流幅值及其有效值(kA)。

下列几种情况可不校验热稳定或动稳定：
(1) 用熔断器保护的电气设备，其热稳定由熔断时间保证，故可不验算热稳定。
(2) 采用有限流电阻的熔断器保护的设备，可不校验动稳定。
(3) 装设在电压互感器回路中的裸导体和电气设备可不校验动、热稳定。

3. 短路电流计算条件的选择

为使所选设备具有足够的可靠性、经济性和合理性，并在一定时期内能适应系统发展的需要，作为校验用的短路分析应按下述条件确定。

(1) 容量和接线。容量应按本工程设计的最终容量计算，并考虑电力系统的远景发展计划（一般为本工程建成后 5～10 年）；其接线应采用可能发生最大短路电流的正常接线方式，但不考虑在切换过程中可能并列运行的方式（如切换厂用变压器时，两台厂变的短时并列）。

(2) 短路种类。导体和电器的动、热稳定及电器的开断电流，一般按三相短路校验；若发电机出口的两相短路，或中性点直接接地系统及自耦变压器等回路中的单相、两相接地短路较三相短路严重，则热稳定按严重的情况校验。

(3) 短路计算点。应选择通过校验对象（电气设备）的短路电流为最大的那些点作为短路计算点。对两侧都有电源的设备，通常是将设备两侧的短路点进行比较，选出其中流过设备的短路电流较大的一点（注意流过设备的短路电流与流入短路点的短路电流不一定相同）。现以图 3-5 的接线方式①为例说明短路计算点的选择方法。

(1) 发电机回路的 QF1（QF2 类似）。当 k4 短路时，流过 QF1 的电流为 G1 供给的短路电流；当 k1 短路时，流过 QF1 的电流为 G2 供给的短路电流及系统经 T1、T2 供给的短路电流之和。应选择 k1、k4 中短路电流较大的一个作为 QF1 的短路计算点。

(2) 母联断路器 QF3。当用 QF3 向备用母线充电时，如遇到备用母线故障，即 k3

---

① 图 3-5 为一种示例的发电厂内部系统接线方式，有关主接线的详细描述参见第 4 章。

点短路,这时流过 QF3 的电流为 G1、G2 及系统供给的全部短路电流,情况最严重。故选 k3 为 QF3 的短路计算点。同样,在校验发电机电压母线的动、热稳定时也应选 k3 为短路计算点。

(3)分段断路器 QF4。由于一般厂、站内部系统接线具有一定对称性,因而可选 k4 为短路计算点,并假设 T1 退出运行的场合(如在检修中等),这时流过 QF4 的电流为 G2 供给的短路电流及系统经 T2 供给的短路电流之和。如果 T1 工作,则系统供给的短路电流有部分经 T1 分流,而不流经 QF4,情况没有前一种严重。若系统接线不具对称性,则对分段断路器两侧短路点都

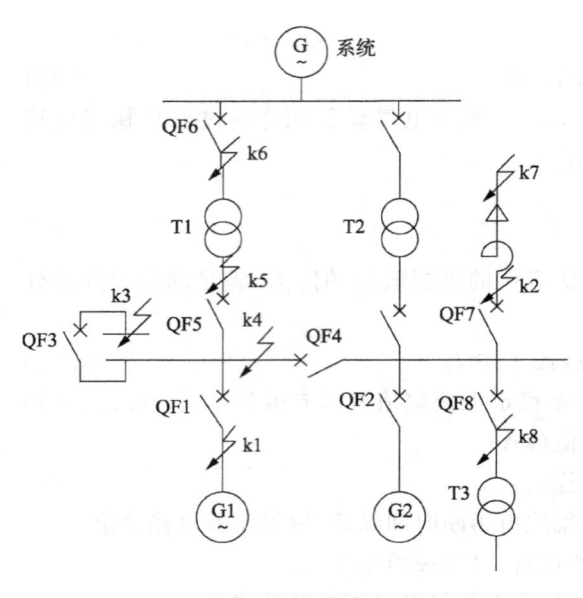

图 3-5 计算短路点选择示意图

要进行分析。

(4)变压器回路断路器 QF5 和 QF6。考虑原则与 QF4 相似,对低压侧断路器 QF5,应选 k5,并假设 QF6 断开,流过 QF5 的电流为 G1、G2 供给的短路电流及系统经 T2 供给的短路电流之和;对高压侧断路器 QF6,应选 k6,并假设 QF5 断开,流过 QF6 的电流为 G1、G2 经 T2 供给的短路电流及系统直接供给的短路电流之和。

(5)带电抗器的出线回路断路器 QF7。显然,k2 短路时比 k7 短路时流过 QF7 的电流大。但运行经验证明,干式电抗器的工作可靠性高,且断路器和电抗器之间的连线很短,k2 发生短路的可能性很小,因此选择 k7 为 QF7 的短路计算点,这样出线可选用轻型断路器。

(6)厂用变压器回路断路器 QF8。一般 QF8 至厂用变压器之间的连线多为较长电缆,存在短路的可能性,因此选 k8 为 QF8 的短路计算点。

4. 短路计算时间的选择

校验电气设备的热稳定和开断能力时,必须合理地确定短路计算时间,原则上一般选择对所校验特性可能产生最严重影响的短路时间。

(1)校验短路热稳定的计算时间 t_k,即计算短路电流热效应 Q_k 的时间,应选取短路电流发热可能最长持续的时间,由式(3-34)确定:

$$t_k = t_{pr} + t_{br} = t_{pr} + (t_{in} + t_a) \tag{3-34}$$

式中,t_{pr} 为保护装置的后备保护动作时间(s),这是考虑到主保护有死区或拒动的可能;t_{br} 为断路器全开断时间(s),是指从分闸信号传送到断路器的操作机构起,到断路器各相触头分离后并电弧完全熄灭为止的时间段,是反映断路器开断速度的参数。全开断

时间包含固有分闸时间和灭弧①时间两部分：从接到分闸命令到触头刚分瞬间的时间间隔，称固有分闸时间；从触头分离到各相电弧完全熄灭的时间间隔，称灭弧时间。t_{in} 为断路器固有分闸时间(s)，是从断路器接到分闸命令起，到灭弧触头刚开始分离的一段时间；t_a 为断路器开断时电弧持续时间(s)，是指由第一个灭弧触头分离瞬间起，到最后一相电弧熄灭为止的时间段。一般对少油断路器为 0.04～0.06s，对 SF_6 断路器和压缩空气断路器为 0.02～0.04s，对真空断路器约为 0.015s。

通常，用全开断时间 t_{br} 来衡量高压断路器分闸速度的快慢。全开断时间大于 0.12s 的，称为低速断路器；小于 0.08s 的，称为高速断路器；在 0.08～0.12s 之间的，称为中速断路器。

(2) 校验开断电器开断能力的短路计算时间 t_k^*，要考虑开断瞬间可能面临的最严重短路电流情况。由于短路全电流具有衰减特性，因而应选取开断电器最快可能开断动作时间，即

$$t_k^* = t_{pr1} + t_{in} \tag{3-35}$$

式中，t_{pr1} 为主保护动作时间(s)。对于无延时保护，t_{pr1} 为主保护启动和执行机构动作时间之和，一般为 0.05～0.06s。

3.3 常用开关电气设备

电力系统中存在大量开关电器，这些开关电器承担着电网运行的正常操作、事故时自动切断电路和电气设备检修时隔离电源等任务，其投资一般占配电设备总投资的一半以上，在电网中占有极其重要的地位。在各种开关电器中，高压断路器是最为完善的一种设备，其最大特点是能断开电路中的负荷电流和短路电流。其次，隔离开关(也称刀闸)是系统中使用最多的一种开关电器，因为它没有专门的灭弧机构，所以它不能用来开断负荷电流和短路电流，它需要与断路器配合使用，当断路器开断电流后才能进行操作。此外电力系统中还有负荷开关、熔断器等其他几类常用开关、保护设备。下面对这几种常用电气设备的工作特点与选型加以介绍。

3.3.1 电弧的产生与熄灭

1. 电弧

当用开关电器切断有电流的电路时，在动、静触头间隙(简称弧隙)中会出现电弧现象，如图3-6所示。在电弧燃烧期间，触头虽已分开，但电路中的电流仍以电弧的方式维持着，电路并未真正断开，只有电弧熄灭后，电路才算真正被切断。

电弧是介质被击穿的放电现象，其本身是一束游离气体，质量很小，容易变形，在外

---

① 电弧的概念及高压断路器灭弧过程在本章开关电气设备一节中具体介绍。

图 3-6 电弧结构示意图

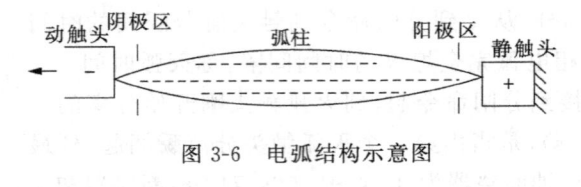

力作用下(如气体、液体的流动或电动力作用)会迅速移动、伸长或弯曲,对敞露在大气中的电弧尤为明显。如果电弧长久不熄灭,就会烧坏触头和触头附近的绝缘,并延长断路时间,危害电力系统的安全运行。所以,切断电路时必须尽快熄灭电弧。

1)电弧的产生与维持

用开关电器切断通有电流的线路时,只要电源电压大于10~20V,电流大于80~100mA,在开关电器的动、静触头分离瞬间,触头间就会出现电弧。电弧之所以能形成导电通道,是因为电弧弧柱中出现了大量自由带电粒子。这些自由带电粒子是触头绝缘介质的中性粒子(分子和原子)被游离的结果,游离就是中性粒子转化为带电粒子的过程。电弧的形成就是气态或固态、液态介质在弧隙被游离后向等离子体态的转化,一般包含如下过程。

(1)阴极的强电场发射。

加有电压 U 的触头刚分离时,触头间隙 s 很小,触头间会形成很强的电场强度 E ($E=U/s$),当 E 超过 $3×10^6$ V/m 以上时,阴极触头金属表面的电子就会在强电场作用下被拉出,成为存在于触头间隙中的自由电子。

(2)阴极的热电子发射。

触头是由金属材料制成的,在常温下金属内部就存在大量的自由电子。当开断电路时,在触头分开的瞬间,由于大电流被切断,在阴极上出现强烈的炽热点,从而有电子从阴极表面向四周发射,这种现象称为热电子发射。发射电子的多少与阴极材料及表面温度有关。

(3)弧柱区的碰撞游离。

从阴极发射出来的自由电子,在电场力的作用下,向阳极作加速运动,在奔向阳极的途中与介质(空气或别的绝缘物质)的中性粒子(原子或分子)发生碰撞,如果电子的运动速度足够高,其动能大于中性粒子的游离能(能使其电子释放出来所需的能量,又称游离电位)时,便使中性粒子游离为新的自由电子和正离子,这种游离过程称为碰撞游离。

游离出来的正离子向阴极运动,速度很慢,而从阴极发射出来及碰撞游离出来的自由电子以极高的速度(约为离子速度的1000倍)向阳极运动,当它们与其他中性粒子碰撞时,又会再次发生碰撞游离。碰撞游离连续进行的结果,使触头间充满自由电子和正离子,具有很大的电导。

(4)弧柱区的热游离。

在电弧高温下,一方面阴极继续产生热电子发射,另一方面金属触头在高温下熔化蒸发,以致介质中混有金属蒸气,使弧隙电导增加,在介质中引发热游离,使电弧维持和发展。由于电弧的温度很高,介质的分子和原子将产生强烈的不规则热运动,当那些具有足够动能的中性粒子互相碰撞时,可游离出自由电子和正离子,这种现象称为热游离。一般气体发生热游离的温度为 9000～10000℃,而金属蒸汽为 4000～5000℃。因为电弧中总有一些金属蒸气,而弧柱温度在 5000℃ 以上,所以,热游离足以维持电弧的燃烧。

2)电弧中的去游离

触头间在发生游离过程的同时,还进行着使带电粒子减少的去游离过程。去游离的主要形式为复合和扩散。

(1)复合去游离。

异性粒子互相吸引而中和成中性粒子的现象,称为复合去游离。在弧柱中,电子的运动速度远大于正离子,而交换能量(中和电荷)需要有一定的作用条件(相对距离近、相对速度小等),所以电子与正离子直接复合的可能性很小。复合更多是借助于中性质点进行的,即电子在运动过程中,先附着在中性粒子上形成负离子,然后质量和运动速度大致相等的正、负离子复合成中性质点。

当电弧及其附近有不带电的金属件时,金属件可吸附电子或正离子,然后再吸引带相反电荷的粒子起中和作用;电弧区有绝缘件时,带电粒子也可附在绝缘件上,也能促使电子和正离子中和。

拉长电弧,可使电场强度 E 下降,电子运动速度减慢,复合的可能性增大;加强电弧冷却,例如用液体、气体吹弧或将电弧挤入绝缘冷壁制成的狭缝中,可使电子热运动的速度减慢,有利于复合;加大气体介质的压力,可使带电粒子的浓度增大,自由行程减少,有利于复合。

(2)扩散去游离。

自由电子与正离子从弧柱区逸出而进入周围介质中的现象,称为扩散去游离。扩散去游离有三种形式:浓度差形成扩散,由于弧柱中带电粒子的浓度比周围介质高得多,致使带电粒子向周围介质扩散;温度差形成扩散,由于弧柱的温度比周围介质高得多,使带电粒子向周围介质扩散;用高速流体吹弧增强扩散,吹弧可使电弧拉长、温度降低,并强迫弧柱中的游离介质扩散,补入新鲜介质以促进电弧熄灭。

扩散出去的带电粒子,因周围介质温度急剧下降而易于复合为中性质点。

游离和去游离是电弧燃烧过程中两个相反的过程,若游离作用大于去游离作用,则电弧电流增大,电弧愈加强烈燃烧;若游离作用等于去游离作用,则电弧电流不变,电弧稳定燃烧;若游离作用小于去游离作用,则电弧电流减小,电弧最终熄灭。所以,要熄灭电弧,必须采取措施加强去游离作用而削弱游离作用。

2. 交流电弧的特性与熄灭条件

由于交流电流的瞬时值不断随时间作周期性变化,因而电弧的温度、电阻及电弧电压也随时间而变化,但是弧柱受热升温或散热降温都有一个过程,所以电弧温度的变化(即热游离程度变化)总是滞后于电流的变化,这种现象称为电弧的热惯性。热惯性使得交流电弧的伏安特性为动态特性,如图3-7(a)所示。

(a) 交流电弧伏安特性　　(b) 电弧电压波形

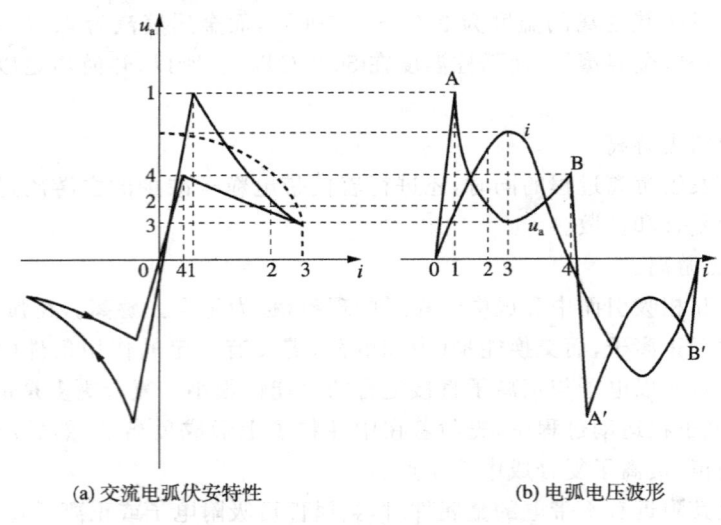

图 3-7　交流电弧伏安特性和电弧电压波形

对应于电流的正弦波形及伏安特性,可得到电弧电压 u_a 随时间的变化波形呈马鞍形,如图3-7(b)所示。其中A点为电弧产生时的电压,称为燃弧电压;B点为电弧熄灭时的电压,称为熄弧电压。由于热惯性的存在,燃弧电压必然大于熄弧电压。此外,电流每半周过零一次,此时外部电路输入电弧能量最小,交流电弧自动暂时熄灭。

针对交流电弧的上述特性,特别是电流过零点的自动暂时熄灭性质,应采取措施加强电弧去游离,以便在下半周电弧不会重燃而最终熄灭尤为重要。

在交流电流过零前后,弧隙中包含两个过程:①弧隙去游离即它的介质强度(弧隙的绝缘能力,或弧隙的耐压强度)的恢复;②加于弧隙的外加电压(称恢复电压)的增大。电弧电流过零时,是熄灭电弧的有利时机,但电弧是否能熄灭,取决于上述两方面竞争的结果。

弧隙介质强度恢复过程是指在电弧电流过零时电弧熄灭,而弧隙的绝缘能力需要一定的时间才能恢复到绝缘的正常状态的过程,以耐受电压 $U_d(t)$ 表示。弧隙介质强度 $U_d(t)$ 主要由断路器灭弧装置的结构和灭弧介质的性质所决定,随断路器型式而异。目前,电力系统中常用的灭弧介质有油(变压器油或断路器油)、空气、真空、SF_6 等。图3-8示出其介质强度恢复过程的典型曲线。从图中可以看出:在 $t=0$ 电流过零瞬间,介质强度突然出现 $0a(0a'、0a'')$ 升高的现象,这称为近阴极效应。这是因为在电弧过零之前,弧隙充满着电子和正离子,当电流过零后,弧隙的电极极性发生改变,弧隙中的电子立即向新阳极运动,而比电子质量大1000多倍的正离子则几乎未动,从而在新阴极附近呈现正离子层空间,如图3-9所示。正离子电导很低,显示出一定的介质强度。

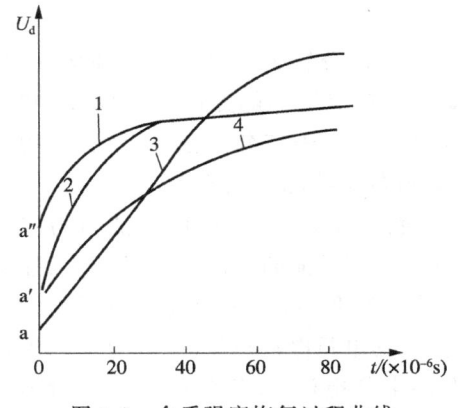

图 3-8 介质强度恢复过程曲线
1—真空；2—SF₆；3—空气；4—油

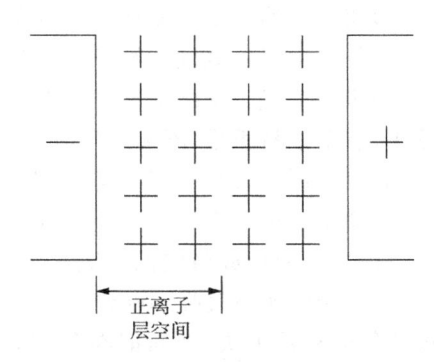

图 3-9 电流过零后弧隙电荷重新分布

近阴极效应特性对交流低压电气设备的熄弧有利，之后的介质强度的增长速度和恢复过程，将与电弧电流的大小、介质特性、触头分离速度和冷却条件等因素有关。电弧电流越小，电弧温度越低，对电弧的冷却条件越好，电流过零时电弧温度下降越快，介质强度恢复过程越快。另外，提高触头的分断速度，可迅速拉长电弧，使其散热和扩散的表面积迅速增加，去游离加强，也可提高介质强度的恢复速度。

弧隙电压恢复过程是指电弧电流自然过零后，电源施加于弧隙的电压，将从不大的电弧熄灭电压逐渐升高，一直恢复到电源电压的过程，这一过程中的弧隙电压称为恢复电压，以 $U_r(t)$ 表示。电压恢复过程主要取决于系统电路的参数，即线路参数、负荷性质等。实际电路中，总有电感、电容存在，所以电流、电压不同相，当电流过零时，电压不一定过零，而且 $U_r(t)$ 不可能立即由熄弧电压恢复到电源电压，需要一段恢复过程（过渡过程）。由于电路参数不同，这一过程可能是周期性变化的振荡过程，也可能是非周期性变化的非振荡过程。

综上可知，在电弧电流过零时，弧隙中同时存在着两个恢复过程，即介质强度恢复过程和电源电压恢复过程。断路器开断交流电路时，熄灭电弧的条件为介质耐受电压 $U_d(t)$ 大于恢复电压 $U_r(t)$。如果电源恢复电压高于介质强度耐受电压，弧隙就被再次击穿，电弧重燃；反之电弧熄灭。

3. 高压断路器熄灭交流电弧的常用方法

交流电弧能否熄灭，取决于电流过零时弧隙的介质强度和恢复电压两种过程的竞争结果。加强弧隙的去游离或降低弧隙恢复电压的幅值和恢复速度，都可促使电弧熄灭。断路器中采用的灭弧方法，归纳起来有下述几种。

1）采用灭弧能力强的灭弧介质

弧隙的去游离强度，在很大程度上取决于电弧周围介质的特性。高压断路器中广泛采用以下几种灭弧介质。

(1)变压器油。变压器油在电弧高温的作用下,可分解出大量氢气和油蒸气(其中H_2占70%～80%),氢气的绝缘和导热性能远超空气,其灭弧能力是空气的7.5倍。

(2)压缩空气。压缩空气的压力约为$20×10^5$Pa,由于其分子密度大,粒子的自由行程小,能量不易积累,不易发生游离,所以有良好的绝缘和灭弧能力。

(3)SF_6气体。SF_6气体化学性质非常稳定,散热能力强(对流散热能力为空气的2.5倍),并且SF_6是良好的负电性气体,其氟原子具有很强的吸附电子的能力,能迅速捕捉自由电子而形成稳定的负离子,为复合创造了有利条件,因而具有很强的灭弧能力,其灭弧能力比空气强100倍。当在SF_6气体中的电弧电流过零时,其介质强度恢复率可达每微秒数千伏,因而能在苛刻条件下开断电弧电流。SF_6气体是目前所知的最理想的绝缘和灭弧介质,优于其他介质。

(4)真空。真空气体压力低于$133.3×10^{-4}$Pa,气体稀薄,弧隙中的自由电子和中性粒子都很少,碰撞游离的可能性大大减少,而且弧柱与周围真空介质的带电粒子浓度差和温度差很大,有利于扩散。真空的绝缘能力比变压器油和1个大气压下的SF_6、空气都好(比空气强15倍)。

2)利用气体或油吹弧

高压断路器中利用各种预先设计好的灭弧室,使气体或油在电弧高温下产生巨大压力,并利用喷口形成强烈气流、油流吹弧。这个方法既能强迫对流换热、快速冷却弧隙,又能起到部分取代原弧隙中游离介质的作用。吹弧使电弧被拉长、冷却变细,复合加强,同时也有利于带电粒子扩散,最终使电弧熄灭。

吹弧方式有纵吹和横吹两种,如图3-10所示。吹弧流体方向与电弧弧柱轴线平行称为纵吹,纵吹主要使电弧冷却、变细。吹弧流体方向与电弧弧柱轴线垂直称为横吹,横吹则是把电弧拉长,表面积增大,冷却加强,熄弧效果较好。在高压断路器中常采用纵、横吹混合吹弧方式,熄弧效果更好。

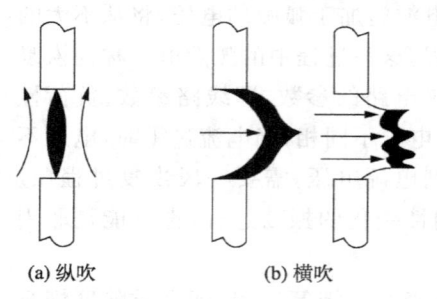

(a)纵吹　(b)横吹

图3-10　吹弧方式

3)采用特殊金属材料作灭弧触头

电弧中的去游离强度,在很大程度上与触头材料有关。常用熔点高、导热系数和热容量大的耐高温金属作触头材料,如铜、钨合金和银、钨合金等,在电弧高温下不易熔化和蒸发,有较高的抗电弧、抗熔焊能力,可以减少热电子发射和金属蒸气,抑制游离。

4)在断路器的主触头两端加装低值并联电阻

由于系统恢复电压上升速度和幅值对熄灭交流电弧有重要影响,为降低恢复电压上升速度及熄弧时可能产生的过电压,通常可在断路器触头间加装并联电阻,如图3-11所示。在灭弧室主触头Q1两端加装低值并联电阻(几欧至几十欧),为了最终切断电流,必须另加装一辅助触头 Q2。其连接方式有两种:图 3-11(a)为并联电阻 r 与主触头 Q1 并联后再与辅助触头 Q2 串联;图 3-11(b)为并联电阻 r 与辅助触头 Q2 串联后再与主触头 Q1 并联。

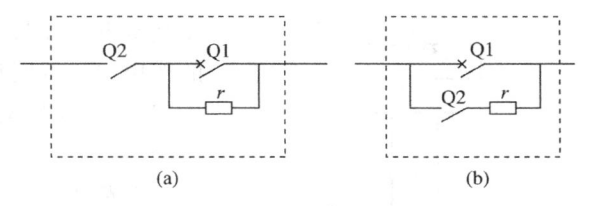

图 3-11 主触头与辅助触头的连接方式

分闸时,主触头 Q1 先断开,并联电阻 r 接入电路,在断开过程中起分流作用,同时降低恢复电压的幅值和上升速度,使主触头 Q1 间产生的电弧容易熄灭;当主触头 Q1 的电弧熄灭后,还会有电流通过并联电阻,但此时电流已大为减小,辅助触头 Q2 接着断开,切断通过并联电阻的电流,使电路最终断开。合闸时,顺序相反,即辅助触头 Q2 先闭合,然后主触头 Q1 闭合,并把并联电阻短接。

5)采用多断口熄弧

高压断路器常制成每相有两个或两个以上的串联断口,以利于灭弧。图 3-12 为双断口断路器示意图。采用多断口串联,可把电弧分割成多段,在相同的触头行程下电弧拉长速度和长度均比单断口大,从而弧隙电阻增大,同时提高介质强度的恢复速度;加在每个断口上的电压被分压减小,使弧隙恢复电压降低,也有利于灭弧。

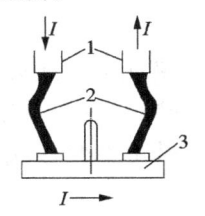

图 3-12 每相有两个断口的断路器
1-静触头;2-电弧;3-动触头;I-电弧电流

6)提高断路器触头的分离速度

在高压断路器中都装有强力断路弹簧,以加快触头的分离速度,迅速拉长电弧,使弧隙的电场强度骤降,同时使电弧的表面积突然增大,有利于电弧的冷却及带电质点的扩散和复合,削弱游离而加强去游离,从而加速电弧的熄灭。

3.3.2 高压断路器

1. 高压断路器基本结构

常用高压断路器按其使用场所的不同,可分为户内式和户外式;按灭弧介质的不同,可分为油断路器(又分为多油、少油断路器)、空气断路器、真空断路器和 SF_6 断路器等。

虽然高压断路器有多种类型,具体形式也不相同,但其基本结构类似。基本结构主要包括电路通断元件、绝缘支撑元件、操动机构及基座等几部分。电路通断元件安装在绝缘支撑元件上,而绝缘支撑元件则安装在基座上,如图 3-13 所示。

电路通断元件是其关键部件,承担着接通和断开电路的任务,它由接线端子、导电杆、触头(动、静触头)及灭弧室等组成;绝缘支撑元件起着固定电路通断元件的作用,并

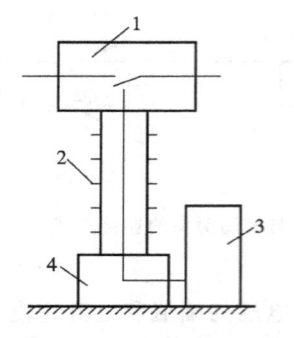

图 3-13 断路器基本结构示意图
1-通断元件;2-绝缘支撑元件;
3-操动机构;4-基座

使其带电部分与地绝缘;操动机构起控制电路通断元件的作用,当操动机构接到合闸或分闸命令时,操动机构动作,经中间传动机构驱动动触头,实现断路器的合闸或分闸。

断路器中的灭弧室,按灭弧的能源可分为两大类:

(1)自能式灭弧室。主要利用电弧本身能量来熄灭电弧的灭弧室称为自能式灭弧室,如油断路器的灭弧室。这类断路器的开断性能与被开断电流的大小有关。在其额定开断电流以内,被开断的电流越大,电弧能量越大,灭弧能力越强,燃弧时间也越短;而被开断的电流较小时,灭弧能力较差,燃弧时间反而较长,所以存在临界开断电流(对应最大燃弧时间的开断电流)现象。

(2)外能式灭弧室。主要利用外部能量来熄灭电弧的灭弧室称为外能式灭弧室,如压气式 SF_6 断路器、压缩空气断路器的灭弧室。这类断路器的开断性能主要与外部供给的灭弧能量有关。在开断大、小电流时,外部供给的灭弧能量基本不变,其燃弧时间较稳定。

2. 常用高压断路器简介

1)SF_6 断路器

SF_6 是一种灭弧性能很强的气体。在 20 世纪 60 年代以前,35kV 以上电网中主要使用空气断路器和油断路器。到 70 年代,SF_6 断路器逐渐取代了这两种断路器而得到广泛应用。到了 90 年代末,油断路器已几乎全部淘汰,而作为开关电器之一的 SF_6 断路器在国内外已占据主导地位。

常用 SF_6 断路器根据灭弧原理不同可分为双压气式、单压气式、旋弧式结构。

(1)双压气式灭弧室。

双压气式断路器是指灭弧室和其他部位采用不同的 SF_6 气体压力。其中低压系统的压力一般为 0.3~0.5MPa,它主要用作内部绝缘;高压系统的压力一般为 1~1.5MPa,它只在灭弧过程中起作用。高、低压室之间有气泵及管道连接,在正常情况下(非断流时)高压气体和低压气体是分开的,只有在开断时触头的运动使动、静触头间产生电弧后,高、低压室在燃弧处导通,由于两个系统间存在压力差,高压室中的 SF_6 气体在灭弧室(触头喷口)形成一股气流,吹断电弧使之熄灭。分断完毕后,吹气阀自动关闭,停止吹气,然后高压室中的 SF_6 气体由低压室通过气泵再送入高压室。这样,以保证在开断电流时,有足够的压力吹弧使电弧熄灭。

(2)单压气式灭弧室。

单压气式灭弧室是根据活塞压气原理工作的,平时灭弧室中只有一种压力(一般为

0.3～0.5MPa)的 SF_6 气体,起绝缘作用。开断过程中,灭弧室所需的吹气压力由动触头系统带动压气缸对固定活塞相对运动而产生,就像打气筒一样,动触头的运动速度与吹气量大小有关,当运动停止时压气过程也终止。这种灭弧装置结构简单、动作可靠。我国研制的 SF_6 断路器均采用单压气式灭弧室。

压气式断路器大多应用在110kV 及以上高压电网中,开断电流可达到几十千安,但由于灭弧室及内部结构相对复杂,价格较高。

(3)旋弧式灭弧室。

旋弧式灭弧室是利用电弧电流产生的磁场力,使电弧沿着某一截面高速旋转。由于电弧的质量比较小,在高速旋转时,使电弧逐渐拉长最终熄灭。为了加强旋弧效果,通常使电弧电流流经一个旋弧线圈(磁吹线圈)来加大磁场力。常规情况下电流越大,灭弧越困难,但对于旋弧式 SF_6 断路器,磁场力与电流大小成正比,电流大磁场力也加大,仍能使电弧迅速熄灭。小电流时,由于磁场随电流减小而减小,同样能达到灭弧作用且不产生截流现象,如图 3-14 所示。

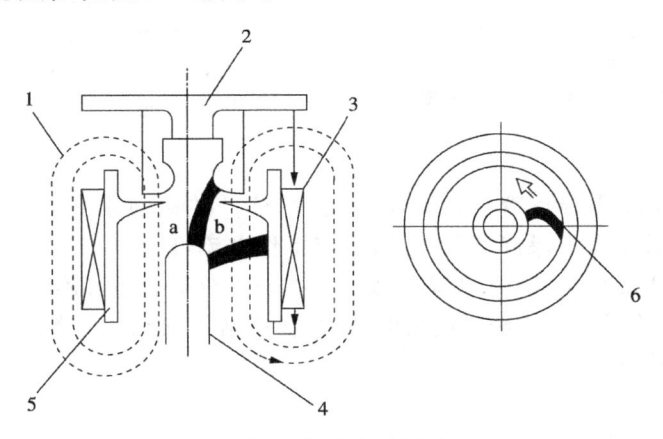

图 3-14 旋弧式灭弧原理
1-磁力线;2-静触头座;3-驱弧线圈;4-动触头;5-圆筒电极;6-电弧

旋弧式 SF_6 断路器在 10～35kV 电压等级的开关设备上大量采用,是很有发展前途的一种断路器。

常见的 SF_6 断路器按结构型式可分为支柱式(或称瓷瓶式) SF_6 断路器、落地罐式 SF_6 断路器及 SF_6 全封闭组合电器用断路器三类。图 3-15 所示为"Y"形布置的支柱式 LW6-220 型 SF_6 断路器结构示意,图 3-16 所示为落地罐式 SFMT-500 型 SF_6 断路器结构示意。

SF_6 断路器具有以下优缺点。

(1)优点。

灭弧室单断口耐压高(可达 400kV),相比于压缩空气断路器和少油断路器,同一电压等级的 SF_6 断路器产品的断口数目要少,可减小设备体积;通流能力强,因 SF_6 气

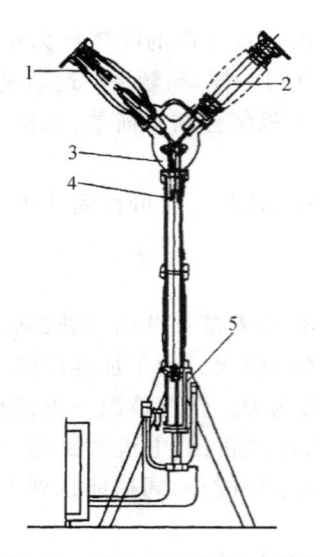

图 3-15　LW6-220 型 SF$_6$ 断路器一相结构图

1-灭弧室；2-均压电容；3-三联箱；4-支柱；5-支腿

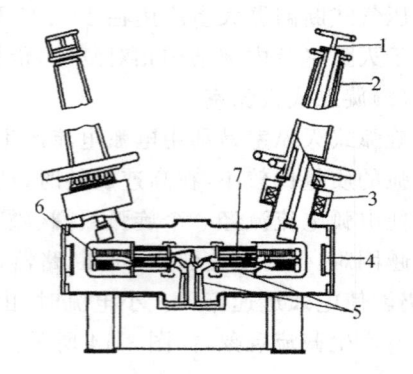

图 3-16　SFMT-500 型 SF$_6$ 断路器一相剖面

1-接线端子；2-瓷套；3-电流互感器；4-吸附剂；
5-环氧支柱绝缘子；6-合闸电阻；7-灭弧室

体热导率高,对触头及导体冷却效果好,而且 SF$_6$ 气体中工作的金属触头,不与氧气接触不会氧化,接触电阻保持稳定,所以额定工作电流可达 8000A 以上;电寿命长,检修间隔周期长,因 SF$_6$ 气体中触头烧损极为轻微,SF$_6$ 分解后还可还原,并且在电弧作用下的分解物不含有碳等影响绝缘能力的物质,在严格控制水分的条件下分解物也无腐蚀性;开断性能优异。

(2)缺点。

在不均匀电场中,气体的击穿电压下降很多,因此对断路器零部件加工要求高;对断路器密封性能要求高,对水分与气体的检测与控制要求很严;SF$_6$ 容易液化。

2)真空断路器

真空断路器是以真空作为灭弧和绝缘的介质。所谓真空是相对而言的,是指气体压力在 10^{-4} mmHg 以下的空间。由于真空中几乎没有什么气体分子可供游离导电,且弧隙中少量导电粒子很容易向周围真空扩散,所以真空的绝缘强度比变压器油及空气等绝缘强度高得多。

真空灭弧室是真空断路器的核心部分,外壳大多采用玻璃和陶瓷。如图 3-17 所示,在被密封抽成真空的玻璃或陶瓷容器内,装有静触头、动触头、电弧屏蔽罩、波纹管,构成了真空灭弧室。动、静触头连接导电杆与大气连接,在不破坏真空的情况下,完成触头部分的开、合动作。由于真空灭弧室的技术要求高,一般由专业生产厂家生产。

真空灭弧室的外壳作灭弧室的固定件并兼有绝缘作用。电弧屏蔽罩可防止因燃弧产生的金属蒸气附着在绝缘外壳的内壁而使绝缘强度降低。同时,它又是金属蒸气的

(a) 玻璃外壳　　　　　(b) 陶瓷外壳

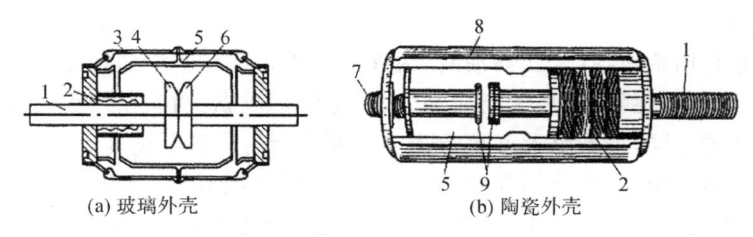

图 3-17　真空灭弧室结构
1-动触杆；2-波纹管；3-外壳；4-动触头；5-屏蔽罩；
6-静触头；7-静触杆；8-陶瓷壳；9-平面触头

有效凝聚面,能够提高开断性能。真空灭弧室的真空处理是通过专门的抽气方式进行的,真空度一般达到 $1.33\times10^{-7}\sim1.33\times10^{-3}$ Pa。

真空断路器触头的中部是一圆环状的接触面,而接触面的周围是开有螺旋槽的吹弧面。当开断电流时,最初在接触面上产生电弧;在电弧电流所形成的磁场作用下,电弧沿径向向外缘快速移动,如图 3-18(a)的 b 点所示。由于电弧的移动路径受螺旋线的限制,它通过的路径也是螺旋形的,如图 3-18(b)虚线所示。电弧电流将在弧柱上产生沿触头半径方向的磁感应强度,它与电弧电流形

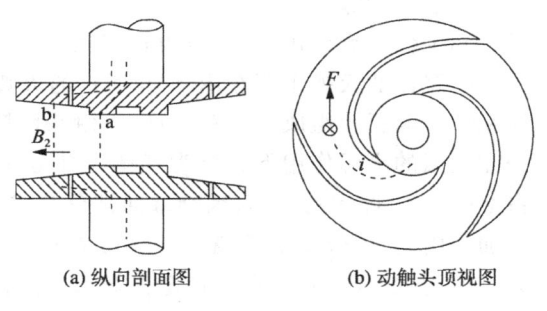

(a) 纵向剖面图　　　(b) 动触头顶视图

图 3-18　真空断路器触头结构

成沿切线方向的电动力,促使电弧沿触头作圆周运动,在触头外缘上旋转,当电弧电流过零时熄灭。

由于真空断路器灭弧部分的工作十分可靠,使得真空断路器具有很多优点:

(1)开断能力强,开断电流可达 50kA;开断后断口间介质恢复速度快,介质不需要更换。

(2)触头开距小,10kV 级真空断路器的触头开距只有 10mm 左右,所需的操作功率小、动作快,操作机构可以简化,寿命延长,一般可达 20 年左右不需检修。

(3)熄弧时间短,弧压低,电弧能量小,触头损耗小,开断次数多。

(4)动导杆的惯性小,适用于频繁操作;开关操作时,动作噪声小,适用于城区使用。

(5)灭弧介质或绝缘介质不用油,没有火灾和爆炸的危险。

(6)在真空断路器的使用年限内,触头部分一般不需要维修检查,即使维修检查,所需时间也很短。

真空断路器在应用时要注意的是:由于断路器灭弧能力较强,开断感性小电流时容易产生截流而引起过电压,在这种情况下要采取相应的过电压保护措施。

3）油断路器

油断路器是用绝缘油（变压器油）作为灭弧介质。现在的油断路器大多是使油在密闭的空间内被高温电弧分解成为高压油气，对电弧形成纵、横吹以熄灭电弧。根据绝缘油用量及作用的不同，油断路器又可分为多油断路器与少油断路器。

在多油断路器中，油的作用除了灭弧以外，还用于相对地（金属油箱）的绝缘；在断路器分闸后，作为断口间的绝缘；当负荷电流流过时，绝缘油能将电流在动、静触头间以及其他部位产生的热量传导出去，限制了触头和其他部分运行温度升高。对于35kV以上电压级的多油断路器，由于用油太多，体积庞大，早已不生产；对于35kV及以下的多油断路器，也已逐步被取代。

少油断路器中的油有下列作用：用于灭弧；断口间绝缘；使触头通过电流时产生的热量传导出去，起散热作用。少油断路器中的油不作为相对地绝缘，相对地绝缘都用支柱绝缘子或绝缘瓷套管，故少油断路器用油量少。由于少油断路器具有用油量少、耗材量少和工作可靠等优点，所以曾较多用于3～330kV配电装置中。

断路器的灭弧主要在图3-19所示的灭弧室中进行，灭弧室由高强度的环氧玻璃钢筒和若干隔弧片组成。断路器动、静触头刚断开时，触头间形成电弧，电弧周围的绝缘油在电弧的高温作用下分解为气体。被分解的气体中包括氢（约占70%）、油蒸气（约占20%）、甲烷和乙炔等，因绝缘油被分解成气体，体积膨胀很多，使电弧周围压力迅速增加。由此，灭弧室上部隔板形成几个不同方向的横吹灭弧道，下部隔板构成几个纵向灭弧道，在综合吹弧作用下使电弧熄灭。灭弧室工作示意图如图3-20所示。

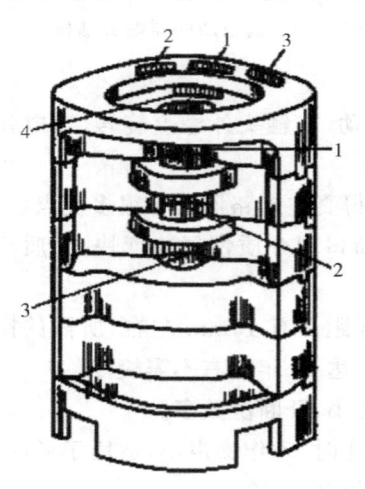

图3-19 SN10-10型少油断路器的灭弧室
1-第一道灭弧沟；2-第二道灭弧沟；
3-第三道灭弧沟；4-吸弧铁片

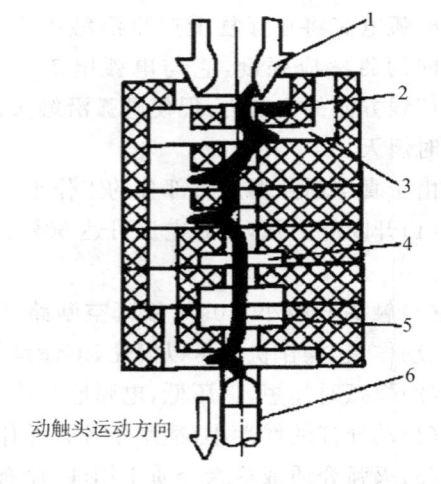

图3-20 SN10-10型少油断路器灭弧室工作示意图
1-静触头；2-吸弧铁片；3-横吹灭弧道；
4-纵吹灭弧道；5-电弧；6-动触头

图3-21所示为一种常见的110kV户外式少油断路器SW6-110G型断路器，它是

SW6-110型的改进型。SW6-110G型断路器是三相分离结构,由三个独立的"Y"形单元组成,每相的两个灭弧室分别装在两侧构成双断口,操动机构使三相同步动作。

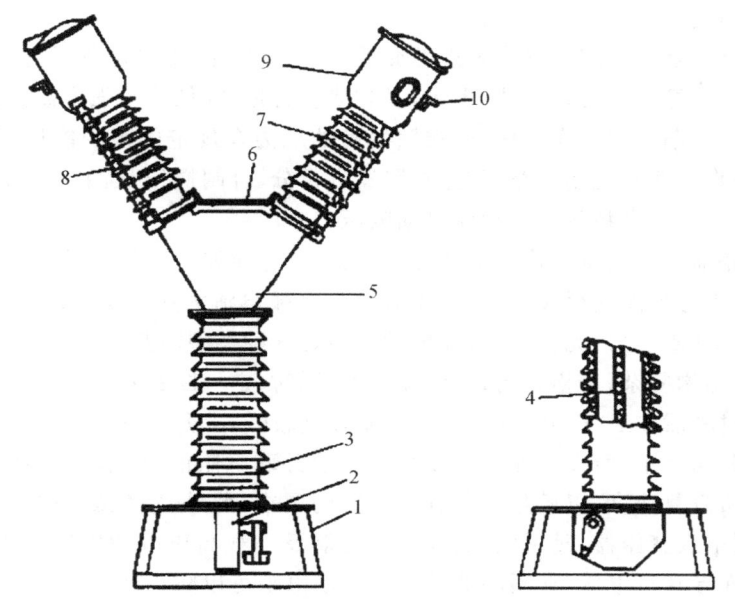

图 3-21　SW6-110G 型户外式少油断路器一相外形图
1-底座;2-底架油盒;3-支柱瓷套管;4-绝缘提升杆;5-中间机构箱;
6-中间导电板;7-灭弧室;8-均压电容;9-铝帽;10-接线板

根据运行电压要求,也可将几个单元串联起来,再相应增加支柱绝缘子而组成更高电压级的断路器,即所谓的积木式结构。如每相每个单元的电压为110kV,两个串联起来则构成220kV断路装置,三个串联起来即成为330kV断路装置,如图3-22所示。采用积木式结构,使断路器产品系列化,便于制造与检修,并能降低造价。

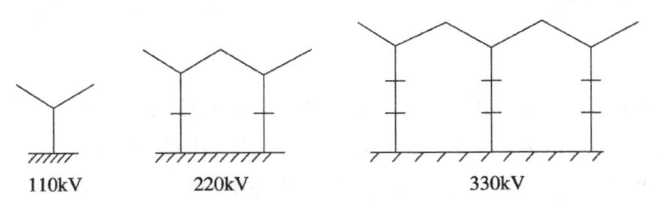

图 3-22　断路器积木式结构(一相)示意图

以少油断路器为代表的油断路器具有结构较简单、材料消耗少、体积小、质量小、便于生产、性能稳定、运行检修方便和价格便宜等一系列优点。但是,少油断路器最主要的缺点是不适于频繁操作,操作一定次数后,油损失量大并且油质容易发生劣化,就要停电补油或进行净化,同时开断几次短路电流后就要检修,这对于生产过程中要求频繁操作的用电企业,如冶金工业等是不方便的;此外,少油断路器属于自能式灭弧,灭弧及开断能力与电弧电流有关,并且还有燃烧爆炸的危险。

4) 空气断路器

空气断路器是用压缩空气作为灭弧介质和绝缘介质,又称为高压空气断路器。供给断路器用的压缩空气必须清洁、干燥,以防堵塞管道、降低绝缘强度或锈蚀金属。

为保证空气断路器可靠工作,要求储气筒的压力在规定的范围内运行。当工作压力过低时,应自动切断控制回路,防止断路器进行分、合闸操作;当工作压力过高超过规定值时,应由压力安全释放装置动作自动减压。

空气断路器以压缩空气作为灭弧和绝缘介质,介质取材方便而且不会劣化、不产生有害物质;由于是外能式灭弧,因而断流能力与电弧电流大小无关,在自动重合闸过程中可以不降低开断能力;无火灾、爆炸危险。但是这种类型断路器需要装设较复杂的压缩空气装置,结构复杂,价格较高,动作噪声大;同时,空气断路器虽然灭弧能力较强,但在电弧电流过零后在 20~30μs 内,起始介质强度较低,上升速度也较慢,对于切除近距故障会造成开断困难,所以多在断口弧隙间采取并联电阻的措施,抑制系统恢复电压,相对提高介质恢复速度,以满足开断近距故障的要求;此外,空气断路器在开断小电感电流(如切断空载变压器、励磁电流、并联电抗器及空载高压电动机等电路)时,容易产生截流现象而导致过电压,在断路器的断口并联电阻可以防止产生过电压。

3. 高压断路器技术参数与选择

1) 高压断路器型号说明

常见高压断路器型号一般具有如下形式:

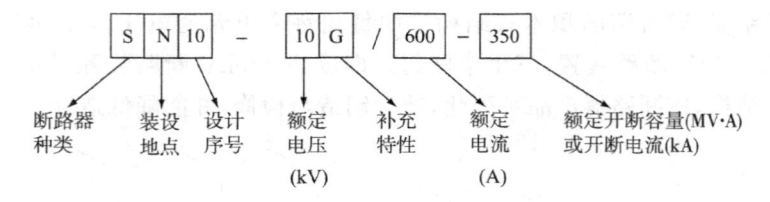

```
  S  N  10 - 10 G / 600 - 350
  │  │  │    │  │   │     │
断路器 装设 设计 额定 补充 额定 额定开断容量(MV·A)
 种类  地点 序号 电压 特性 电流 或开断电流(kA)
             (kV)      (A)
```

其中,断路器种类用汉语拼音字母表示:S 表示少油式、D 表示多油式、K 表示压缩空气式、Z 表示真空式、L 表示 SF$_6$ 式。装设地点用汉语拼音字母表示断路器的安装位置:N 表示户内式、W 表示户外式。补充特性的字母 C 表示手车式、G 表示改进型、W 表示防污型、Q 表示防震型。

2) 高压断路器选择

(1) 种类和型式的选择。

断路器型式的选择,应在全面了解其使用环境的基础上,结合产品的价格和已运行设备的使用情况加以确定。在我国不同电压等级的系统中,选择断路器型式的大致情况是:电压等级在 35kV 及以下的,可选用户内式少油断路器、真空断路器或 SF$_6$ 断路器;电压等级在 35kV 的,可选用户外式多油断路器、真空断路器或 SF₆ 断路器;电压等级在 110~330kV 的,可选用户外式少油断路器或 SF₆ 断路器;电压等级在 500kV 的,则一般选用户外式 SF₆ 断路器。

(2) 额定电压和电流的选择。

$$U_N \geqslant U_{SN}, \quad I_N \geqslant I_{max} \tag{3-36}$$

式中,U_N、U_{SN} 分别为断路器的额定电压和安装位置处系统的额定电压(kV);I_N、I_{max} 分别为断路器额定电流和安装位置处可能流过的最大负荷电流(A)。

(3) 开断电流选择。

额定开断电流 I_{Nbr} 是指断路器在额定电压下能可靠断开的最大电流(即触头刚分开瞬间通过断路器的电流有效值),该参数表明了断路器的开断(灭弧)能力,是断路器最重要的性能参数。为保证断路器可靠开断短路电流,原则上断路器额定开断电流 I_{Nbr} 不应小于实际开断瞬间的短路全电流有效值 I_k,即

$$I_{Nbr} \geqslant I_k \tag{3-37}$$

而

$$I_k = \sqrt{I_{pt}^2 + (\sqrt{2} I'' e^{-\frac{t_k^*}{T_a}})^2} \approx I'' \sqrt{1 + 2e^{-\frac{2t_k^*}{T_a}}} \tag{3-38}$$

式中,I'' 为短路电流周期分量起始值(kA);I_{pt} 为开断瞬间短路电流周期分量有效值(kA),可取 $I_{pt} \approx I''$;t_k^* 为开断计算时间(s),为断路器主保护动作时间与固有分闸时间之和(快速动作断路器的固有分闸时间≤0.04s);T_a 为短路电流非周期分量的衰减时间常数(s),$T_a = \frac{x_\Sigma}{\omega R_\Sigma}$,其中 x_Σ、R_Σ 分别为电源至短路点的等效总电抗和等效总电阻。

注意到短路电流非周期分量与 t_k^*、T_a 有关,在分析断路器开断能力时常对不同情况采用不同处理方式。

① 对于采用快速保护和快速断路器的场合($t_k^* < 0.1s$)及靠近电源处的短路点,短路电流非周期分量往往超过周期分量幅值的 20%(一般国产高压断路器按国家标准规定,I_{Nbr} 仅计入了 20% 的非周期分量),因此其开断电流必须计及非周期分量的影响,按实际开断瞬间的短路全电流有效值参与分析。

② 对于采用中、慢速断路器的场合($t_k^* \geqslant 0.1s$)和远离电源处的短路点,其开断短路电流可不计非周期分量的影响,即 $I_k \approx I''$。

(4) 短路关合电流的选择。

额定关合电流是指如果在断路器合闸之前,线路或设备上已存在短路故障,则在断路器合闸过程中,在触头即将接触时即有巨大的短路电流通过(称为预击穿),要求断路器能承受这个短路电流的发热与电动力的冲击;并且,在关合后由于继电保护动作,不可避免又要自动跳闸,此时仍要求断路器能切断短路电流。额定关合电流 i_{Ncl} 用来说明断路器关合短路故障的能力。额定关合电流 i_{Ncl} 是在额定电压下,断路器能可靠闭合的最大短路电流峰值。

为保证断路器在关合短路电流时的安全,不引起触头熔焊和遭受电动力的损坏,断路器额定关合电流 i_{Ncl} 应不小于短路电流最大冲击值 i_{sh},即

$$i_{Ncl} \geqslant i_{sh} \tag{3-39}$$

(5)短路热稳定和动稳定校验。

校验式为

$$I_t^2 t \geqslant Q_k, \quad i_{es} \geqslant i_{sh} \tag{3-40}$$

(6)发电机断路器的特殊要求。

发电机断路器与一般的输变电高压断路器相比,由于在电力系统中处于特殊位置及开断保护对象的特殊性,因而在许多方面有着特殊要求。对发电机断路器的要求可概括为三个方面:

① 额定值方面的要求。发电机断路器要求承载的额定电流特别高,而且开断的短路电流特别大,都远超出相同电压等级的输变电断路器。

② 开断性能方面的要求。发电机断路器应具有开断非对称短路电流的能力,其直流分量衰减时间可达 133ms;具有关合额定短路关合电流的能力,该电流峰值为额定短路开断电流交流有效值的 2.74 倍;具有开断失步电流的能力等。

③ 固有恢复电压方面的要求。因为发电机的瞬态恢复电压是由发电机和升压变压器参数决定的,而不是由系统决定的,所以其瞬态恢复电压上升率取决于发电机和变压器的容量等级,等级越高,瞬态恢复电压上升得越快。

由此可见,发电机断路器与相同电压等级的输配电断路器相比应满足许多高的要求,有的要求甚至是"苛刻"的。因此,对发电机断路器除了应满足现有的开关制造标准,还制定了发电机断路器的通用技术标准。在选用发电机断路器时,特别对大型机组,应对上述特殊要求给予充分重视,选用专用的发电机断路器。对小型机组,可采用少油断路器;对中大型机组,主要采用 SF_6 断路器、空气断路器等。

3.3.3 隔离开关

隔离开关(俗称刀闸)作为一种辅助开断设备没有灭弧装置。隔离开关既不能断开正常负荷电流,也不能断开短路电流,否则即发生"带负荷拉刀闸"的严重事故。此时产生的电弧不能熄灭,甚至造成相间或相对地经电弧短路(俗称飞弧),损坏设备并严重危及人身安全。

高压系统中隔离开关的主要作用是:

(1)在检修电气设备时用来隔离电压,使检修的设备与带电部分之间有明显可见的断口。

(2)在改变设备状态(运行、备用、检修)时,用来配合断路器协同完成倒闸操作。

(3)用来分、合小电流,可用来分、合电压互感器、避雷器和空载母线,分、合励磁电流不超过 2A 的空载变压器,关合电容电流不超过 5A 的空载线路。

(4)隔离开关的接地开关可代替接地线,保证检修工作安全。

隔离开关没有灭弧装置,不能用来接通和断开负荷电流和短路电流,一般只能在电路断开的情况下才能操作。隔离开关的操动机构有手动式和动力式两大类。

1. 隔离开关的结构和型式

隔离开关种类很多,按安装地点可分为户内式和户外式两种;按组装极数可分为单极式(每极单独装于一个底座上)和三极式(三极装于同一底座上)两种;按每极绝缘支持瓷柱数目可分为单柱式、双柱式和三柱式;按闸刀运动方向可分为水平旋转式、垂直旋转式、摆动和插入式等。另外,为了检修设备时便于接地,35kV及以上电压等级的户外式隔离开关还可根据要求配置接地刀闸。

图3-23为户内式隔离开关的典型结构图。它由导电部分、支柱绝缘子4、操作绝缘子2(或称拉杆绝缘子)及底座5组成。

导电部分包括可由操作绝缘子2带动而转动的刀闸1(动触头)和固定在支柱绝缘子4上的静触头3。刀闸及静触头采用铜导体制成,一般额定电流为3000A及以下的隔离开关采用矩形截面铜导体,额定电流为3000A以上的隔离开关则采用槽形截面铜导体,使铜的利用率较好。刀闸由两片平行刀片组成,电流平均流过两刀片且方向相同,产生相互吸引的电动力,使接触压力增加。支柱绝缘子4固定在角钢底座5上,承担导电部分的对地绝缘。操作绝缘子2与刀闸1及转轴7上对应的拐臂6铰接,操动机构则与轴端拐臂6连接,各拐臂均与转轴硬性连接。当操动机构动作时,带动转轴转动,从而驱动刀闸转动而实现分、合闸。

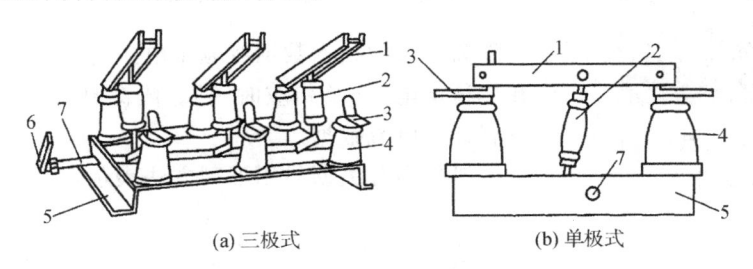

(a) 三极式 (b) 单极式

图3-23 户内式隔离开关典型结构图
1-刀闸;2-操作绝缘子;3-静触头;4-支柱绝缘子;5-底座;6-拐臂;7-转轴

与户内式隔离开关比较,户外式隔离开关的工作条件较恶劣,并承受母线或线路拉力,因而对其绝缘及机械强度要求较高,要求其触头应在操作时有破冰作用,并且不致使支柱绝缘子损坏。户外式隔离开关一般均制成单极式。

图3-24(a)为GW5-110型户外式隔离开关一极(相)外形图,有两个实心支柱绝缘子,成V形布置,底座上有两个轴承座,瓷柱可在轴承上旋转90°,两个轴承座之间用伞齿轮啮合,操作时两瓷柱同步反向旋转,以达到分、合的目的。图3-24(b)为GW4-110G型户外式隔离开关外形图,为双柱旋转式结构。

隔离开关的接地闸刀和工作闸刀通过操作把手互相闭锁,使两者不能同时合闸,以

(a) GW5-110型　　　　(b) GW4-110G型

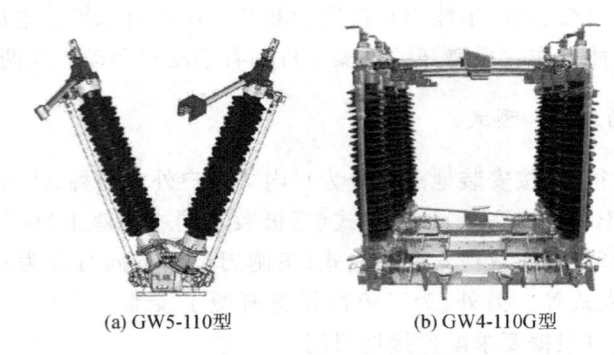

图 3-24　一些常见 110kV 户外式隔离开关外形

图 3-25　GW6A 型单柱户外式隔离开关

免发生带电接地故障。

图 3-25 为国产 GW6A-550D(W)型单柱户外式隔离开关(一相)，由于导电折架像一把剪刀，俗称剪刀式隔离开关。隔离开关需闭合时，导电折架合拢，带动动触头向空中延伸夹住上方的静触头，故可减少占地面积。这种隔离开关具有两个瓷柱，其中较粗的一个为支持瓷柱，另一个较细的是操作瓷柱。静触头一般固定在上方的架空硬母线上。

2. 隔离开关的技术参数与选择

隔离开关的技术数据有额定电压、额定电流、动稳定电流和热稳定电流(及相应时间)。隔离开关没有灭弧装置，故没有开断电流数据。

一般隔离开关型号用下列方法表示：

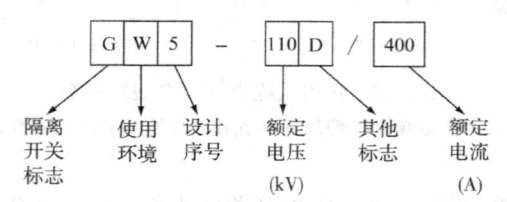

G　W　5　-　110　D　/　400

隔离开关标志　使用环境　设计序号　额定电压(kV)　其他标志　额定电流(A)

其中，隔离开关标志统一用 G 表示；使用环境中 N 表示户内型、W 表示户外型；其他标志里，T 表示统一设计、G 表示改进型、D 表示带接地开关、K 表示快分闸型、E 表示带支持导电杆、W 表示防污型、TH 表示湿热带型、TA 表示干热带型、Z 表示适合强震地区。

隔离开关的选择方法可参照断路器，其内容包括：

(1) 种类型式的选择。

隔离开关对配电装置的布置和占地面积有很大影响，应根据配电装置特点、使用要求及技术经济条件选择其种类和型式。

(2)额定电压选择。

设备额定电压应不低于安装位置处的系统额定电压,即

$$U_N \geq U_{SN} \tag{3-41}$$

(3)额定电流选择。

设备额定电流应不小于安装位置处可能流过的最大工作电流,即

$$I_N \geq I_{max} \tag{3-42}$$

(4)动稳定校验。

满足

$$i_{es} \geq i_{sh} \tag{3-43}$$

(5)热稳定校验。

满足

$$I_t^2 t \geq Q_k \tag{3-44}$$

【例 3-4】 试选择容量为 25MW、$U_N = 10.5 \text{kV}$、$\cos\phi = 0.8$ 的发电机出口断路器。已知发电机出口短路时,系统侧电抗 $x_{*s} = 0.2165$(基准容量 $S_d = 100 \text{MV} \cdot \text{A}$),系统等值机容量为 $400 \text{MV} \cdot \text{A}$。发电机主保护时间 $t_{pr1} = 0.05\text{s}$,后备保护时间 $t_{pr2} = 3.9\text{s}$,配电装置内最高室温为 $+40°\text{C}$。

解 发电机最大持续工作电流为

$$I_{max} = \frac{1.05 P_N}{\sqrt{3} U_N \cos\phi} = \frac{1.05 \times 25 \times 10^3}{\sqrt{3} \times 10.5 \times 0.8} = 1804(\text{A})$$

根据发电机回路的 U_{Ns}、I_{max} 及断路器安装在户内的要求,查表 3-6,可选 SN10-10Ⅲ/2000 型少油断路器。

短路计算电抗为

$$x_* = x_{*s} S_s / S_d = 0.2165 \times 400/100 = 0.866$$

短路计算时间为

$$t_k = t_{pr2} + t_{in} + t_a = 3.9 + 0.06 + 0.06 = 4.02(\text{s})$$

根据短路计算电抗查短路电流计算曲线(或表),并换算成有名值后,所得短路电流值为

$$I'' = 26.4 \text{kA}, \quad I_{2.01} = 29.3 \text{kA}, \quad I_{4.02} = 29.5 \text{kA}$$

由于 $t_k > 1\text{s}$,可不计非周期分量热效应。短路电流的热效应 Q_k 等于周期分量热效应 Q_p,即

$$Q_k = \frac{I''^2 + 10 I_{t_k/2}^2 + I_{t_k}^2}{12} t_k = \frac{26.4^2 + 10 \times 29.3^2 + 29.5^2}{12} \times 4.02 = 3401[(\text{kA})^2 \cdot \text{s}]$$

冲击电流为

$$i_{sh} = 1.9 \sqrt{2} I'' = 71.0 \text{kA}$$

表 3-6　部分 10kV 高压断路器技术数据

型　号	额定电压/kV	额定电流/A	断流容量/(MV·A) 6kV	断流容量/(MV·A) 10kV	额定断流量/kA	极限通过电流/kA 峰值	极限通过电流/kA 有效值	热稳定电流/kA 1s	热稳定电流/kA 2s	热稳定电流/kA 4s	热稳定电流/kA 5s	热稳定电流/kA 10s	固有分闸时间/s	合闸时间/s
SN10-10Ⅰ/630	10	630	200	300	16	40		16					0.05	0.2
SN10-10Ⅱ/1000	10	1000	200	500	31.5	80		31.5					0.05	0.2
SN10-10Ⅲ/2000	10	2000		750	43.3	130				43.3			0.06	0.25
SN10-10Ⅲ/3000	10	3000		750	43.3	130				43.3			0.06	0.2
SN3-10/2000	10	2000	300	500	29	75	43.5	43.5			30	21	0.14	0.5
SN4-10G/5000	10	5000		1800	105	300	173	173			120	85	0.15	0.65

表 3-7 列出所选断路器的有关参数，并与计算数据进行比较。由表可见，所选 SN10-10Ⅲ/2000 型断路器合格。

表 3-7　例 3-4 中断路器选择结果对照表

计算数据		SN10-10Ⅲ/2000 型断路器	
U_{SN}	10kV	U_N	10kV
I_{max}	1804A	I_N	2000A
I''	26.4kA	I_{Nbr}	43.3kA
i_{sh}	71.0kA	I_{Ncl}	130kA
Q_k	3401 (kA)²·s	$I_t^2 t$	43.3²×4＝7499 (kA)²·s
i_{sh}	71.0kA	i_{es}	130kA

3.3.4　高压负荷开关

在电力系统（特别是配电系统）中，存在一种开关设备介于高压隔离开关与高压断路器之间，称为高压负荷开关。高压负荷开关具有简单的灭弧装置，因而能通断一定的负荷电流和过负荷电流，但它不能断开短路电流，因此它常与高压熔断器配合使用，以借助熔断器来切断短路故障。高压负荷开关断开后，一般与隔离开关一样具有明显可见的断开间隙，因此它也具有隔离电源、保证安全检修的功能。

由于灭弧能力较弱，高压负荷开关一般不作为直接的保护开关，主要用于较为频繁操作和非重要的场所，尤其在小容量变压器保护中，当变压器发生大电流故障时，熔断器可在 10～20ms 切断电流，这比断路器保护切除故障电流时间快得多。

高压负荷开关种类型式很多，按装设地点不同可分为户内型和户外型；按灭弧方式的不同可分为产气式、压气式、油浸式、真空式、SF_6 式等；按是否带熔断器可分为带熔断器式和不带熔断器式等。

不同类型高压负荷开关的灭弧过程有所不同,压气式负荷开关的灭弧,是利用分闸时主轴带动活塞压缩空气,使压缩空气从喷嘴中高速喷出以吹熄电弧;产气式负荷开关的灭弧系统采用固体产气元件,在分闸时电弧产生的高温,使产气固体分解出大量气体,沿喷嘴高速喷出,形成强烈的纵吹作用,使电弧很快熄灭;对于其他类型的负荷开关,其灭弧装置利用不同材料的绝缘介质和灭弧装置来熄灭电弧。但是高压负荷开关灭弧能力较弱,只能开合负荷电流,不能切断短路电流,要通过和熔断器等其他开关设备一起配合来切断短路电流。

高压负荷开关的型号表示一般具有如下形式:

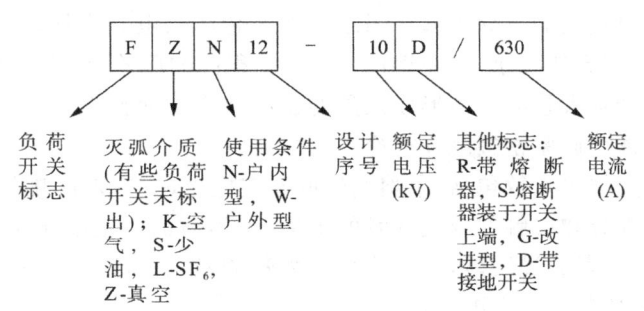

F Z N 12 - 10 D / 630

负荷开关标志

灭弧介质(有些负荷开关未标出);K-空气,S-少油,L-SF$_6$,Z-真空

使用条件 N-户内型,W-户外型

设计序号

额定电压(kV)

其他标志:R-带熔断器,S-熔断器装于开关上端,G-改进型,D-带接地开关

额定电流(A)

图 3-26 显示了 FN2-10 型负荷开关的外形结构。

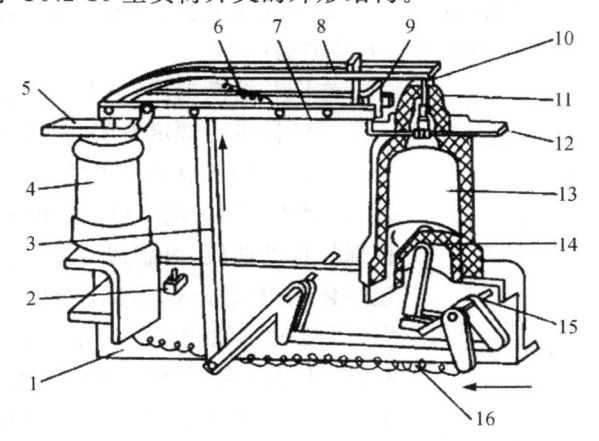

图 3-26 FN2-10 型高压负荷开关结构图
1-框架;2-分闸缓冲器;3-绝缘拉杆;4-支柱绝缘子;5-出线;6-弹簧;7-主闸刀;8-弧闸刀;
9-主触头;10-弧触头;11-喷口;12-出线;13-气缸;14-活塞;15-主轴;16-跳闸弹簧

3.3.5 高压熔断器

熔断器是最简单和最早使用的一种保护电器,串联在电路中以保护电路中的设备免受过载和短路电流的危害。熔断器不能用来正常地切断和接通电路,必须与其他电器(隔离开关、接触器、负荷开关等)配合使用。熔断器具有结构简单、价格低廉、维护方

便、使用灵活等优点,但其容量小,保护特性不稳定。熔断器一般广泛使用在电压为1000V及以下的装置中;在电压为3~110kV高压装置中,主要作为小功率电力线路、配电变压器、电力电容器、电压互感器等设备的保护。

熔断器主要由金属熔体、连接熔体的触头装置和外壳组成。金属熔体是熔断器的主要元件,熔体的材料一般有铜、银、锌、铅和铅锡合金等。熔体在正常工作时,仅通过不大于熔体额定电流值的负载电流,其正常发热温度不会使熔体熔断。当过载电流或短路电流通过熔体时,熔体便熔化将电路断开。

熔体熔断的物理过程如下:当短路电流或过负荷电流通过熔体时,熔体发热熔化,并进而汽化。金属蒸气的电导率远比固态与液态金属的电导率低,使熔体的电阻突然增大,电路中的电流突然减小,将在熔体两端产生很高的压差,导致间隙击穿出现电弧。在电弧的作用下产生大量的气体形成强烈的去游离作用而使电弧熄灭,或电弧与周围有利于灭弧的固体介质紧密接触强行冷却而熄灭。

熔断器的主要技术参数包括:①熔断器的额定电流,或称熔管额定电流 I_{Nt},是指熔断器壳体的载流部分和接触部分设计时的电流;②熔体的额定电流 I_{Ns},是指熔体本身设计时的电流,即长期通过熔体,而熔体不会熔断的最大电流;③熔断器的极限分断电流,指熔断器所能切断的最大电流。

熔断器的开断能力主要取决于熔断器的灭弧装置,根据灭弧装置结构不同,熔断器大致可分为两大类:喷逐式熔断器与石英砂熔断器。

在同一熔断器内,通常可分别装入额定电流不大于熔断器本身额定电流的任何熔体。

熔断器的工作性能常用熔体的安秒特性来表征,即熔体熔断时间 t 与通过电流 I 的关系曲线,又称保护特性曲线,由制造厂提供如图3-27所示。通过熔体的电流越大,熔断时间就越短;反之,电流越小,熔断时间就越长。当电流减小到某一数值 I_{min} 时,熔断时间为无穷大,此电流称为熔体的最小熔断电流。熔体不能长期在最小熔断电流 I_{min} 下工作,因为在 I_{min} 附近的熔体安秒特性是很不稳定的,I_{min} 与 I_{Ns} 之比称熔断系数,一般有 $I_{min}/I_{Ns} \approx 1.2 \sim 1.5$。

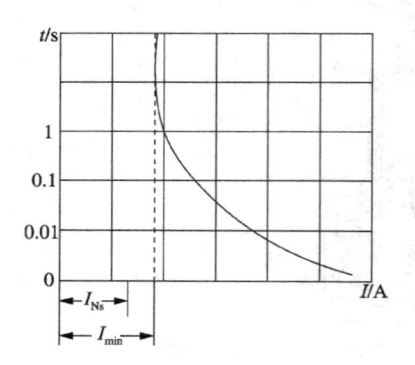

图 3-27 熔断器安秒特性曲线
I_{Ns}-熔体的额定电流;I_{min}-最小熔断电流

熔体材料或截面不同,其安秒特性也不同。

熔断器的型号表示一般具有如下形式:

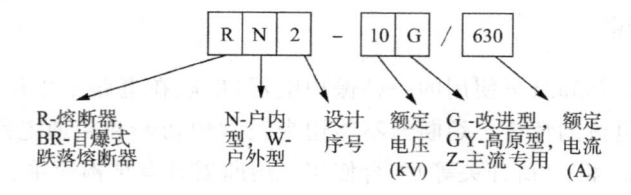

R N 2 — 10 G / 630

R-熔断器,
BR-自爆式
跌落熔断器
N-户内型,W-户外型
设计序号
额定电压(kV)
G-改进型
GY-高原型
Z-主流专用
额定电流(A)

图 3-28 显示了 RW3-10Ⅱ型跌落式熔断器的外形结构。

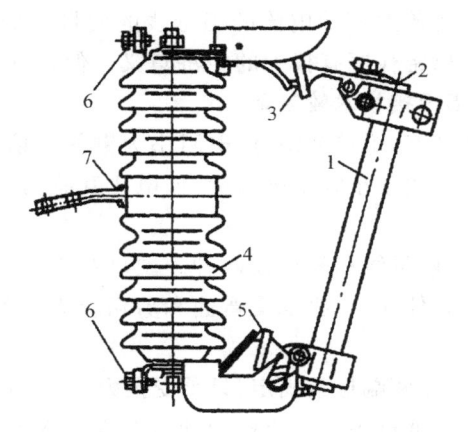

图 3-28　RW3-10Ⅱ型跌落式熔断器结构图
1-熔管；2-熔体元件；3-上触头；4-绝缘子；5-下触头；6-接线端；7-紧固板

3.4　母线、绝缘子、电缆和电抗器

母线、绝缘子及电力电缆都是电力系统中最常见的设备，其中母线是在发电厂、变电所的各级配电装置中将各种电气设备及进出线进行连接，起汇集和分配电能作用的裸导体，又称汇流排、母排；绝缘子俗称瓷瓶，广泛应用在发电厂、变电所的配电装置中及输电线路上，用来支持和固定载流导体，并使导体与地绝缘，或使装置中处于不同电位的载流导体之间绝缘；电力电缆是传输和分配电能的一种特殊导线，被大量地应用于电力系统的接线中，具有防潮、防腐和防损伤等特点，而且电缆线路一般不需占用地面空间，在城市或厂区使用电缆，可使市容和厂区整齐美观，并增加出线走廊。限流电抗器常用在发电厂和变电所中限制短路电流，以便在发电厂、变电所设计与运行工作中能经济合理选择相关电气设备。

3.4.1　母线

1. 母线型式和特点

1) 母线的材料和种类

常见的母线材料有铜、铝和钢三种。

铜的电阻率低、机械强度高、防腐性能好、便于接触连接，是优良的导电材料，但比较贵重，一般有选择地用于重要的、有大电流通过或含有腐蚀性物质场所的母线装置。

铝的相对密度仅 2.7，只有铜的 30%，电导率约为铜的 62%。按质量计算，同等长度具有相同电阻值的铝母线只有铜母线质量的50％。加上铝母线由于截面较大引起散热面积的增大,同等长度传送相同电流的铝母线的质量大约只有铜母线的44％,而铝的价格比铜低廉,因而以铝代铜有很大的经济意义。但铝的机械强度和耐腐蚀性能较低,接触连接性能差,铝焊接技术较复杂。

钢母线价廉,机械强度好,焊接简便,但电阻率为铜的7倍,且集肤效应严重,若常载工作电流则损耗太大,常用于小容量电路中,如电压互感器、避雷器回路的引接线以及接地网的连接线等。

母线按本身结构分为硬母线和软母线两种。硬母线用支柱绝缘子固定,多数只作横向约束,而沿纵向则可以伸缩,主要承受弯曲和剪切应力。硬母线的线间距离小,一般用于屋内配电装置。

软母线由悬式绝缘子在两端拉紧固定,只承受拉力,一般采用钢芯铝绞线。软母线的拉紧程度由弛度控制,弛度过小则拉线构架和母线受力太大。由于一定弛度的存在可能发生导线的横向摆动,故软母线的线间距离较大,常用于屋外配电装置。

2) 母线截面形状

常见的母线截面形状有圆形、管形、矩形和槽形等,如图3-29所示。

圆形截面母线的曲率半径均匀,无电场集中表现,不易产生电晕,但散热面积小,曲率半径不够大,作为硬母线则抗弯能力差。因此,采用圆形截面的主要是作为软母线的钢芯铝绞线。

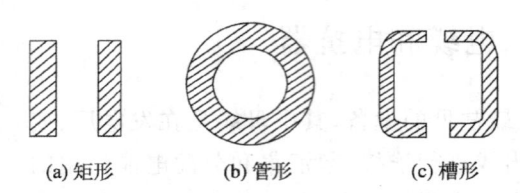

(a) 矩形　　(b) 管形　　(c) 槽形

图 3-29　常见母线截面形式

管形母线的曲率半径大,材料导电利用率、散热、抗弯强度和刚度都较圆形截面好,常用于220 kV及以上屋外配电装置作长跨距硬母线,也用于特种母线如水内冷母线、封闭母线等。

矩形母线散热面积大,集肤效应小,材料利用率高,抗弯强度较好。但周围电场很不均匀,易产生电晕,故只用于35kV及以下硬母线。矩形母线的宽度与厚度之比为5～12,太宽太薄虽对载流和散热有利,但易变形,并使抗弯强度和刚度降低。单条矩形母线截面积不应大于10mm×120mm＝1200mm^2,在大流量的场合可采用分裂方式(数片并装),但散热效果变差,材料利用率变低,超过2～3片时宜采用槽形截面母线。

槽形母线的电流分布较均匀,与同截面的矩形母线相比,具有集肤效应小、冷却条件好、金属材料利用率高、机械强度高等优点。当工作电流很大,每相需要两条以上的矩形母线才能满足要求时,一般采用槽形母线。

3) 母线的布置

母线的散热条件和机械强度与母线的布置方式有关。以矩形截面母线为例,最为常见的布置方式有两种,即水平布置和垂直布置。

水平布置方式如图3-30(a)、(b)所示,三相母线固定在支柱绝缘子上,具有同一高

(a) 水平布置

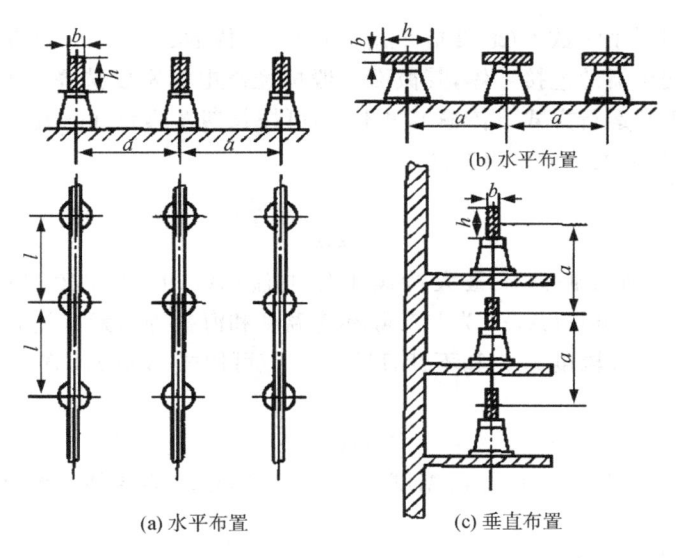

(b) 水平布置

(c) 垂直布置

图 3-30 母线布置方式

度。各条母线之间既可以竖放，也可以平放。竖放式水平布置的母线散热条件好，母线的额定允许电流较其他放置方式要大，但机械强度不是很好。对于载流量要求不大，但机械强度有较高要求的场合可采用平放式水平布置的结构。

垂直布置方式的特点是三相母线分层安装[图 3-30(c)]，图中母线采用竖放式垂直布置。这种布置方式不但散热性强，而且机械强度和绝缘能力都很高，克服了水平布置存在的不足之处。然而垂直布置增加了配电装置的高度，需要更大的投资。

2. 母线选择

1) 材料、型式选择

如前所述，一般情况下采用铝母线；在持续工作电流较大且位置特别狭窄的发电机、变压器出口处，以及污秽对铝有严重腐蚀而对铜腐蚀较轻的场所，采用铜母线。

在 35kV 及以下、持续工作电流在 4000A 及以下的屋内配电装置中，一般采用矩形母线，当电路的工作电流超过最大截面的单条母线的允许载流量时，每相可用 2~4 条并列使用；在 35kV 及以下、持续工作电流为 4000~8000A 的屋内配电装置中，一般采用槽形母线；矩形、槽形母线也常用于 10kV 及以下的屋外母线；35kV 及以上的屋外配电装置，可采用钢芯铝绞线；110kV 及以上、持续工作电流在 8000A 以上的屋内、外配电装置，可采用管形母线。

钢芯铝绞线母线、管形母线一般采用三相水平布置。矩形、双槽形母线常见布置方式有三相水平布置和三相垂直布置。

2) 截面选择

导体截面可按长期发热允许电流或经济电流密度选择。

对年负荷利用小时数大(通常指 $T_{max}>5000h$)、传输容量大、长度在 20m 以上的导体,如发电机、变压器的连接导体,其截面一般按经济电流密度选择。而配电装置的汇流母线通常在正常运行方式下传输容量不大,可按长期发热允许电流来选择。

(1)按导体长期发热允许电流选择。

计算式为

$$I_{max} \leqslant kI_{al} \tag{3-45}$$

式中,I_{max} 为导体所在回路中最大持续工作电流(A);I_{al} 为在额定环境温度($\theta_0=+25℃$)时导体允许电流(A);k 为与实际环境温度和海拔等因素有关的综合校正系数。

当导体允许最高温度为 θ_{al} 和不计日照时,k 值可用式(3-46)计算:

$$k=\sqrt{\frac{\theta_{al}-\theta}{\theta_{al}-\theta_0}} \tag{3-46}$$

式中,θ_{al} 为导体长期发热允许最高温度,一般为 $+70℃$;θ 为导体安装地点实际环境温度。

(2)按经济电流密度选择。

按经济电流密度选择导体截面可使导体年综合费用最低。对不同种类的导体和不同的最大负荷利用小时数 T_{max},将有一个年综合费用最低的电流密度,称为经济电流密度 J。各种铝导体的经济电流密度如图 3-31 所示。导体的经济截面积为 $S_J=\dfrac{I_{max}}{J}$ (mm^2)。

应尽量选择接近经济截面积的标准截面。按经济电流密度选择的导体截面的允许电流还必须满足长期发热的要求。

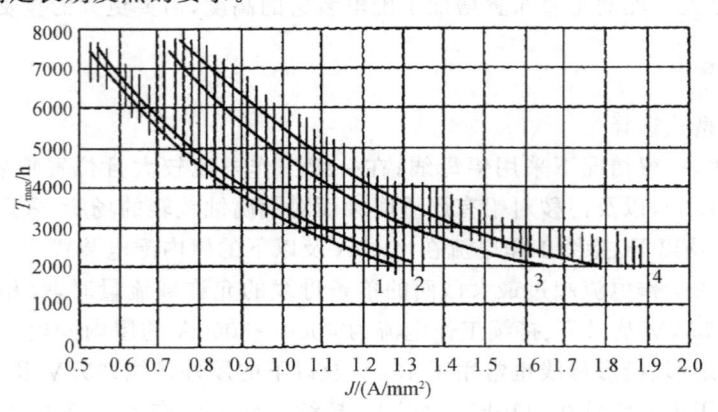

图 3-31 经济电流密度

1-变电站站用、工矿用及电缆线路的铝线纸绝缘铅包、铝包、塑料护套及各种铠装电缆;2-铝矩形、槽形母线及组合导线;3-火电厂厂用铝芯纸绝缘铅包、铝包、塑料护套及各种铠装电缆;4-35~220kV 线路的 LGJ、LGJQ 型钢芯铝绞线

(3) 电晕电压校验。

对 110kV 及以上裸导体,需要按晴天不发生全面电晕条件校验,即裸导体的临界电压 U_{cr} 应大于最高工作电压 U_{max}。可不进行电晕校验的最小导体型号及外径,可从相关资料中获得。

(4) 热稳定校验。

在校验导体热稳定时,若计及集肤效应系数 K_f 的影响,由短路时发热的计算公式可得到短路热稳定决定的导体最小截面 S_{min} 为

$$S_{min} = \sqrt{\frac{Q_k K_f}{A_h - A_w}} = \frac{1}{C}\sqrt{Q_k K_f} \quad (\text{mm}^2) \tag{3-47}$$

式中,C 为热稳定系数,$C = \sqrt{A_h - A_w}$,其值见表 3-3;Q_k 为短路电流热效应。

(5) 硬母线动稳定校验。

各种形状的硬导体通常都安装在支柱绝缘子上,短路冲击电流产生的电动力将使导体发生弯曲,因此导体应按弯曲情况进行应力计算。而软导体不必进行动稳定校验。下面以矩形导体为例说明应力分析过程。

① 单条矩形导体应力计算。导体最大相间计算应力 σ_{ph} 为

$$\sigma_{ph} = \frac{M}{W} = \frac{f_{ph} L^2}{10W} \quad (\text{Pa}) \tag{3-48}$$

式中,f_{ph} 为单位长度导体上所受相间电动力(N/m);L 为导体支柱绝缘子间的跨距(m);M 为导体所受的最大弯矩(N·m)。通常多跨距、匀载荷梁,取 $M = f_{ph}L^2/10$,当跨距数等于 2 时,取 $M = f_{ph}L^2/8$;W 为导体对垂直于作用力方向轴的截面系数(m³)。在三相系统平行布置时,对于长边为 h、短边为 b 的矩形导体,当长边呈水平布置、每相为单条时,W 取值为 $bh^2/6$(两条时为 $bh^2/3$,三条时为 $bh^2/2$);当长边呈垂直布置、每相为单条时,W 取值为 $b^2h/6$(两条时为 $1.44b^2h$,三条时为 $3.3b^2h$)。

导体最大相间应力 σ_{ph} 应不大于导体材料允许应力 σ_{al}(硬铝为 7×10^6 Pa、硬铜为 140×10^6 Pa),即 $\sigma_{ph} \leq \sigma_{al}$,则满足动稳定要求的绝缘子间最大允许跨距 L_{max} 为

$$L_{max} = \sqrt{\frac{10\sigma_{al} W}{f_{ph}}} \quad (\text{m}) \tag{3-49}$$

显然,L_{max} 是根据材料最大允许应力确定的。当矩形导体平放时,为避免导体因自重而过分弯曲,所选跨距一般不超过 $1.5 \sim 2$m。三相水平布置的汇流母线常取绝缘子跨距等于配电装置间隔宽度,以便于绝缘子安装。

② 多条矩形导体构成的母线应力计算。同相母线由多条矩形导体组成时,母线中最大机械应力由相间应力 σ_{ph} 和同相条间应力 σ_b 叠加而成,则母线满足动稳定的条件为

$$\sigma_{ph} + \sigma_b \leq \sigma_{al} \tag{3-50}$$

式中,相间应力 σ_{ph} 计算与单条导体的计算式相同,仅 W 应为多条组合导体的截面系数,而条间应力为

$$\sigma_b=\frac{M_b}{W}=\frac{f_b L_b^2}{12W}=\frac{f_b L_b^2}{2b^2 h} \quad (\text{Pa}) \tag{3-51}$$

式中，M_b 为边条导体所受弯矩（N·m），按两端固定的匀载荷梁计算，$M_b=f_b L_b^2/12$；W 为导体对垂直于条间作用力的截面系数（m³），$W=b^2 h/6$；L_b 为条间衬垫跨距（m），如图 3-32 所示；f_b 为单位长度导体上所受条间作用力（N/m）。

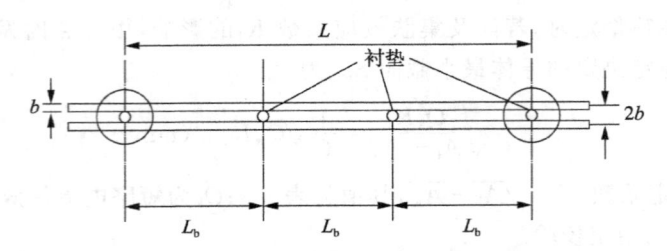

图 3-32　双条矩形导体（竖放）俯视图

条间作用力 f_b 可分别按以下情况进行计算：

a. 同相由双条导体组成时，认为相电流在两条中平均分配，条间作用力为

$$f_b=2k_{12}(0.5 i_{sh})^2 \frac{1}{2b}\times 10^{-7}=2.5 k_{12} i_{sh}^2 \frac{1}{b}\times 10^{-8} \quad (\text{N/m}) \tag{3-52}$$

式中，k_{12} 为条 1、2 之间的截面形状系数。

b. 同相由三条导体组成时，认为中间条通过 20% 相电流，两侧条各通过 40%，当条间中心距离为 $2b$ 时，受力最大的边条作用力为

$$f_b=f_{b1-2}+f_{b1-3}=8(k_{12}+k_{13}) i_{sh}^2 \frac{1}{b}\times 10^{-9} \quad (\text{N/m}) \tag{3-53}$$

式中，k_{13} 为条 1、3 之间的截面形状系数。

条间装设衬垫（螺栓）是为了减小 σ_b，由于同相条间距很近，条间作用力大，为了防止同相各条矩形导体在条间作用力下产生弯曲而互相接触，衬垫间允许的最大跨距，即临界跨距 L_{cr}，可由式（3-54）决定：

$$L_{cr}=\lambda b^4 \sqrt{\frac{h}{f_b}} \quad (\text{m}) \tag{3-54}$$

式中，λ 为系数，铜：双条为 1774，三条为 1355；铝：双条为 1003，三条为 1197。

根据条间允许应力（$\sigma_{al}-\sigma_{ph}$），则导体满足动稳定要求的最大允许衬垫跨距 L_{bmax} 为

$$L_{bmax}=\sqrt{\frac{12(\sigma_{al}-\sigma_{ph})W}{f_b}}=b\sqrt{\frac{2h(\sigma_{al}-\sigma_{ph})}{f_b}} \quad (\text{m}) \tag{3-55}$$

所选衬垫跨距 L_b 应满足 $L_b<L_{cr}$ 及 $L_b\leqslant L_{bmax}$，但过多增加衬垫数量会使导体散热条件变差，一般每隔 30～50cm 设一衬垫。

槽形、管形导体的应力计算内容本书从略，需要时可参考相关资料。

(6)硬母线共振校验。

对于重要回路(如发电机、变压器回路及汇流母线等)的导体应进行共振校验。当已知导体材料、形状、布置方式和应避开的自振频率(一般为30～160Hz)时,导体不发生共振的最大绝缘子跨距 L_{max} 为

$$L_{max} = \sqrt{\frac{N_f}{f_1}} \sqrt{\frac{EJ}{m}} \quad (m) \tag{3-56}$$

3.4.2 绝缘子

1. 绝缘子型式和特点

1)绝缘子的结构

高压绝缘子主要由电瓷作绝缘体,具有结构紧密均匀、表面光滑、不吸水、绝缘性能稳定和机械强度高等优点。绝缘子也可用钢化玻璃制成,它具有尺寸小、重量轻、机械强度高、价格低及制造工艺简单等优点。绝缘瓷件的外表面涂有一层棕色、白色或天蓝色的硬质瓷釉,以提高绝缘子的绝缘性能和机械性能。

为了把绝缘子固定在支架,以及把载流导体固定在绝缘子上,绝缘子除瓷件以外,还有牢固地固定在瓷件上的金属配件。金属配件与瓷件大多用水泥胶合剂胶合在一起,在金属附件和瓷件胶合处表面涂以防潮剂。金属配件皆作镀锌处理,以防其氧化生锈。

2)绝缘子的分类

(1)按装设地点可分为户内式和户外式两种。

户外式绝缘子具有较多和较大的伞裙,以增长沿面放电距离,并能在雨天阻断水流,使其能在恶劣的气候环境中可靠工作。在多灰尘或有害气体的地区,常采用特殊结构的防污绝缘子。而户内式绝缘子表面则无伞裙。

(2)按用途可分为电站绝缘子、电器绝缘子和线路绝缘子等。

① 电站绝缘子。主要用来支持和固定发电厂及变电所屋内、外配电装置的硬母线,并使母线与大地绝缘。电站绝缘子一般按其作用不同分为支柱绝缘子和套管绝缘子,如图3-33所示。套管绝缘子简称套管,主要用于母线在屋内穿过墙壁和天花板,以及从屋内引向屋外。

② 电器绝缘子。主要用来固定电器的载流部分,也可分为支柱绝缘子和套管绝缘子两种。电器绝缘子如图3-34所示。支柱绝缘子用于固定没有封闭外壳电器的载流部分,如隔离开关的静、动触头等。套管绝缘子用来使有封闭外壳的电器(如断路器、变压器等)的载流部分引出外壳。有些电器绝缘子具有特殊形状,如柱形、牵引杆形和杠杆形等,以使其具有优良特性,并更能与电器相配合。

③ 线路绝缘子。线路绝缘子主要用来固定架空输、配电导线和屋外配电装置的软母线,并使它们与接地部分绝缘。目前,线路绝缘子主要有针式、悬式、蝴蝶式和瓷横担式四种,如图3-35所示。

(a) 支柱绝缘子

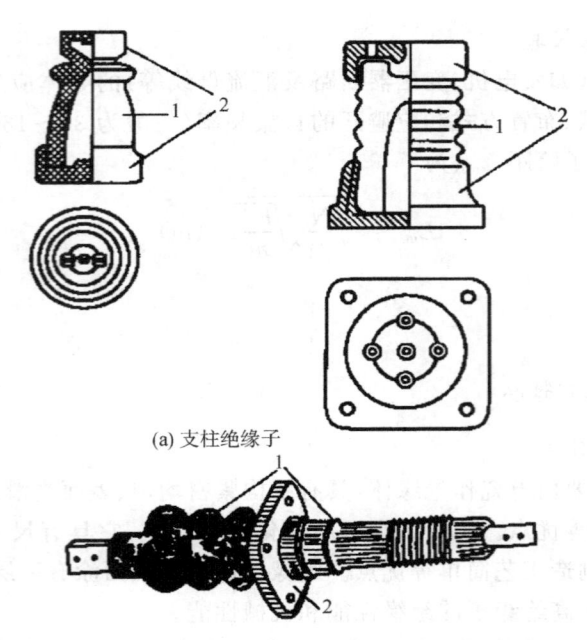

(b) 户外穿墙套管

图 3-33　电站用支柱绝缘子和套管绝缘子
1-瓷体；2-法兰①

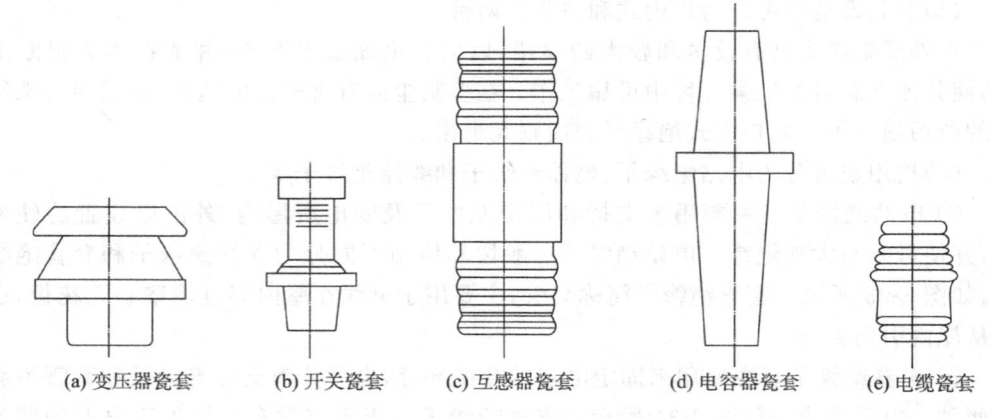

(a) 变压器瓷套　(b) 开关瓷套　(c) 互感器瓷套　(d) 电容器瓷套　(e) 电缆瓷套

图 3-34　电器用套管绝缘子

---

① 法兰又称法兰盘，是绝缘子与其他机构之间的连接部件，一般可通过螺栓连接或焊接的方式将绝缘子与其他机构、部件等连接固定起来。

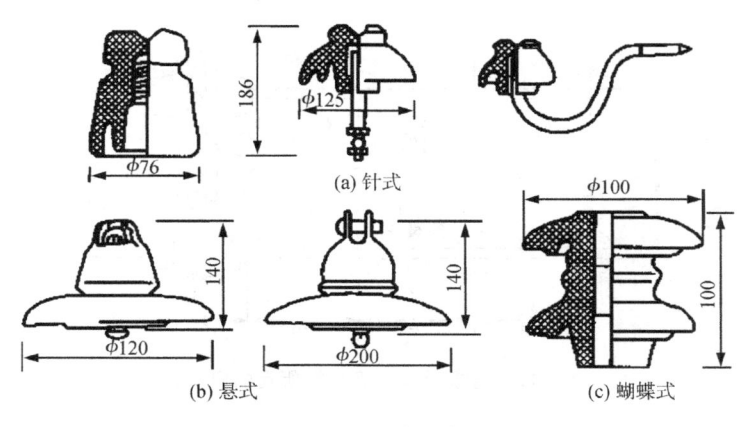

图 3-35 线路绝缘子

2. 绝缘子和套管的选择

1) 型式选择

根据装置地点、环境,选择屋内、屋外或防污式及满足使用要求的产品型式。

2) 额定电压选择

无论支柱绝缘子或套管均应符合产品额定电压大于或等于所在电网电压的要求。对于 3～20kV 屋外支柱绝缘子和套管,当有冰雪和污秽时,宜选用高一级的产品。

3) 穿墙套管的额定电流选择

具有导体的穿墙套管额定电流 I_N 应大于或等于回路中最大持续工作电流 I_{max},当环境温度 $\theta=40\sim60℃$,导体的 θ_{al} 取 85℃,应按式(3-57)修正,即

$$\sqrt{\frac{85-\theta}{45}}I_N \geqslant I_{max} \tag{3-57}$$

母线型穿墙套管,只需保证套管的型式与穿过母线的窗口尺寸配合即可。

4) 热稳定、动稳定校验

(1) 穿墙套管的热稳定校验。具有导体的套管,应对导体校验热稳定,其套管的热稳定能力 $I_t^2 t$ 应大于或等于短路电流通过套管所产生的热效应 Q_k,即 $I_t^2 t \geqslant Q_k$。

母线型穿墙套管无需热稳定校验。

(2) 动稳定校验。无论是支柱绝缘子或套管均要进行动稳定校验。布置在同一平面内的三相导体(如图 3-36 所示),在发生短路时,支柱绝缘子(或套管)所受的力为该绝缘子相邻跨导体上电动力的平均值。例如绝缘子 1 所受电动力 F_{max} 为

$$F_{max}=\frac{F_1+F_2}{2}=1.73i_{sh}^2\frac{L_c}{a}\times 10^{-7} \quad (N) \tag{3-58}$$

式中,L_c 为计算跨距(m),$L_c=(L_1+L_2)/2$,对于套管 $L_2=L_{ca}$(套管长度)。

支柱绝缘子的抗弯破坏强度 F_{de} 是按作用在绝缘子高度 H 处给定的(图 3-37),而

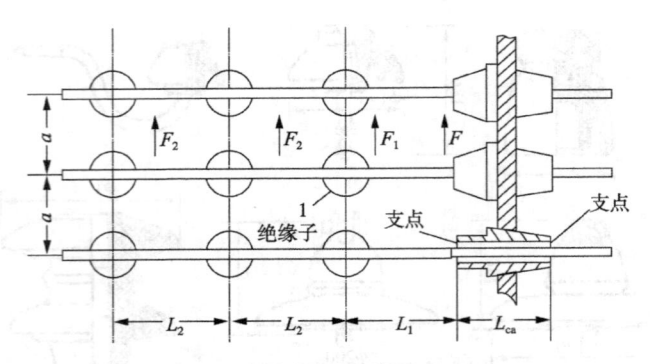

图 3-36 绝缘子和穿墙套管所受的电动力

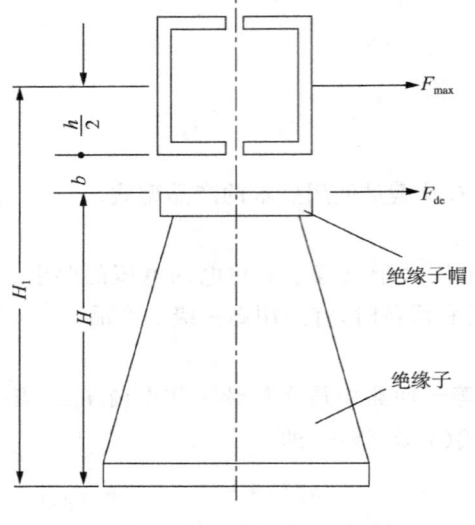

图 3-37 绝缘子受力示意图

电动力 F_{max} 是作用在导体截面中心线 H_1 上，折算到绝缘子帽上的计算系数为 H_1/H，则应满足

$$\frac{H_1}{H}F_{max} \leqslant 0.6F_{de} \quad (3-59)$$

式中，0.6 为裕度系数，是计及绝缘材料性能的分散性；H_1 为绝缘子底部到导体水平中心线的高度（mm），$H_1 = H + b + h/2$，而 b 是导体支持器下片厚度，一般竖放矩形导体 $b=18mm$，平放矩形导体及槽形导体 $b=12mm$。

此外，屋内 35kV 及以上水平安装的支柱绝缘子应考虑导体和绝缘子的自重，屋外支柱绝缘子应计及风和冰雪的附加作用。

3.4.3 电力电缆

电力电缆是在电力系统中传输或分配大功率电能用的特殊电力线路。与架空线相比，电力电缆优点是受外界气候干扰小、安全可靠、较少维护、占地少、可在各种场合下敷设等，因此电力电缆应用广泛，特别在跨越江河、铁路站场、城市中心地区的输配电线路和企业内部的主干电力线路等不宜架设架空线路的场合。但电力电缆结构与生产工艺均较复杂，架设成本较高。

1. 电力电缆的型式和特点

1）电力电缆的结构

电力电缆主要由电缆线芯、绝缘层和保护层三部分组成。图 3-38 为 ZQ20 型三芯油浸纸绝缘电力电缆结构。

(1)电缆线芯。

电缆线芯由铜或铝绞线组成,其截面形状有圆形、弓形和扇形等几种,如图 3-39 所示。

(2)绝缘层。

绝缘层作为相间及对地的绝缘,制作材料有油浸纸、塑料、橡皮等。

(3)保护层。

保护层的作用是避免电缆受到机械损伤,防止绝缘受潮和绝缘油流出。聚氯乙烯绝缘电缆和交联聚乙烯电缆的保护层是用聚乙烯护套做成的。对于油浸纸绝缘电力电缆,其保护层分为内保护和外保护层两种:内保护层主要用于防止绝缘受潮和漏油,其保护层必须严格密封,内保护层又可分为铅包和

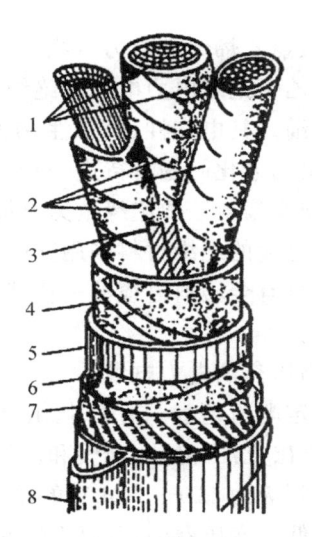

图 3-38 ZQ20 型三芯油浸纸绝缘电力电缆结构图
1-载流导体;2-电缆纸(相绝缘);3-黄麻填料;4-油浸纸(统包绝缘);5-铅套;6-纸带;7-黄麻保护层;8-钢铠

(a)圆形线芯　　(b)弓形线芯　　(c)扇形线芯

图 3-39 电缆线芯截面图

铝包两种;外保护层主要用于保护内保护层不受外界的机械损伤和化学腐蚀,外保护层又可细分成衬垫层、钢铠层和外皮等。

2)电力电缆的种类

电力电缆的种类较多,一般按照构成其绝缘物质的不同可分为如下几类:

(1)油浸纸绝缘电力电缆。

油浸纸绝缘电力电缆其绝缘性能好,耐热能力强,承受电压高,使用年限长,因此被广为采用。按绝缘纸浸渍剂浸渍情况,油浸纸绝缘电力电缆又可分为黏性浸渍电缆、干绝缘电缆和不滴油电缆三种。

(2)橡皮绝缘电力电缆。

橡皮绝缘电力电缆的绝缘层为橡皮,保护层为铝或聚氯乙烯,也可为橡皮。这种电缆性质柔软,弯曲方便,但耐压强度不高,易变质、老化,易受机械损伤。

(3)聚氯乙烯绝缘电力电缆。

聚氯乙烯绝缘电力电缆的绝缘材料和保护外套均采用聚氯乙烯塑料,又称为全塑料电力电缆。其电气性、耐水性、抗酸碱、抗腐蚀较好,具有一定的机械强度,可垂直敷设,但塑料的老化问题有待进一步解决。

(4)交联聚氯乙烯绝缘电力电缆。

这种电缆的绝缘材料采用交联聚氯乙烯,其内护层仍然采用聚氯乙烯护套。这种电缆不但具有全塑料电缆的一切特点,而且缆芯长期允许工作温度高,机械性能好,耐压强度高。

(5)高压充油电力电缆。

当额定电压超过 35kV 时,纸绝缘的厚度加大,制造困难,而且质量不易保证。目前,已生产出充油、静油、充气和压气等形成的新型电缆来取代老产品,最具代表性的是额定电压等级为 110~330kV 的单芯充油电缆。充油电缆的铅包内部有油道,里边充满黏度很低的变压器油,并且在接头盒和终端盒处均装有特殊的补油箱,以补偿电缆中油体积因温度变化而引起的变动。

2. 电力电缆选择

1)电缆芯线材料及型号选择

电缆芯线有铜芯和铝芯。电缆的型号很多,应根据其用途、敷设方式和使用条件进行选择。例如:厂用高压电缆一般选用纸绝缘铅包电缆;除 110kV 及以上采用单相充油电缆或交联聚乙烯电缆等干式电缆外,一般采用三相电缆;高温场所宜用耐热电缆;重要直流回路或保安电源用电缆宜选用阻燃型电缆;直埋地下敷设时一般选用钢带铠装电缆;潮湿或腐蚀地区应选用塑料护套电缆;敷设在高差大的地点,应采用不滴流电缆或塑料电缆。

2)电压选择

电缆的额定电压 U_N 应大于或等于所在电网的额定电压 U_{SN},即 $U_N \geqslant U_{SN}$。

3)截面选择

电力电缆截面选择方法与裸导体基本相同,值得注意的是电缆的载流校正系数 k 与敷设方式和环境温度有关,即

$$k = k_t k_1 k_2 \quad \text{或} \quad k = k_t k_3 k_4 \tag{3-60}$$

式中,$k_t = \sqrt{\dfrac{\theta_{al} - \theta}{\theta_{al} - \theta_0}}$ 为温度修正系数,注意,式中的电缆芯线长期发热最高允许温度 θ_{al} 与电压等级、绝缘材料和结构有关;k_1、k_2 分别为空气中多根电缆并列和穿管敷设时的修正系数,当电压在 10kV 及以下、截面为 95mm² 及以下时,k_2 取 0.9,截面为 120~185mm² 时,k_2 取 0.85;k_3 为直埋电缆因土壤热阻不同的修正系数;k_4 为土壤中多根电缆并列修正系数。k_1、k_2、k_3、k_4 及 θ_{al} 值可分别查阅相关技术资料。

工程实际中,应尽量将三芯电缆的截面限制在 185mm² 及以下,以便于敷设和制作

电缆接头。

4) 允许电压降校验

对供电距离较远、容量较大的电缆线路,应校验其电压损失 $\Delta U(\%)$,一般应满足 $\Delta U(\%) \leqslant 5\%$。对于长度为 L、单位长度的电阻为 r、电抗为 x 的三相交流电缆,计算式为

$$\Delta U(\%) = \frac{173}{U} I_{\max} L (r\cos\phi + x\sin\phi)\% \tag{3-61}$$

式中,U、$\cos\phi$ 分别为线路工作电压(线电压)、功率因数。

5) 热稳定校验

电缆芯线一般由多股绞线构成,$K_f \approx 1$,满足短路热稳定 Q_k 的最小截面 $S_{\min}$ 为

$$S_{\min} \approx \frac{\sqrt{Q_k}}{C} \times 10^3 \quad (\text{mm}^2) \tag{3-62}$$

电缆的热稳定系数 C 用式(3-63)计算:

$$C = \frac{1}{\eta} \sqrt{\frac{4.2Q}{K_f \rho_{20} \alpha} \ln \frac{1+\alpha(\theta_h - 20)}{1+\alpha(\theta_w - 20)}} \times 10^{-2} \tag{3-63}$$

式中,η 为计及电缆芯线填充物热容量随温度变化以及绝缘散热影响的校正系数,通常 10kV 及以上回路可取 1.0,对于最大负荷利用小时数较高的 3~6kV 厂用回路,η 可取 0.93;Q 为电缆芯单位体积的热容量,铝芯取 0.59J/(cm³·℃),铜芯取 0.81 J/(cm³·℃);α 为电缆芯在 20℃ 时的电阻温度系数,铝芯取 4.03×10^{-3}℃⁻¹,铜芯取 3.93×10^{-3}℃⁻¹;K_f 为 20℃ 时电缆芯线的集肤效应系数,$S < 150\text{mm}^2$ 的三芯电缆 $K_f = 1$,$S = 150 \sim 240\text{mm}^2$ 的三芯电缆 $K_f = 1.01 \sim 1.035$;ρ_{20} 为电缆芯在 20℃ 时的电阻系数,铝芯取 3.1×10^{-6}(Ω·cm²/m),铜芯取 1.84×10^{-6}(Ω·cm²/m);θ_w 为短路前电缆的工作温度(℃);θ_h 为电缆在短路时的最高允许温度,10kV 及以下普通黏性浸渍纸绝缘电缆及交联聚乙烯绝缘电缆的最高允许温度为 200℃,有中间接头(锡焊)的电缆最高允许温度为 120℃。

3.4.4 电抗器

电力系统中的电抗器常见的有限流电抗器、串联电抗器及并联电抗器等。其中限流电抗器是发电厂、变电所中用以限制短路电流的常用设备,而串联电抗器及并联电抗器一般是系统中用来进行滤波或补偿容性功率的装置,以下主要介绍限流电抗器的工作特点。

1. 限流电抗器型式特点

发电厂、变电所中装设限流电抗器的目的是为了限制短路电流,因而限流电抗器一般串接在系统支路中。常见限流电抗器按结构型式大致可分为混凝土柱式限流电抗器和干式空心限流电抗器,其中又各有普通电抗器和分裂电抗器两类。

普通三相限流电抗器由三个单相的空心线圈构成,采用空心结构是为了避免短路

时，由于电抗器饱和而降低对短路电流的限制作用。因为没有铁心，因而它的伏安特性是线性的，当电流在从额定值到超过额定值10～20倍的短路电流的很大范围变化时，伏安特性都能保持线性；同时由于无铁心，而电抗器的导线电阻又很小，因而在正常运行中的有功损耗也很小。由于短路电流流经电抗器时在电抗器上会产生很大的电动力，为了保证电抗器自身的动稳定性，用混凝土将电抗器线圈浇装成一个整体，故称为混凝土柱式限流电抗器（又称水泥电抗器），其型号标注为 NK（铜线）或 NKL（铝线）。近年一些新型限流电抗器线圈外部由环氧树脂浸透的玻璃纤维包封，整体高温固化，机械强度很高且噪声低、重量轻、损耗小，型号为 XKGK，称为干式空心限流电抗器。普通限流电抗器的结构外形如图3-40所示。

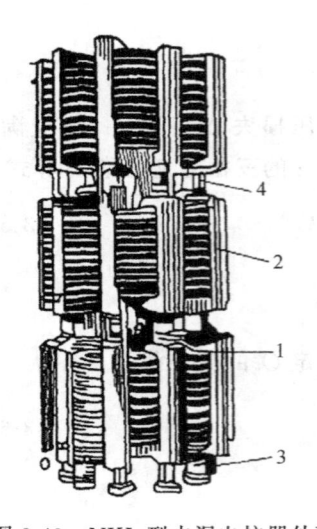

图3-40 NKL型水泥电抗器外形
1-绕组；2-水泥支柱；3-对地支柱绝缘子；4-相间支柱绝缘子

分裂电抗器在构造上与普通电抗器类似，但其每相线圈有个中间抽头，将线圈分成两个分支，两个分支的额定电流、自感抗相等。一般中间抽头接电源，两端接头接负荷。由于两个分支间有磁耦合，因而在正常运行和其中一个分支短路时，表现为不同的电抗值，前者小后者大。分裂电抗器的型号常标注为 FK。

2. 限流电抗器选择

普通电抗器和分裂电抗器选择方法基本相同。

1）额定电压和额定电流的选择

$U_N \geqslant U_{SN}$，$I_N \geqslant I_{max}$。当分裂电抗器用于发电厂的发电机或主变压器回路时，I_{max}一般按发电机或主变压器额定电流的70%选择。而用于变电站主变压器回路时，I_{max}取两臂中负荷电流较大者；当无负荷资料时，一般也按主变压器额定容量的70%选择。

2）电抗百分数的选择

（1）普通电抗器的电抗百分数的选择。

①按将短路电流限制到一定数值的要求来选择。设要求将电抗器后的短路电流限制到 I''，则电源至电抗器后的短路点的总电抗标幺值 $x_{*\Sigma} = I_d / I''$（I_d 为基准电流、U_d 为基准电压）。设电源至电抗器前的系统电抗标幺值是 $x'_{*\Sigma}$，则所需电抗器的电抗标幺值 $x_{*L} = x_{*\Sigma} - x'_{*\Sigma}$。以额定参数下的百分电抗表示，则应选择电抗器的百分电抗为

$$x_L(\%) = \left(\frac{I_d}{I''} - x'_{*\Sigma} \right) \frac{I_N U_d}{I_d U_N} \times 100\% \qquad (3-64)$$

② 正常运行时电压损失 $\Delta U(\%)$ 校验。普通电抗器在正常运行时，电抗器的

$\Delta U(\%)$ 不应超过 5%，考虑到电抗器电阻很小，且 ΔU 主要是由电流的无功分量 $I_{\max}\sin\phi$ 产生，故电压损失为

$$\Delta U(\%)\approx x_L(\%)\frac{I_{\max}}{I_N}\sin\phi\leqslant 5\% \tag{3-65}$$

③ 母线残压校验。若出线电抗器回路未设置速断保护，为减轻短路对其他用户的影响，当线路电抗器后短路时，母线残压 $\Delta U_{re}(\%)$ 应不低于电网电压额定值的 60%～70%，即

$$\Delta U_{re}(\%)=x_L(\%)\frac{I''}{I_N}\geqslant(60\%\sim 70\%)U_{SN} \tag{3-66}$$

如不满足，可加设快速保护或在线路正常运行电压降允许范围内加大电抗。

(2) 分裂电抗器电抗百分数的选择。

分裂电抗器电抗百分数按将短路电流限制到要求值来选择。分裂电抗器电抗百分数可参照普通电抗器的方式计算 $x_L(\%)$，但因分裂电抗器运行时两臂存在互感抗，所以应由单臂自感电抗 $x_{L1}(\%)$ 进行换算。$x_{L1}(\%)$ 与等值电抗 $x_L(\%)$ 的关系取决于电源连接方式和短路方式，如图 3-41 所示。

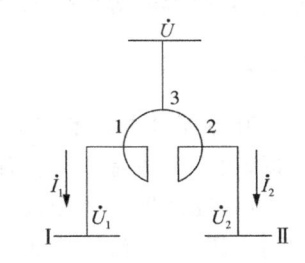

图 3-41 分裂电抗器接线图

仅当 3 侧有电源，1（或 2）侧短路时，有 $x_{L1}(\%)=x_L(\%)$。

当 1、2 侧均有电源，3 侧短路时，有 $x_{L1}(\%)=\frac{2}{1-f}x_L(\%)$，其中 f 为互感系数。

在正常运行情况下，分裂电抗器的电压损失很小，但两臂负荷变化可引起较大的电压波动，故要求两臂母线的电压波动不大于母线额定电压的 5%。母线 I 段的电压为

$$U_1=U-\sqrt{3}x_{L1}I_1\sin\phi_1+\sqrt{3}x_{L1}fI_2\sin\phi_2 \tag{3-67}$$

因为

$$x_{L1}=\frac{x_{L1}(\%)}{100}\times\frac{U_N}{\sqrt{3}I_N}$$

由此，可得 I 段母线电压的百分数为

$$U_1(\%)=U(\%)-x_{L1}(\%)\left(\frac{I_1}{I_N}\sin\phi_1-f\frac{I_2}{I_N}\sin\phi_2\right) \tag{3-68}$$

式中，$U(\%)$ 为分裂电抗器电源侧电压的百分值；I_1、I_2、ϕ_1、ϕ_2 分别为 I、II 段母线上负荷电流及功率因数角，如无负荷资料，可取 $I_1=0.3I_N$、$I_2=0.7I_N$、$\cos\phi_1=\cos\phi_2=0.8$。

同理，II 段母线的电压为

$$U_2(\%)=U(\%)-x_{L1}(\%)\left(\frac{I_2}{I_N}\sin\phi_2-f\frac{I_1}{I_N}\sin\phi_1\right) \tag{3-69}$$

3)热稳定和动稳定校验

即 $I_k^2 t \geqslant Q_k, i_{es} \geqslant i_{sh}$。分裂电抗器抵御两臂同时流过反向电流的动稳定能力较低，因此，分裂电抗器除分别按单臂流过短路电流校验外，还应按两臂同时流过反向短路电流进行动稳定校验。

在选择分裂电抗器时，还应注意电抗器布置方式和进出线端子角度的选择。

3.5 其他常见电气设备

电力系统配电装置中除载流、开关设备外，一般还有很多其他辅助设备如互感器、避雷器、电容器等以保障系统的正常运行，下面主要就对互感器设备加以简要介绍。

3.5.1 互感器

互感器是电力系统中测量仪表、继电保护等二次设备获取电气一次回路信息的传感器，也可看成是一类特种变压器，其作用如下：

(1)互感器一次侧接在一次系统，二次侧接测量仪表与继电保护等，可将一次系统的高电压、大电流按比例变成二次系统的低电压和小电流，如电流互感器将一次系统的大电流变成二次系统的小电流(5A 或 1A)，电压互感器将一次系统的高电压变成二次系统的低电压(100V 或 $100/\sqrt{3}$V)，而使测量仪表和保护装置标准化和小型化，便于量测控制。

(2)互感器使二次设备与高压部分隔离，二次回路不受一次回路限制，便于二次回路的维护、调试，且互感器二次侧均接地，从而保证设备和工作人员安全。

互感器根据监测对象的不同可分为电流互感器和电压互感器两大类，当前应用中主要是电磁式互感器。此外，电容式电压互感器在超高压系统中也被广泛应用。非电磁式的新型互感器，如电子式、光电式互感器，目前尚未得到广泛应用。但是，光电式互感器(又称数字式互感器)具有体积小、重量轻、精度高、无危险等技术优势，将是下一代互感器的主流。

1. 电磁式电流互感器

1)工作原理

电磁式电流互感器(简称电流互感器)在电力系统中被广泛应用，其工作原理与变压器相似，原理电路如图 3-42(a)所示。

电流互感器的工作特点如下：

(1)一次绕组与被测电路串联且匝数很少，流过的电流 $\dot{I}_1$ 是被测电路的负荷电流，与二次侧电流 $\dot{I}_2$ 无关(这与变压器不同)。

(2)二次绕组与测量仪表和保护装置的电流线圈串联，匝数通常是一次绕组的许多

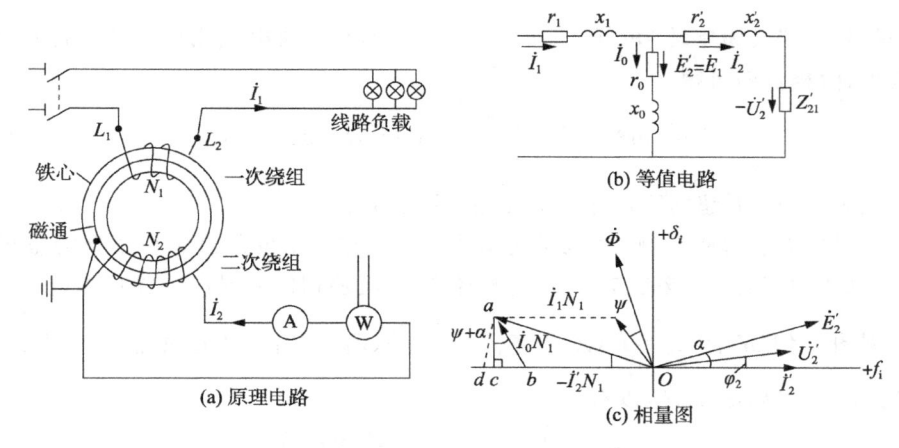

图 3-42 电流互感器工作原理图

倍。

(3) 测量仪表和保护装置的电流线圈阻抗很小,正常情况下电流互感器近于短路状态运行(这也与变压器不同)。

电流互感器的额定一、二次电流 I_{N1}、I_{N2} 之比,称为电流互感器的额定电流比,用 k_i 表示,近似与一、二次绕组的匝数 N_1、N_2 成反比,即 $k_i = \dfrac{I_{N1}}{I_{N2}} \approx \dfrac{N_2}{N_1}$,因为 I_{N1}、I_{N2} 已标准化,所以 k_i 也已标准化。

电流互感器的等值电路及相量图分别如图 3-42(b) 及 (c) 所示。相量图中以二次电流 $\dot{I}_2'$ 为基准,二次电压 $\dot{U}_2'$ 较 $\dot{I}_2'$ 超前 φ_2 角(二次负荷功率因数角),$\dot{E}_2'$ 较 $\dot{I}_2'$ 超前 α 角(二次总阻抗角),铁心磁通 $\dot{\Phi}$ 较 $\dot{E}_2'$ 超前 $90°$,励磁磁动势 $\dot{I}_0 N_1$ 较磁通 $\dot{\Phi}$ 超前 ψ 角(铁心损耗角)。

据磁动势平衡原理,有 $\dot{I}_1 N_1 + \dot{I}_2 N_2 = \dot{I}_0 N_1$,即 $\dot{I}_1 N_1 = \dot{I}_0 N_1 - \dot{I}_2 N_2$ 与 $\dot{I}_1 \approx \dot{I}_0 - \dot{I}_2 k_i = \dot{I}_0 - \dot{I}_2'$。

2) 误差

从上述分析和相量图可见,由于电流互感器本身存在励磁损耗和磁饱和等影响,使一次电流 $\dot{I}_1$ 与折算到一次侧的二次电流 $k_i \dot{I}_2$ 在数值和相位上都有差异,即测量结果有两种误差:电流误差(又称幅值误差)和相位差(又称角误差或相角差)。

电流误差 f_i 的定义为二次电流的测量值乘上额定电流比所得的一次电流近似值 $k_i I_2$ 与一次电流实际值 I_1 之差相对 I_1 的百分数。有

$$f_i = \frac{k_i I_2 - I_1}{I_1} \times 100 \approx \frac{I_2 N_2 - I_1 N_1}{I_1 N_1} \times 100$$

$$\approx -\frac{I_0 N_1}{I_1 N_1} \sin(\psi + \alpha) \times 100 (\%) \tag{3-70}$$

相位差$δ_i$定义为旋转180°的二次电流相量$-\dot{I}'_2$与一次电流相量$\dot{I}_1$之间的夹角。通常$δ_i$很小，由相量图可得

$$δ_i ≈ \sin δ_i = \frac{ac}{oa} = \frac{I_0 N_1}{I_1 N_1}\cos(ψ+α)×3440 \quad (') \tag{3-71}$$

一般规定当$-\dot{I}'_2$超前于$\dot{I}_1$时，$δ_i$为正值，反之为负值。

电流误差能引起所有测量仪表和继电器产生误差，相位差只对功率型测量仪表和继电器（例如功率表、电能表、功率型继电器等）及反映相位的保护装置有影响。

根据图 3-42(b)有 $E_2 = I_2(Z_2 + Z_{21}) ≈ \frac{I_1 N_1}{N_2}(Z_2 + Z_{21})$，由电磁感应定律有 $E_2 = 4.44BSfN_2 = 222BSN_2$，所以有

$$B = \frac{E_2}{222SN_2} ≈ \frac{I_1 N_1(Z_2 + Z_{21})}{222SN_2^2}$$

这样得

$$\frac{I_0 N_1}{I_1 N_1} = \frac{Hl_{av}}{I_1 N_1} = \frac{Bl_{av}}{I_1 N_1 μ} ≈ \frac{(Z_2 + Z_{21})l_{av}}{222SN_2^2 μ} \tag{3-72}$$

式中，Z_2、Z_{21}分别为互感器二次绕组的内阻抗和负荷阻抗（Ω）；f为工频 50Hz；B为铁心的磁感应强度（T）；H为铁心的磁场强度（A/m）；S为铁心截面积（m²）；l_{av}为铁心磁路平均长度（m）；$μ$为铁心磁导率（H/m）。

3) 运行工况对误差的影响

(1) 一次电流 I_1 的影响。铁心磁感应强度 $B∝I_1$，正常运行时，在额定二次负荷下，当 I_1 为额定值时，B约为 0.4T，铁心磁导率 $μ$ 接近最大值。当 I_1 减小或增加时，铁心磁导率 $μ$ 值都将下降，因而 $|f_i|$ 和 $|δ_i|$ 增大。可见，电流互感器在额定一次电流附近运行时，误差最小。

发生短路时，I_1 为额定值的许多倍，由于铁心开始饱和，这时 $μ$ 值大大下降，$|f_i|$ 和 $|δ_i|$ 都大大增加。

(2) 二次负荷阻抗 Z_{21} 的影响。由前面式(3-69)～式(3-71)分析可见，误差近似与二次负荷阻抗 Z_{21} 成正比。

(3) 二次绕组开路的影响。二次绕组开路即 $Z_{21} = ∞$，$I_2 = 0$，$I_0 N_1 = I_1 N_1$。励磁磁动势由 $I_0 N_1$ 骤增为 $I_1 N_1$，铁心的磁通 $Φ$ 及磁感应强度 B 都相应增大，因而产生各种不良影响。

由于受铁心饱和的影响，磁通波形畸变为梯形波，而二次绕组感应电动势 e_2 与磁通的变化率 $dΦ/dt$ 成正比，因此在 $Φ$ 过零时（此时 $dΦ/dt$ 很大），二次绕组感应出很高的尖顶波电动势 e_2（图 3-43），其峰值可达数千伏甚至上万伏，对工作人员安全及仪表、继电器和电缆的绝缘都有危害。

此外，由于磁感应强度 B 的骤增，使铁心损耗大大增加，引起铁心和绕组过热，容易损坏互感器；而且铁心中会产生剩磁，使互感器特性变差，误差增大。

因此,当电流互感器一次绕组有电流时,二次绕组不允许开路。当需要将运行中的电流互感器二次回路的仪表断开时,必须先用导线或专用短路连接片将二次绕组的端子短接。

4)准确级和额定容量

电流互感器的准确级是根据测量时电流误差$|f_i|$的大小来划分的,而$|f_i|$与一次电流I_1及二次负荷阻抗Z_{2L}有关。准确级是指在规定的二次负荷变化范围内,一次电流为额定值时的最大电流误差百分数。我国电流互感器准确级和误差限值见表3-8。

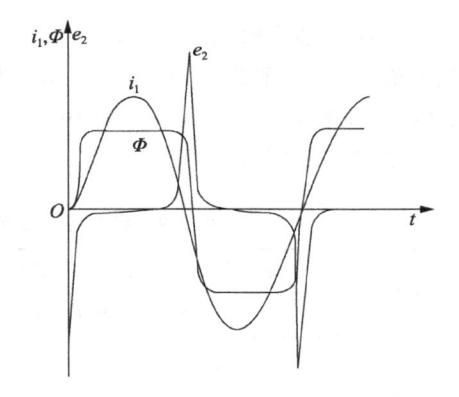

图3-43 电流互感器一、二次绕组电磁量变化

表3-8 电流互感器准确级和误差限值

准确级	一次电流为额定电流的百分数/%	误差限值 电流误差/%	误差限值 相位差/(′)	二次负荷变化范围
0.2	10	±0.5	±20	
	20	±0.35	±15	
	100~120	±0.2	±10	
0.5	10	±1	±60	(0.25~1)S_{N2}
	20	±0.75	±45	
	100~120	±0.5	±30	
1	10	±2	±120	
	20	±1.5	±90	
	100~120	±1	±60	
3	50~120	±3	不规定	(0.5~1)S_{N2}

保护用电流互感器主要是在系统短路时工作,因此在额定一次电流范围内的准确级不如测量级高,但为保证保护装置正确动作,要求保护用电流互感器在可能出现的短路电流范围内,最大误差限值不超过10%。

保护用电流互感器按用途可分为稳态保护用(P)和暂态保护用(TP)两类。一般情况下,继电保护动作时间相对来说比较长,短路电流已达稳态,电流互感器只需满足稳态下的误差要求,这种互感器称为稳态保护用电流互感器;如果继电保护动作时间短,短路电流尚未达稳态,电流互感器则需保证暂态误差要求,这种互感器称为暂态保护用电流互感器。由于短路过程中i_1和i_2关系复杂,故保护级的准确级是以额定准确限值一次电流下的最大复合误差$\varepsilon\%$来标称的。最大复合误差计算式为

$$\varepsilon\% = \frac{100}{I_1}\sqrt{\frac{1}{T}\int_0^T (k_i i_2 - i_1)^2 \mathrm{d}t}$$

所谓额定准确限值一次电流是指一次电流为额定一次电流的倍数,也称额定准确限值系数,其标准值为 5、10、15、20、30。稳态保护用电流互感器的标准准确级有 5P 和 10P 两种,见表 3-9。在实际工作中,常将准确限值系数在准确级标称后标出,例如 5P20。暂态保护级分为 TPS、TPX、TPY、TPZ 四种,我国采用较多的是 TPY 级。

表 3-9 稳态保护电流互感器准确级和误差限值

准确级次	电流误差/%	相位差/(′)	在额定准确限值一次电流下的复合误差/%
	在额定一次电流下		
5P	±1.0	±60	5.0
10P	±3.0	—	10.0

电流互感器的额定容量 S_{N2} 是指在额定二次电流 I_{N2} 和额定二次负荷阻抗 Z_{N2} 下运行时,二次绕组输出的容量,即

$$S_{N2} = I_{N2}^2 Z_{N2} \tag{3-73}$$

其中,Z_{N2} 包括二次侧全部阻抗(测量仪表与继电器的电阻和电抗、连接导线的电阻、接触电阻等)。由于 I_{N2} 等于 5A 或 1A,因而,$S_{N2}=25Z_{N2}$ 或 $S_{N2}=Z_{N2}$,所以厂家通常提供 Z_{N2} 值。

因为准确级与二次负荷阻抗 Z_{21} 有关,所以同一电流互感器使用在不同的准确级时,对应不同的 Z_{N2}(即有不同的额定容量 S_{N2}),较低的准确级对应较高的 Z_{N2} 值(即较高的额定容量 S_{N2})。

5)结构型式

电流互感器型式很多,其结构主要包括一次绕组、二次绕组、铁心和绝缘等几个部分。根据一次绕组情况不同可分为单匝式和复匝式,结构示意图如图 3-44 所示。

在同一回路中,往往需要很多电流互感器供给测量和保护装置使用,为了节约材料和投资,高压电流互感器常由多个没有磁联系的独立铁心和二次绕组与共同的一次绕组组成同一电流比、多二次绕组的结构,如图 3-44(c)所示。

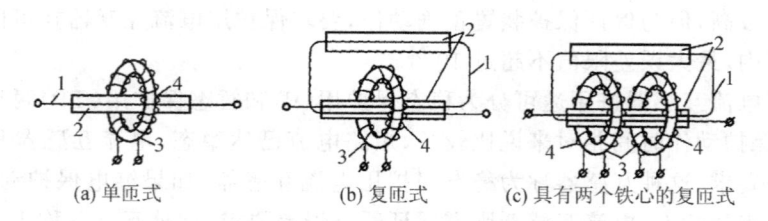

(a) 单匝式　　(b) 复匝式　　(c) 具有两个铁心的复匝式

图 3-44　电流互感器结构示意图
1—一次绕组;2—绝缘;3—铁心;4—二次绕组

图 3-45 显示了 LCLWD3-220 型户外瓷箱式电容绝缘 U 字形绕组电流互感器外

形结构。其一次绕组 5 呈"U"形,一次绕组绝缘采用电容均压结构,用高压电缆纸包扎而成;有四个环形铁心及二次绕组,分布在"U"形一次绕组下部的两侧,二次绕组为漆包圆铜线,铁心为优质冷轧晶粒取向硅钢板卷成。由于这类电流互感器具有用油量少、瓷套直径小、质量轻、电场分布均匀、绝缘利用率高和便于实现机械化包扎等优点,在110kV 及以上电压级中得到广泛应用。

2. 电压互感器

目前,在电力系统中广泛采用的电压互感器,按其工作原理可分为电磁式和电容式两种。其中,电磁式电压互感器的工作原理和变压器相同,分析过程与电磁式电流互感器相似;电容式电压互感器主要应用电容进行分压,一般用于110kV 及以上高压系统中。以下以电磁式电压互感器为主,介绍电压互感器的工作特性。

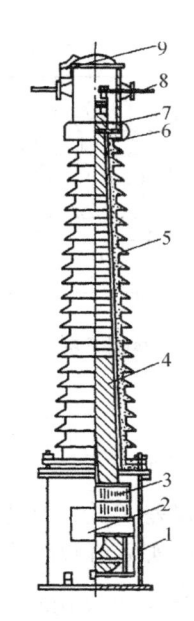

图 3-45 LCLWD3-220 型户外瓷箱式电容绝缘 U 字形绕组电流互感器
1-油箱;2-二次接线盒;3-环形铁心及二次绕组;4-U 形一次绕组;5-瓷套;6-均压护罩;7-储油柜;8-一次出线端子;9-呼吸器

1) 电磁式电压互感器工作原理

电磁式电压互感器一次绕组与被测电路并联,二次绕组与测量仪表和保护装置的电压线圈并联,其原理电路如图 3-46 所示,其特点如下:

(1) 容量很小,类似一台小容量变压器,但结构上要求有较高的安全系数。

(2) 二次侧负荷比较恒定,测量仪表和保护装置的电压线圈阻抗很大,正常情况下电压互感器近于开路(空载)状态运行。

电压互感器一、二次绕组的额定电压 U_{N1}、U_{N2} 之比称为额定电压比,用 k_u 表示。与变压器相同,k_u 近似等于一、二次绕组的匝数比,即 $k_u = \dfrac{U_{N1}}{U_{N2}} \approx \dfrac{N_1}{N_2}$。

U_{N1}、U_{N2} 已标准化(U_{N1} 等于电网额定电压 U_{SN} 或 $U_{SN}/\sqrt{3}$,U_{N2} 统一为 100V 或 $100/\sqrt{3}$V),所以 k_u 也已标准化。

电磁式电压互感器的等值电路与电磁式电流互感器相同,其一、二次侧的电流、电压关系与变压器相似,相量图如图 3-46(b)所示。

2) 电磁式电压互感器误差

由相量图可见,由于电压互感器存在励磁电流和内阻抗,使折算到一次侧的二次电压 $-\dot{U}_2'$ 与一次电压 $\dot{U}_1$ 在数值和相位上都有差异,即测量结果有两种误差:电压误差和

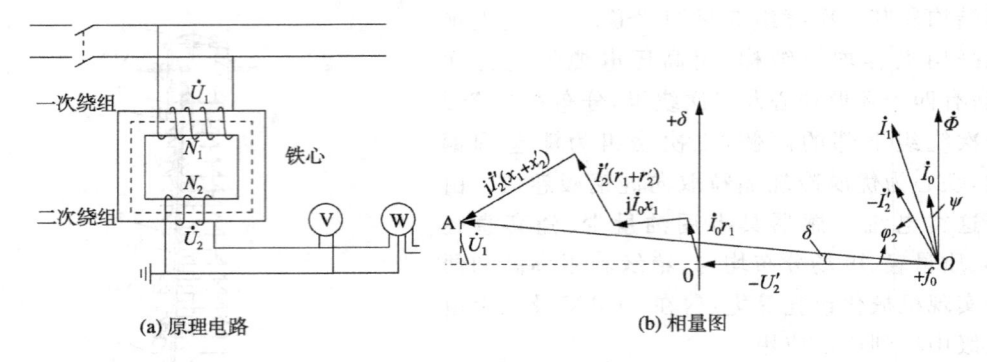

图 3-46 电磁式电压互感器

(a) 原理电路 (b) 相量图

相位差。

电压误差 f_u 为二次电压测量值 U_2 乘上额定电压比 k_u 所得的一次电压近似值 $k_u U_2$ 与一次电压实际值 U_1 之差相对于 U_1 的百分数。由相量图可得

$$f_u = \frac{k_u U_2 - U_1}{U_1} \times 100(\%)$$

$$\approx -\left[\frac{I_0 r_1 \sin\psi + I_0 x_1 \cos\psi}{U_1} + \frac{I_2'(r_1 + r_2')\cos\varphi_2 + I_2'(x_1 + x_2')\sin\varphi_2}{U_1}\right] \times 100(\%)$$

$$= f_0 + f_1 \tag{3-74}$$

式中,f_0、f_1 分别为空载电压误差和负载电压误差。

相位差 δ_u 为旋转 180°的二次电压相量 $-\dot{U}_2'$ 与一次电压相量 $\dot{U}_1$ 之间的夹角,δ_u 一般很小,由相量图可推导得

$$\delta_u \approx \sin\delta_u$$

$$\approx \left[\frac{I_0 r_1 \cos\psi - I_0 x_1 \sin\psi}{U_1} + \frac{I_2'(r_1 + r_2')\sin\varphi_2 - I_2'(x_1 + x_2')\cos\varphi_2}{U_1}\right] \times 3440 \quad (')$$

$$= \delta_0 + \delta_1 \tag{3-75}$$

式中,δ_0、δ_1 分别为空载相位误差和负载相位误差。

一般规定,当 $-\dot{U}_2'$ 超前于 $\dot{U}_1$ 时,δ_u 为正值,反之为负值。

由上述分析可见,影响误差的运行工况是一次电压 U_1、二次负荷 I_2 和功率因数 $\cos\varphi_2$。当 I_2 增加时,$|f_u|$ 增大,$|\delta_u|$ 也相应变化(一般也增大)。

与电流互感器相似,f_u 能引起所有测量仪表和继电器产生误差,δ_u 只对功率型测量仪表和继电器及反映相位的保护装置有影响。

3) 准确级和额定容量

电压互感器的准确级是根据测量时电压误差 f_u 的大小来划分的。准确级是指在规定的一次电压和二次负荷变化范围内,负荷功率因数为额定值时,最大电压误差的百分数。我国电压互感器准确级和误差限值见表 3-10,其中 3P、6P 级为保护级。

表 3-10 电压互感器准确级和误差限值

准确级	误差限值 电压误差/%	误差限值 相位差/(′)	一次电压变化范围	二次负荷、功率因数、频率变化范围
0.2	±0.2	±10		
0.5	±0.5	±20	$(0.8\sim1.2)U_{N1}$	$(0.25\sim1)S_{N2}$
1	±1.0	±40		$\cos\varphi_2=0.8$
3	±3.0	不规定		$f=f_N$
3P	±3.0	±120	$(0.05\sim1)U_{N1}$	
6P	±6.0	±240		

因为准确级是用 f_u 表示，而 f_u 随二次负荷的增加而增加，即准确级随二次负荷的增加而降低，或者说同一电压互感器使用在不同的准确级时，二次侧允许接的负荷（容量）也不同，较低的准确级对应较高的容量值。通常所说的额定容量是指对应于最高准确级的容量。电压互感器按照在最高工作电压下长期工作的允许发热条件，还规定有最大（极限）容量。只有供给对误差无严格要求的仪表和继电器或信号灯之类的负载时，才允许将电压互感器用于最大容量。

4）电容式电压互感器简介

随着电力系统电压等级的增高，电磁式电压互感器的体积越来越大，成本随之增高，因此研制了电容式电压互感器。电容式电压互感器主供 110kV 及以上系统使用，而且目前我国对 330kV 及以上电压级只生产电容式电压互感器。

电容式电压互感器的工作原理如图 3-47 所示。电容式电压互感器利用电容分压原理，在被测电网的相和地之间接有主电容 C_1 和分压电容 C_2，$\dot{U}_1$ 为电网相电压，Z_2 表示仪表、继电器等电压线圈负荷。Z_2、C_2 上的电压为

$$\dot{U}_2=\dot{U}_{C2}=\frac{C_1\dot{U}_1}{C_1+C_2}=k\dot{U}_1$$

式中，$k=\dfrac{C_1}{C_1+C_2}$，称为分压比。由于 $\dot{U}_2$ 与一次电压 $\dot{U}_1$ 成比例变化，故可用 $\dot{U}_2$ 代表 $\dot{U}_1$，即可测出相对地电压。

将图 3-47(a)等效成含源一端口网络如图 3-47(b)所示，其中电源内阻抗为 $Z_i=\dfrac{1}{j\omega(C_1+C_2)}$。

当有负荷电流流过时，将在 Z_i 上产生电压降，使 $\dot{U}_2$ 与 $\dfrac{C_1\dot{U}_1}{C_1+C_2}$ 在数值和相位上都有误差，负荷电流越大，误差越大。为了减小 Z_i 从而减小误差，可在 A、B 回路中串联一补偿电抗 L，如图 3-47(c)所示，则有

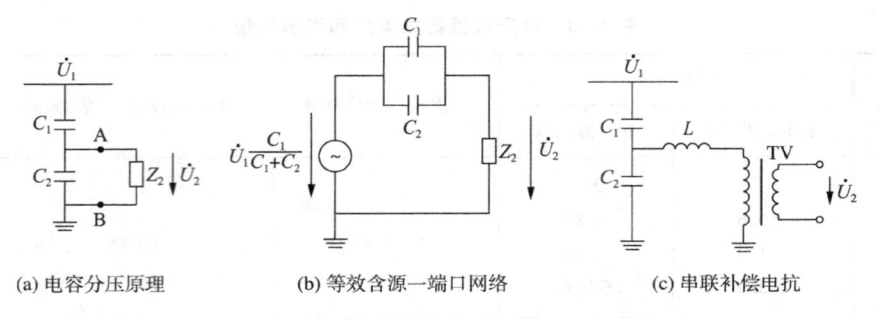

(a) 电容分压原理　　　(b) 等效含源一端口网络　　　(c) 串联补偿电抗

图 3-47　电容式电压互感器工作原理

$$Z_i = j\omega L + \frac{1}{j\omega(C_1+C_2)} = j\left[\omega L - \frac{1}{\omega(C_1+C_2)}\right] \tag{3-76}$$

当 $\omega L = \dfrac{1}{\omega(C_1+C_2)}$，即 $L = \dfrac{1}{\omega^2(C_1+C_2)}$ 时，$Z_i = 0$，即输出电压 $\dot{U}_2$ 与负荷无关，误差最小。但实际上由于电容器有损耗，电抗器也有电阻，不可能使内阻抗为零，因此还会有少量误差产生。

减小分压器的输出电流，可减小误差，故将测量仪表经中间电磁式电压互感器 TV 升压后与分压器相连接。

3. 数字式互感器（光电式互感器）简介

传统电磁式互感器的工作是建立在电磁感应原理之上，将一次绕组连接在一次系统中，二次绕组回路接有测量仪器或继电保护、自动控制装置，通过一、二次绕组之间的电磁耦合，将信息从一次侧传到二次侧。这种结构要求在铁心与绕组间以及一、二次绕组间有足够耐压强度的绝缘层，以保证所有的低压设备与高电压相隔离。随着电力系统容量的增加和电压等级的提高，势必造成电磁式互感器的绝缘越来越复杂，体积和重量加大，产品的造价也越来越高。而且，因电磁式互感器的铁心具有饱和特性，当电力系统发生故障时，高幅值的故障电流会使互感器铁心饱和，使得输出二次波形严重畸变，常带来保护拒动等事故，严重影响电力系统的安全运行。

随着光电子技术的迅速发展，现已研制出利用光学传感技术和电子学原理相结合的互感器，简称数字式互感器或光电式互感器。数字式互感器在原理上与传统的电磁式互感器完全不同，数字式互感器是利用光电子技术和光纤传感技术来实现电力系统电压、电流量测的新型互感器。它是光学电压互感器（OVT）、光学电流互感器（OCT）、组合式光学互感器等各种光学互感器的通称。

与传统的电磁式互感器相比，光电式互感器具有以下优点：

(1) 绝缘性能优良，造价低。电磁式互感器绝缘复杂，其造价随电压等级呈指数关系上升。在光电式互感器中，高压侧信息是通过由绝缘材料做成的玻璃光纤而传输到低压侧的，其绝缘结构简单，造价一般随电压等级升高呈线性增加。

(2)不含铁心,不存在磁饱和、铁磁谐振等问题。光电式电流互感器运行暂态响应好、稳定性好,保证了系统运行的高可靠性。

(3)电磁式电流互感器二次侧不能开路,存在开路高压危险。由于光电式电流互感器的高压与低压之间只存在光纤联系,而光纤具有良好的绝缘性能,因此可保证一次回路与二次回路在电气上完全隔离,低压侧没有因开路而产生高压的危险,同时因没有磁耦合,消除了电磁干扰对互感器性能的影响。

(4)暂态响应范围大,测量精度高。电网正常运行时,互感器一次侧流过的电流并不大,但短路时电流很大。电磁式电流互感器因存在磁饱和问题,难以实现大范围测量,难以同时满足高精度计量和继电保护的需要。光电式互感器有很宽的动态范围,一个测量通道的额定电流可测范围从几十安培至几千安培,过电流范围可达几万安培。因此既可同时满足计量和继电保护的需要,又可免除电磁式互感器多个测量通道的复杂结构。

(5)频率响应范围宽。光电式互感器传感头部分的频率响应取决于光纤在传感头上的渡越时间,实际能测量的频率范围主要决定于电子线路部分。现代光电式电流互感器的结构已经可以测出高压电力线路上的谐波。而电磁式电流互感器是难以进行这些方面工作的。

(6)没有因充油而产生的易燃、易爆炸等危险。光电式互感器绝缘结构简单,可以不用油绝缘,在设计上就可避免这方面的危险。

(7)体积小、重量轻。

(8)适应了电力计量与保护数字化、微机化和自动化发展的潮流。光电式互感器一般以数字量输出,这将最佳地适应日趋广泛采用的微机保护、电力计量数字化及自动化发展的潮流,是未来智能电网建设的首选。

3.5.2 避雷针、避雷线和避雷器

在电力系统运行中,由于雷击、故障、谐振或操作等原因,将会引起系统过电压。过电压对电力系统的危害极大,为保证电力系统安全可靠地运行,对雷电过电压和内部过电压都必须采取相应的限制措施。避雷针、避雷线与避雷器都是电力系统中常用的保护装置,但其特点不同,一般避雷针、避雷线是用来防止直击雷对电气设备的危害,而避雷器对各种系统过电压都能起到防护作用。

1. 避雷针

当雷直接击到导线上时,雷电流经导线波阻抗产生压降,其值可达几十万伏至几百万伏,称为直击雷过电压。避雷针主要用于直击雷的防护,用来防止雷直击到电气设备或建筑物上。

避雷针更准确的名称应该是"引雷针"或"导雷针",因为它的作用是将雷电吸引到金属针上并安全导入大地,从而保护了附近比它低的设备或建筑物免遭雷击。

避雷针一般由接闪器（避雷针针头）、引下线和接地体三部分组成。接闪器是避雷针的顶部,可用直径为 10～12mm 的圆钢管做成,为防锈一般镀锌、银或镍。引下线可采用直径不小于 6mm 的圆钢或截面不小于 25mm^2 的镀锌钢绞线或扁钢,一般要经过防腐蚀处理。为了使雷电流顺利地泄入大地,避雷针应有良好的接地体,接地体可用金属导体埋入地下。

避雷针的保护范围是指被保护物在此空间内不致遭受雷击的范围。由于雷击受到很多因素的影响,避雷针的保护范围难以准确计算,因而它是由模拟实验和运行经验确定的,具有统计性规律。

避雷针按所用的支数不同,可分为单支、双支和多支避雷针,其保护范围也各不相同。其中,单支避雷针的保护范围小,一般用在被保护物比较小且单独存在的情况下。

2. 避雷线

避雷线（也称架空地线）的保护原理与避雷针基本相同,但其对雷云与大地间电场畸变的影响比避雷针小,所以其引雷作用和保护宽度比避雷针小。避雷线主要用以保护输电线路免遭直接雷击,此外还可用来保护发电厂和变电站的屋外配电装置、建筑物等。

3. 避雷器

避雷器的作用是限制由线路传来的雷电过电压或由操作引起的内部过电压。避雷器的保护原理与避雷针不同,它实质是一种放电器,与被保护设备并联连接。

当输电线路遭受雷击后,在导线上产生雷电冲击波并以电磁波速度向导线两侧传播,入侵到发电厂、变电站。这种雷电入侵波幅值很高,由线路绝缘子闪络电压决定,如超过电气设备绝缘的耐压值,设备将被损坏并造成事故。发电厂和变电站对雷电入侵波的防护措施之一就是装设避雷器。

当雷电入侵波超过避雷器的放电电压时避雷器放电,将强大的冲击电流泄入大地;大电流过后,工频短路电流也称工频续流将沿原冲击电流的通道继续流过,如工频续流不能切断,就会使系统出现接地故障而造成供电中断。因此,对避雷器有两个基本要求:当各类过电压波形超过一定幅值时,避雷器应先于被保护电气设备放电,从而使设备得到保护;在限制过电压后,应能迅速、可靠地切断工频续流,使电力系统恢复正常运行。

为使避雷器能够达到预期的保护效果,避雷器应具有良好的伏秒特性。

伏秒特性曲线是绝缘材料在不同幅值冲击电压作用下,其冲击放电电压值与放电时间的函数关系。绝缘材料的伏秒特性曲线与绝缘介质内电场强度的均匀程度密切相关,电场强度分布越均匀,伏秒特性曲线越平缓,且分散性越小;反之,绝缘介质内电场强度分布越不均匀,则伏秒特性曲线越陡,且分散性越大。

如图 3-48 显示了三种避雷器与所保护设备的伏秒特性曲线。图 3-48(a)中避雷器的伏秒特性有一部分高于被保护设备的伏秒特性,在冲击电压波的作用下,电气设备可能会先击穿,因而避雷器起不到保护作用;图 3-48(b)中虽然避雷器的伏秒特性整体低于被保护设备的伏秒特性,在冲击电压作用下可以起到保护作用,但其伏秒特性过低,甚至低于设备上可能出现的最高工频电压,而使避雷器发生误动作。由上面分析可知只有图 3-48(c)的情况比较合理。

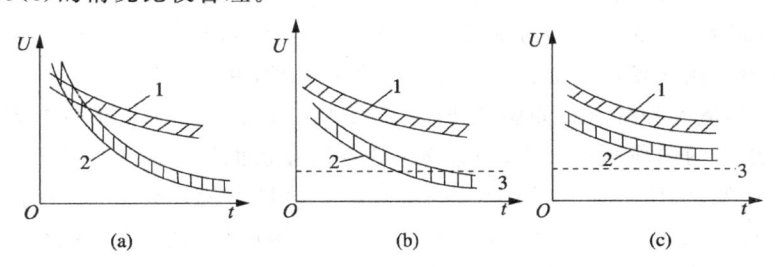

图 3-48 伏秒特性曲线
1-被保护设备伏秒特性;2-避雷器伏秒特性;3-被保护设备上可能出现的最高工频电压

为了得到较理想的绝缘配合及可靠的保护,避雷器的伏秒特性曲线应较平缓,且伏秒特性曲线的上包线应始终低于被保护设备伏秒特性曲线的下限。工程上通常用冲击系数反映伏秒特性曲线的形状。冲击系数是指冲击放电电压与工频放电电压之比值。冲击系数越小,伏秒特性曲线越平缓,避雷器的保护性能越好。

目前,常用的避雷器主要类型有保护间隙、管式避雷器和阀式避雷器等。

3.5.3 并联电容器

变电站中的并联电容器主要用来补偿无功功率,以使系统电压维持在要求的范围内或与电抗器串联组成谐振回路,以滤除指定的高次谐波。这里只介绍普通型补偿电容器。普通型并联电容器结构一般如图 3-49 所示,其中常见的有油浸纸介质并联电容器、聚丙烯金属膜并联电容器等两种类型。

1. 油浸纸介质并联电容器

普通型油浸纸介质并联电容器主要由芯子、外壳和出线三部分组成,其芯子通常由若干个元件、绝缘件和紧固元件等经过压装并按规定的串并联法连接而成。电容器的元件主要采用卷绕的形式,用铺有铝箔的电容器纸卷绕而成,先卷成圆柱状卷束,然后再压成扁平元件。电容器元件极间介质的厚度一般为 30~80μm,由于纸质的不均匀和存在导电点,通常极板间纸的层数不少于三层。补偿电容器内的浸渍介质现都采用矿物油、烷基苯硅油或植物油等。外壳均采用薄钢板制成的金属外壳,金属外壳有利于散热,但其绝缘

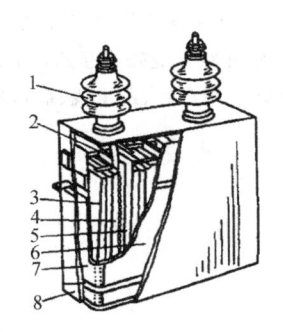

图 3-49 普通型并联电容器结构图
1-出线套管;2-出线连接片;3-扁形元件;
4-固定板;5-绝缘件;6-包封件;
7-连接夹板;8-外壳

性能较差。

2. 聚丙烯金属膜并联电容器

目前,国内广泛采用聚丙烯金属膜电容器(又称自愈式电容器)。这种电容器的各项电性能及特性大大优于老型号油浸纸介质电力电容器,其最大特点是应用具有自愈性能的聚丙烯金属化膜作为电容器元件的介质和极板,并具有高工作场强、低介质损耗以及体积小、容量大等特点。如国产 BCMJ、BZMJ、BGMJ 系列节能型电容器,它们的电容元件均用聚丙烯薄膜作介质,用直接沉积在薄膜表面的铝薄层作电极板卷制而成,具有介质损耗低、使用寿命长、可靠性高等优点。这种电容器外壳采用高强度塑料制成,电容器的外部电气连接全部罩入绝缘罩盖之中,因此抗腐蚀力强、操作安全可靠;每个电容器元件内装有放电电阻,当电容器从电源断开后,可在很短时间内使电容器极间电压降至安全电压值以下,因此无需另设放电装置,安装使用比较方便;每个电容器元件内装有限流线圈,可有效地限制电容涌流;每个电容器元件内还装有过温保护装置,当该元件温度达到一定值时,可将电容器元件永久切除、断开电源。

思 考 题

3-1 导体的发热有哪些不良影响?载流导体的长期发热与短时发热有什么区别?

3-2 简述导体长期允许载流量的计算过程,由此分析环境温度变化对导体长期允许载流量的影响公式。

3-3 三相导体的最大短路电动力会出现在哪一相?

3-4 电气设备选择的一般条件有哪些?

3-5 电弧如何产生与熄灭?现有高压断路设备采用哪些常见措施来灭弧?

3-6 高压断路器选型过程中通常需要考虑哪些因素?

3-7 隔离开关与负荷开关分别与高压断路器存在哪些不同?

3-8 母线的常用形式有哪些?母线截面通常是如何选择的?

3-9 互感器的作用有哪些?电磁式电流互感器有哪些工作特点?为什么电磁式电流互感器二次侧严禁开路?电磁式互感器的准确级与运行工况有什么关系?光电式互感器有哪些优点?

3-10 避雷针、避雷线、避雷器分别都具有什么样的工作特点?

第 4 章 电气主接线

电气主接线是发电厂、变电站电气设计的首要部分,也是构成电力系统的重要环节,其主要作用如下:

(1)电气主接线图是运行人员进行各类操作和事故处理的重要依据。

(2)电气主接线表明厂(站)内如发电机、变压器、断路器及供电线路等主要设备的数量、规格、连接方式及可能的运行方式,直接关系厂(站)内电气设备的选型、配电装置的布置、继电保护和自动装置的确定等。

(3)电气主接线作为厂(站)内电气设备局部小系统的体现,其工作的灵活性与可靠性直接关系整个电力系统的安全、稳定、灵活和经济运行。

4.1 电气主接线的基本要求及设计原则

电气主接线是由高压电气设备通过连接线,按功能要求组成的接受和分配电能的电路,又称一次接线或电气主系统。用规定的电气设备图形和文字符号并按工作顺序排列,详细地表示电气设备或成套装置的全部基本组成和连接关系的单线接线图,称为主接线电路图。主接线代表了发电厂(变电站)电气部分的主体结构,是电力系统网络结构的重要组成部分。

4.1.1 基本要求

1. 可靠性

安全可靠是电力生产和供应的首要任务,保证系统供电可靠是电气主接线的基本要求。主接线的可靠性可以定性分析,也可以定量计算。一般因设备事故或检修而造成供电中断的概率越低、中断供电影响范围越小、每次停电平均持续时间越短,则主接线可靠性水平越高。

在系统运行过程中,对不同地位、不同类型发电厂(变电站)主接线可靠性的要求是不同的。因而,在分析电气主接线可靠性时,要考虑发电厂(变电站)在系统中的地位和作用、供电用户的负荷性质和类别、设备制造水平及运行经验等诸多因素。

1)发电厂(变电站)的地位和作用

供电容量大、电压等级高的大型发电厂(变电站),一般供电覆盖范围广、涉及用户数量多、对系统运行稳定性影响大,因而在电力系统中的地位较为重要。为此,其电气主接线应采取可靠性高的形式。同时,从接入系统的方式看,大型发电厂(变电站)一般距负荷中心较远且输送容量较大,宜采用双回路或环网等强联系方式接入系统,相应电压等级网络接线方式的可靠性要与之相适应。

中小型发电厂(变电站)的主接线一般没有必要追求具有较高可靠性的复杂形式,与系统的接入可采用弱联系方式。然而,中小型发电厂(变电站)一般都靠近负荷中心,常通过中压(6kV、10kV、20kV)线路供给近区负荷,此时中压供电部分接线方式应符合所供区域负荷对供电可靠性的要求。

2) 负荷性质和类别

系统中的负荷按重要程度分为Ⅰ类、Ⅱ类和Ⅲ类负荷。Ⅰ类负荷为最重要负荷,即便短时供电中断也可能造成人员伤亡或重大财产损失,因而必须保证具有最高的供电可靠性;Ⅱ类负荷为次重要负荷,仅可以接受短时(几分钟至几十分钟)的供电中断;Ⅲ类负荷为非重要负荷,即Ⅰ类、Ⅱ类以外的负荷,停电不会造成重大影响,必要时可长时间停电。因此,要根据系统中负荷重要程度考虑具有不同可靠性水平的主接线。

3) 设备制造水平与运行经验

电气主接线由电气设备相互连接组成,电气设备本身的质量和可靠性程度直接影响主接线的可靠性。因而,主接线设计时须同时考虑一、二次设备的故障率及其对供电的影响。系统中大容量机组及新型设备的投运、自动装置及先进技术的使用,都有利于提高主接线的可靠性,但不等于设备及其自动化元件使用越多、越新、越复杂就越可靠。相反,不必要的设备、过于复杂的接线,增加运行操作及维护处理的难度,导致主接线可靠性降低。此外,主接线可靠性还与运行管理水平和值班人员素质密切相关。

2. 灵活性

电气主接线应能适应系统各种运行状态,并能灵活转换运行方式。不仅在正常运行时能安全可靠供电,而且在系统故障或设备检修时,能适应调度要求,灵活、简便、迅速地倒换运行方式,使停电持续时间短、影响范围小。同时,主接线设计应留有发展、扩建余地。一般而言,主接线的灵活性与可靠性相辅相成,对灵活性的要求如下:

(1) 操作方便。电气主接线应在满足可靠性条件下尽量结构简单、操作便捷,便于运行人员掌握并降低误操作。

(2) 调度灵活。正常运行时,能根据调度要求方便完成运行方式的切换;设备故障时,能快速有效隔离故障,使非故障部分尽快恢复供电;设备检修时,方便停运设备及其继电保护装置,不影响系统运行和供电。

(3) 便于扩建。便于从初期接线过渡到最终接线,扩建时新设备的投入不影响供电连续性或停电时间最短,并对一次和二次部分的改建工作量少。

3. 经济性

主接线在满足可靠性、灵活性要求的前提下要做到经济合理,经济性一般从以下几个方面考虑：

(1)投资省。主接线方案应简单清晰，以节省一次、二次设备的投入；要适当采用限制短路电流措施，以便选择廉价的电气设备或轻型电器。

(2)占地面积小。主接线方案要为配电装置布置创造条件，尽量减少占地面积。

(3)电能损失少。发电厂、变电站中电能损耗主要来源于变压器，在主接线设计时要经济合理地选择主变压器的类型、容量和数量，避免因两次变压而增加电能损失。

4.1.2 设计原则

电气主接线遵循的总原则：①符合设计任务书的要求；②符合有关方针、政策和技术规范、规程；③结合具体工程特点，设计技术经济合理的主接线。一般应考虑下列情况：

(1)明确发电厂、变电站在电力系统中的地位和作用。各类电厂、变电站在系统中的地位不同，对主接线的可靠性、灵活性和经济性的要求也不同。

(2)确定主体设备(如变压器)的运行方式。重要程度高的电厂、变电站应装设不少于两台容量相同或不同的主体设备，以提高工作可靠性与灵活性。

(3)电压等级及接入系统方式。大中型发电厂的电压等级不宜多于三级(发电机电压一级、升高电压一级或两级)。大型发电机组直接升压接入系统主网；地区电厂一般接入110~220kV系统；一般发电厂与系统的连接应有两回或两回以上线路，并接于不同的母线段；个别地方电厂以供给本地负荷为主，仅有少量剩余功率送入系统时，可采用一回线路与系统连接。

(4)变电站的分期和最终规模。变电站常根据5~10年的电力系统发展规划进行设计，一般至少装设两台(组)主变压器。当技术经济比较合理时，终端或分支变电所只有一个电源时，也可只装设一台主变压器。

(5)其他需要考虑的因素。如主要设备的供货厂家、交通运输的影响、环境、气象、地震、地质、地形及海拔等，都会影响电气主接线的设计，必须加以综合考虑。

4.2 主接线的基本形式

主接线的基本形式是发电厂、变电站内主要电气设备的连接方式，以电源和出线为主体。由于发电厂、变电站的出线回路数和电源数不同，运行状况与系统要求也不一样，因而常用的主接线形式有多种。为便于电能的汇集和分配，在进出线数较多时(一般超过四回)，可采用母线作为中间环节。根据主接线结构中是否存在母线，将常用的主接线形式分为有汇流母线与无汇流母线两大类。

常见的有汇流母线接线形式分为单母线接线、双母线接线、一台半断路器及4/3台断路器接线、变压器母线组接线；无汇流母线接线形式分为桥形接线、角形接线和单元接线。

4.2.1 有汇流母线接线形式

1. 单母线接线

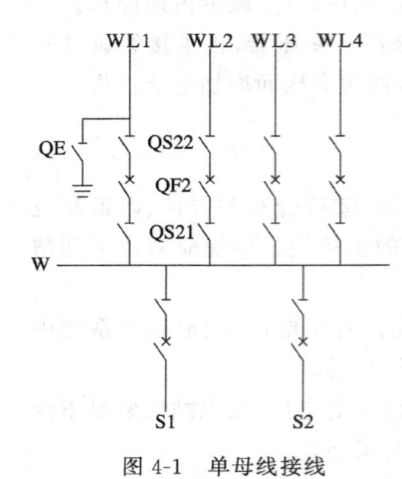

单母线接线是一种最简单的接线形式(图4-1)，只有一条母线，所有进出线并列接在母线，供电电源在发电厂是发电机或变压器，在变电站是变压器或高压进线回路。母线既可保证电源并列工作，又能使任一条出线都可以从任一个电源获得电能。各进出线回路输送功率不一定相等，应尽可能使负荷均衡分配于母线，以减少功率在母线中的传输。

单母线接线的优点是：接线简单，操作方便、设备少、经济性好，并且母线便于向两端延伸，扩建方便。缺点是：①可靠性差。只有一条母线，所有进出线回路都通过这条母线连接汇聚，所以母线或母线隔离开关检修或故障时，所有回路都要停止工作，造成全厂或全站长期停电。②灵活性差，调度不方便。电源只能并列运行，不能分列运行，发生短路事故时，有较大的短路电流。因此，这种接线形式一般只用于出线回路少，且没有重要负荷的终端小型发电厂和变电站。

图4-1 单母线接线

针对单母线接线可靠性、灵活性较差的缺点，可加以改进，用分段断路器对母线进行分段，形成单母线分段接线方式(图4-2)，从而提高供电可靠性和灵活性。

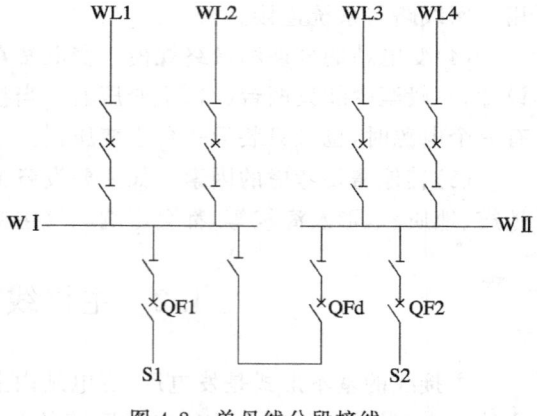

通过分段断路器QFd将单母线分为两段，对重要用户可从不同分段上引出两回馈线供电。当一段母线故障或检修时，分段断路器自动将故障段隔离，保证正常段母线不受故障影响，从而不致使重要用户供电中断。两段同时故障概率很低，在可靠性要求不高时可不予以

图4-2 单母线分段接线

考虑。有时，在不重要场合也可用隔离开关进行分段以节省投资，但将造成一段母线故障时影响所连接的正常母线段同时断电，在定位故障后拉开分段隔离开关，才能使完好母线段恢复供电。

通常，为了限制短路电流，在降压变电站中采用单母线分段接线时，低压侧母线分段断路器常处于断开状态，电源是分列运行的。为了防止因电源断开而引起的停电，应

在分段断路器上装设备用电源自动投入装置,在任一分段的电源断开时将分段断路器自动接通。

母线分段的数目一般取决于电源、出线的数量和容量。段数越多,故障时停电范围越小,但断路器的数量越多,配电装置和运行越复杂,同时段数太多会使两段同时故障的概率变大,因此以 2～4 段为常见。这种接线形式广泛用于中小容量发电厂的 6～10kV 接线和 6～110kV 变电站。

2. 双母线接线

对于单母线(单母线分段)接线,当检修母线(母线分段)或母线隔离开关时,连接在该段母线上的所有回路都要在检修时间内停止供电,为克服这个弱点发展了双母线接线。如图 4-3 所示,具有两条母线同时运行互为备用,每回进出线均通过一台断路器和并列的两组隔离开关分别接到两条母线,母线之间的联络通过母线联络断路器 QFc 实现。有两组母线后,运行可靠性和灵活性大为提高,双母线接线优点如下:

(1)调度灵活。各个电源和各回路负荷可以任意分配到某一组母线上,能灵活适应电力系统中各种运行方式调度和潮流变化的需要,通过倒换操作可以组成各种运行方式。

(2)供电可靠。通过两组母线隔离开关的倒换操作,可以轮流检修一组母线而不致使供电中断;一组母线故障后,能迅速恢复供电;检修任一回路的母线隔离开关时,只需断开此隔离开关所属的一条回路和与此隔离开关相连的该组母线,其他回路均可通过另一组母线继续运行,但操作步骤必须正确。

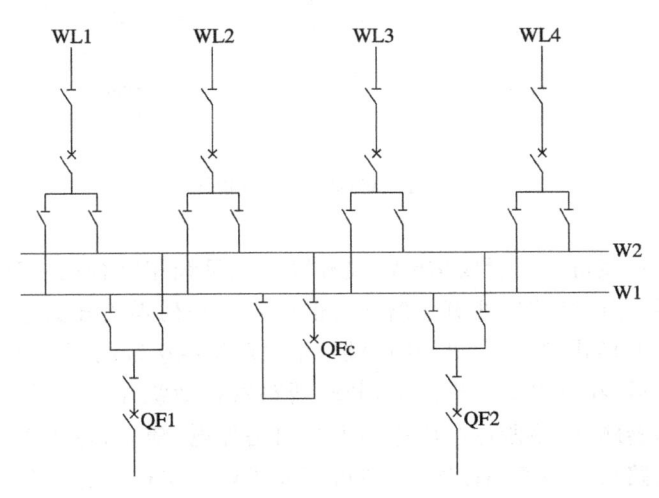

图 4-3 双母线接线

在进行上述母线切换操作时,要注意保持过程中母线功率大体平衡,防止特殊情况下大量穿越功率流经母联断路器而造成母联断路器误动作,使母线上负荷与电源失衡,

因而短期内无法满足部分负荷线路的供电。一般来说,双母线接线的主要缺点是:

(1)倒闸操作比较复杂,如在母线检修或故障时,隔离开关作为倒换操作电器,操作麻烦并有可能发生误操作。为避免误操作,需在隔离开关和断路器之间装设闭锁装置。

(2)接线所用设备较多,配电装置复杂,经济性较差。

(3)母线故障或检修时,需短时切除该母线上电源与负荷;馈线断路器或线路侧隔离开关故障时,会造成该回路供电中断。

双母线接线广泛用于:出线带电抗器的 6~10kV 配电装置;35~60kV 出线数超过 8 回,连接电源较大、负荷较大,以及 110~220kV 出线数为 5 回及以上的场合。

为了缩小母线故障的停电范围,可采用双母线分段接线,如图 4-4 所示。用分段断路器将工作母线分为 WⅠ 段和 WⅡ 段,每段工作母线用各自的母联断路器与备用母线相连,电源和出线回路均匀分布在两段工作母线上。

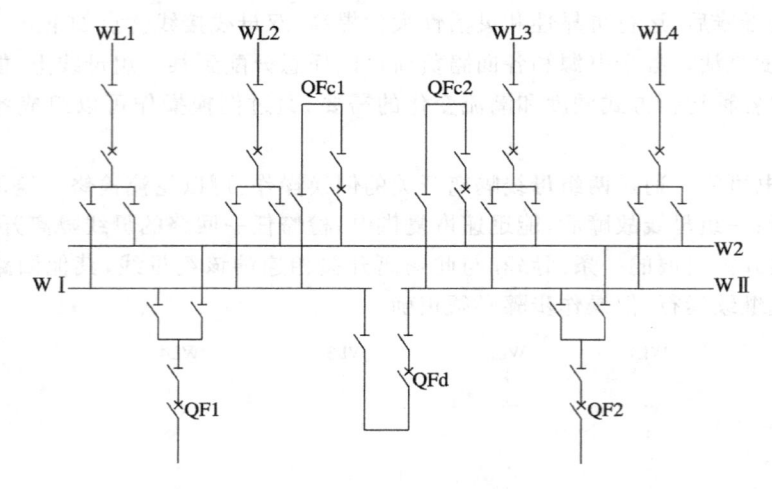

图 4-4 双母线三分段接线

双母线分段接线可近似看成是单母线分段与双母线相结合的一种形式,它增加了一台分段断路器(分段断路器两侧隔离开关也可有用并列隔离开关组分别接到备用母线与工作母线上的形式)和一台母联断路器,相比双母线接线的可靠性更高。当一段工作母线发生故障后,在继电保护作用下,分段断路器自动跳开,而后将故障段母线所连的电源回路断路器跳开,该段母线所连的出线回路停电;随后,将故障段母线所连的电源回路和出线回路切换到备用母线上,即可恢复供电。这样,只是部分短时停电,不必全部短期停电。

双母线分段接线比双母线接线增加了两台断路器,投资有所增加。但双母线分段接线不仅具有双母线接线的优点,而且任何时候都有备用母线,具有较高的可靠性和灵活性。

在 6～10kV 配电装置中,当进出线回路数或母线上电源较多、输送和通过功率较大时,为限制短路电流,以选择轻型设备,并提高运行可靠性,常采用双母线三或四分段接线,并在分段处加装母线电抗器。这种接线具有很高的可靠性和灵活性,但增加了母联断路器和分段断路器数量,配电装置投资较大。

双母线分段接线广泛用于发电厂的发电机电压配电装置,同时在 220～500kV 大容量配电装置中,不仅常采用双母线三分段接线,也采用双母线四分段接线。

3. 带旁路的单母线与双母线接线

常规的单母线与双母线接线存在一个共同的弱点,就是在进出线回路断路器故障或检修过程中造成该回路供电中断,而一般断路器经过长期运行和切断数次短路电流后都需要检修。为了能在检修过程中不中断该回路供电,可增设旁路母线。通常旁路母线有三种接线方式:带专用旁路断路器的旁路母线接线、母联断路器兼作旁路断路器的旁路母线接线、分段断路器兼作旁路断路器的旁路母线接线。

单母线分段带专用旁路断路器的旁路母线接线如图 4-5 所示,接线中设有旁路母线 WP、旁路断路器 QFp 及母线旁路隔离开关 QSpⅠ、QSpⅡ、QSpp,此外在各出线回路隔离开关的外侧都装有旁路隔离开关 QSp,使旁路母线能与各出线回路相连。带有专用旁路断路器的旁路母线接线大大提高了供电可靠性,但增加了一台旁路断路器的投资。为减少设备投资,可使用分段断路器或母联断路器兼作旁路断路器。

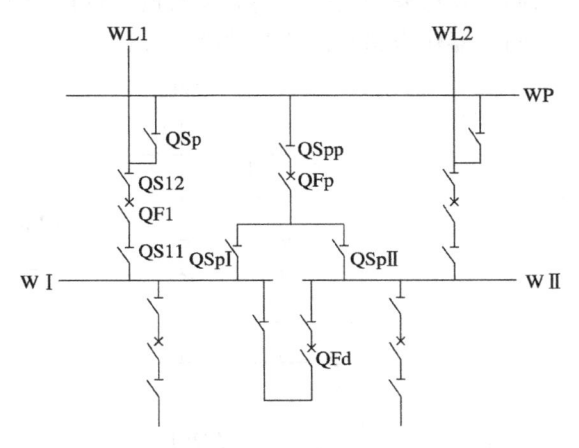

图 4-5 带专用旁路断路器的旁路母线接线

分段断路器兼作旁路断路器的接线如图 4-6 所示。在正常工作时,断路器 QFd 的旁路母线侧隔离开关 QS3 和 QS4 断开,主母线侧的隔离开关 QS1 和 QS2 接通,QFd 作为分段断路器使用。当 WⅠ段母线上的出线断路器检修时,为使 WⅠ、WⅡ段母线保持联系,先合上分段隔离开关 QSd(此时其两侧等电位),然后断开断路器 QFd 和隔离

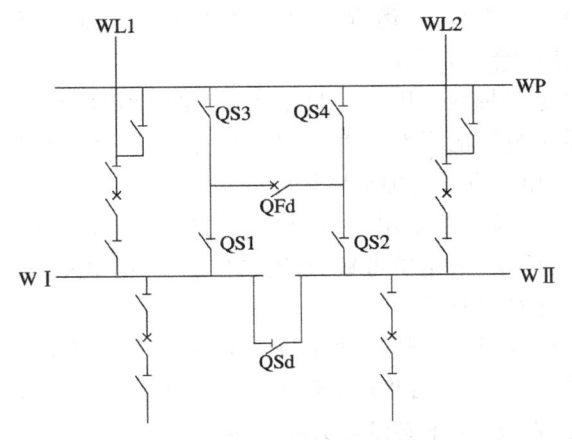

图 4-6 分段断路器兼作旁路断路器接线

开关QS2,再合上隔离开关QS4,然后合上QFd对旁路母线WP充电,余下操作与带专用旁路断路器类似,此时QFd作为旁路断路器使用。

旁路断路器兼作分段断路器的接线如图4-7所示,设置一台两个分段母线公用的旁路断路器,正常工作时隔离开关QS1和QS3接通、QS2断开,旁路断路器QFp接通兼作WⅠ、WⅡ段母线的分段断路器,旁路母线处于带电运行状态。当WⅠ段母线上的出线断路器检修时,先合上隔离开关QS2,保持WⅠ、WⅡ段母线间的联系,然后断开旁路母线与WⅡ段母线间的隔离开关QS3,再合上该出线回路的旁路隔离开关,最后断开要检修的出线断路器及其两侧的隔离开关。类似可得到对WⅡ段母线上的出线断路器作旁路断路器时的操作过程。

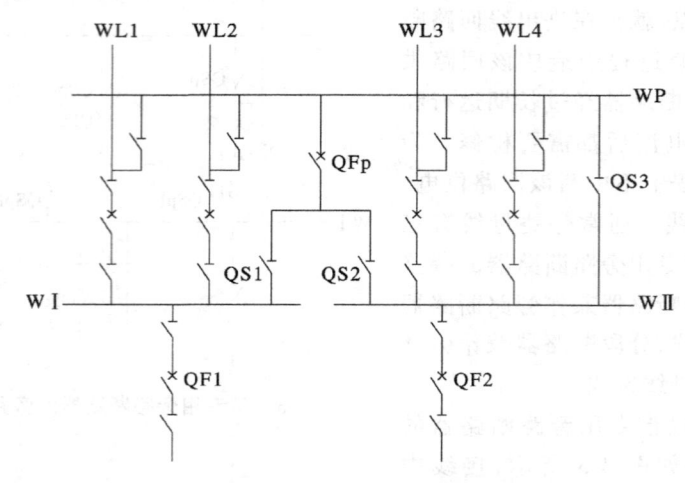

图4-7 旁路断路器兼作分段断路器接线

双母线同样可以带旁路母线,用旁路断路器替代检修回路的断路器工作,使该回路不致停电。旁路母线系统增加了许多设备,造价高昂、运行复杂,一般只有在出线断路器不允许停电检修情况下使用。其具体使用情况如下:

(1)6~10kV屋内配电装置一般不设旁路母线。因为容量不大,供电距离短,易于从其他电源点获得备用电源,还可采用易于更换的手车式断路器。只有架空出线很多且用户不允许停电检修断路器时才考虑采用单母分段加旁路母线的接线。

(2)35kV配电装置一般不设旁路母线。因为重要用户多为双回路供电,允许停电检修断路器。如果线路断路器不允许停电检修,采用单母线分段接线时可考虑增设旁路母线,但多采用分段断路器兼作旁路断路器的形式。

(3)110~220kV配电装置的出线送电距离较长,转送功率较大,停电影响较大,且常用的少油断路器年均检修时间长(一般5~7天),因此较多设置旁路母线。但若采用可靠性高、检修周期长(达20年)的SF_6断路器,也不必设置旁路母线。

(4)当110kV出线为7回及以上、220kV出线为5回及以上时,可采用有专用旁路断路器的接线;对于在系统中居重要地位的配电装置,110kV 6 回及以上、220kV 4 回及以上时,也可装专用旁路断路器,同时变电所主变压器的 110～220kV 侧断路器也应接入旁路母线。

(5)对于发电厂,由于进线断路器可配合发电机检修时进行检修,因此常不接入旁路母线;中小型水电站枯水季节允许停电检修出线断路器时,也可不设旁路母线。

4. 一台半断路器及 4/3 台断路器接线

一台半断路器接线又称 3/2 接线,如图 4-8 所示,有两条工作母线,每 2 回进出线共用 3 台断路器组构成一串,分别连接到两条母线上,其中每串中间的一台断路器为联络断路器。正常运行时,两组母线和全部断路器都投入运行,形成多环路供电,因此具有很高的工作可靠性和灵活性。通常在 330～500kV 系统,进出线为 6 回及以上,地位较为重要的配电装置使用一台半断路器接线。

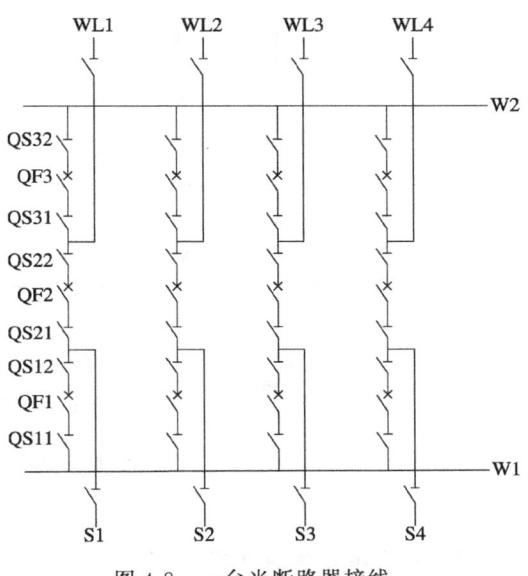

一台半断路器接线具有如下特点:

(1)可靠性高。任何一个元件(一回出线、一台主变)故障均不影响其他元件的运行,母线故障时,与其相连的断路器跳开,但各回路供电均不受影响。当每一串中均有一电源一负荷时,即使两组母线同时故障都影响不大(每串中的电源和负荷功率相近)。

图 4-8 一台半断路器接线

(2)调度灵活、操作方便。正常运行时形成多环路供电,调度灵活。倒闸操作时只需操作断路器,而不必操作隔离开关,使误操作概率大为减少。隔离开关仅供检修使用。

(3)检修方便。检修任一台断路器只需断开该断路器自身,然后拉开两侧隔离开关即可检修(称为不完整串运行)。检修母线时也不需切换回路,不影响各回路供电。

(4)占用断路器较多,投资较大,同时继电保护也比较复杂。

4/3 台断路器接线与一台半断路器接线类似,差别是每 3 回进出线通过 4 台断路器组构成一串,如图 4-9 所示,常用于发电机台数(进线)大于线路数(出线)的大型水电厂,以便实现在一串中电源与负荷容量相匹配。与一台半断路器接线相比,4/3 台断路器接线减少了断路器使用个数,节约了投资,但布置更为复杂,可靠性有所降低。

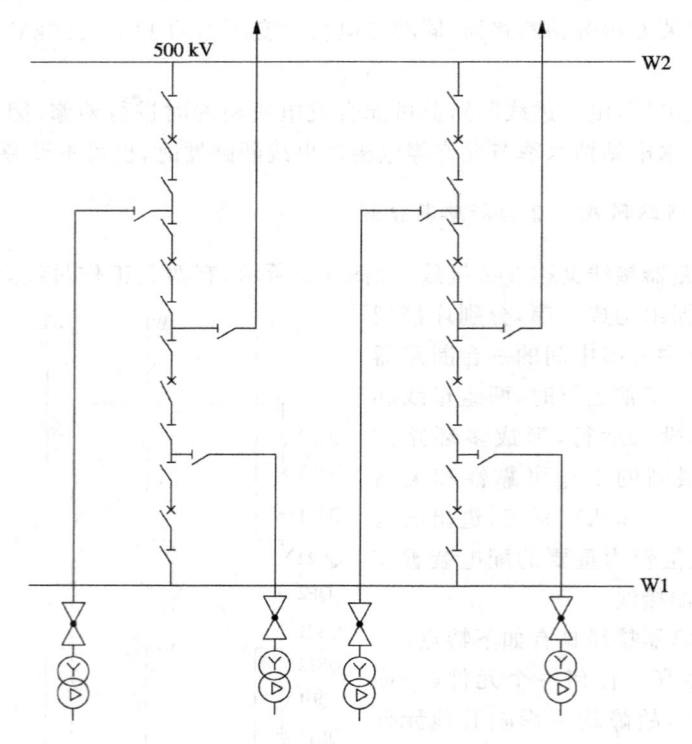

图 4-9　4/3 台断路器接线

5. 变压器母线组接线

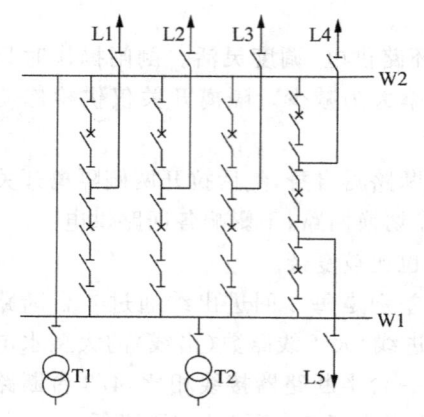

图 4-10　变压器母线组接线

如图 4-10 所示，有两条工作母线，主变压器直接通过隔离开关接至母线，各出线由 2 台断路器组分别接在母线（或与母线构成 3/2、4/3 等接线形式）。由于变压器是高可靠性设备，所以直接接入母线对母线运行不产生明显影响。一旦变压器故障（相当于所接母线故障），所有连接于对应母线上的断路器跳开，但不影响各出线供电。主变压器用隔离开关断开后，母线即可恢复运行。

变压器母线组接线调度灵活、安全可靠，并相对节省断路器投资，在远距离大容量输电系统中，对系统稳定和供电可靠性要求较高的变电站中采用。

4.2.2　无汇流母线接线形式

1. 单元接线

单元接线是常用主接线形式中最简单的(图 4-11),将发电机与变压器或者发电机—变压器—线路都直接串联起来,中间没有横向联络母线的接线。这种接线大大减少了电器数量,简化了配电装置,降低了工程投资,同时也减少了故障可能性,降低了短路电流。

图 4-11(a)为发电机—双绕组变压器单元接线,是大型机组广为采用的接线形式。发电机出口不装断路器,为调试发电机方便可装隔离开关。对 200MW 以上机组,发电机出口常采用分相封闭母线,为减少开断点,也可不装隔离开关,但应留有可拆点,以利于机组调试。这种单元接线避免了由于额定电流或短路电流过大,使得选择出口断路器时,受到制造条件或价格甚高等原因造成的困难。

图 4-11(b)为发电机—三绕组变压器单元接线,中等容量发电机需升高两级电压向系统送电时多采用这种单元接线,此时三侧都要装断路器和隔离开关,以便某侧停运时另外两侧可继续运行。

图 4-11(c)为发电机—变压器—线路单元接线,这种接线使发电厂内不必设置复杂的高压配电装置,使占地面积大为减少,简化了运行管理,适用于无发电机电压负荷并且发电厂系统距离变电站较近的情况。

图 4-11(d)为变压器—线路单元接线,一些终端变电站可采用这种接线方式。有时图中变压器高压侧断路器 QF2 也可省去,当变压器故障时由线路始端断路器 QF1 动作切除。

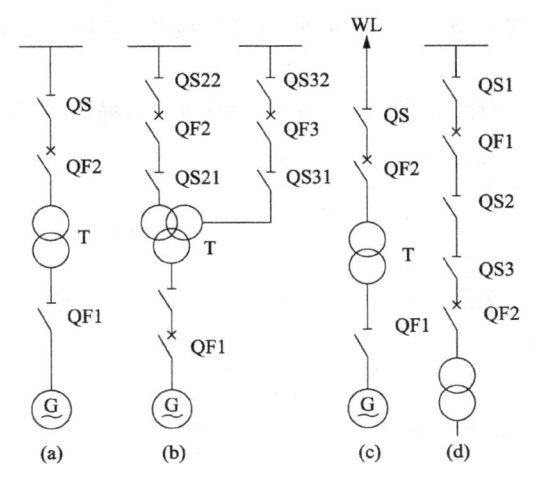

图 4-11　单元接线

2. 桥形接线

桥形接线如图 4-12 所示,当只有 2 台主变压器和 2 条出线时,常采用桥形接线,所用断路器数量最少(4 个回路使用 3 台断路器)。WL1、T1 与 WL2、T2 之间通过 QF3 实现横向联系,QF3 称为桥联断路器。根据桥联断路器位置的不同分为内桥接线和外桥接线。

图 4-12(a)为内桥接线,桥联断路器在线路断路器 QF1、QF2 的变压器侧,适用于输电线路较长(检修和故障概率大)或变压器不需经常投切及穿越功率不大的配电装置,其工作特点如下。

(1)其中一回出线检修或故障时,其余部分不受影响,切换操作较简单。例如,当 WL1 检修时,只需将 QF1 及其两侧隔离开关断开,T1、T2、WL2 不受影响,当 WL1 故障时,QF1 自动断开。

(2)变压器切除、投入或故障时,有一回出线短时停运,操作较复杂。例如,当 T1 切除时,要断开 QF1、QF3、QS1,然后重新合上 QF1、QF3;当 T1 故障时,QF1、QF3 自动断开,这时也要先断开 QS1,然后合上 QF1、QF3 恢复供电。两种情况 WL1 均短时停运。

(3)线路侧断路器检修时,线路需较长时间停运。另外,穿越功率(由 WL1 经 QF1、QF3、QF2 送到 WL2 或反方向)经过的断路器较多,使断路器故障和检修概率大,从而系统开环的概率大。为避免此缺点,可增设正常断开的跨条,如图中的 QS2、QS3(设两组隔离开关的目的是为了检修其中一组时,用另一组隔离电压)。

图 4-12(b)为外桥接线,桥联断路器在断路器 QF1、QF2 的线路侧,适用于出线较短或变压器需经常投切及穿越功率大的配电装置,其工作特点与内桥形式相反。

当有三台变压器和三条出线时,可采用双桥接线(又称扩大桥形接线),如图 4-12(c)所示。

由于桥形接线使用断路器少、布置简单、造价低,容易发展为分段单母线或双母线

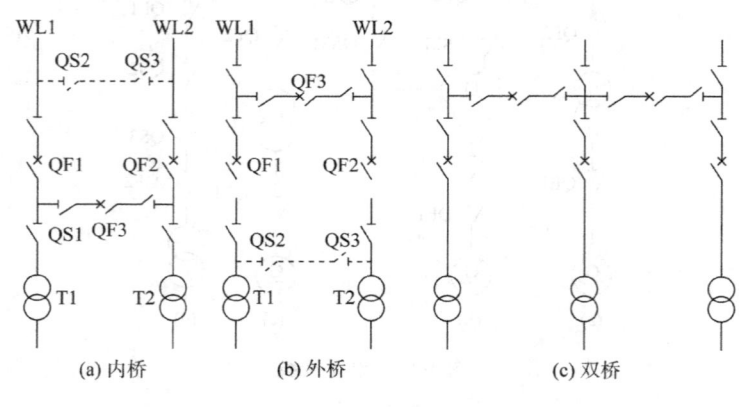

图 4-12 桥形接线
(a) 内桥　　(b) 外桥　　(c) 双桥

接线。桥形接线在35～220kV中小容量发电厂、变电站配电装置中广泛应用,但可靠性不高。当有发展扩建要求时,应在布置时预留设备位置。

3. 多角形接线

图4-13为多角形接线,将断路器布置闭合成环,并在相邻两台断路器之间引出一条回路(不再装断路器)的接线,其角数等于进、出线回路总数,等于断路器台数。多角形接线的优点如下:

(1)闭环运行时,有较高的可靠性和灵活性,任一回路故障只跳开与其相邻的2台断路器,不影响其他回路。

(2)检修任一台断路器,仅需断开该断路器及其两侧隔离开关,操作简单,无任何回路停电。

(3)断路器使用量较少,与不分段单母线相同,仅次于桥形接线,投资省、占地面积小。

(4)隔离开关只作为检修断路器时隔离电压,不作切换操作。

多角形接线的缺点如下:

(1)角形中任一台断路器检修时,变为开环运行,降低接线的可靠性。角数越多、断路器越多,开环概率越大,进出线回路数受到限制。

(2)在开环情况下,遇某回路故障时将会影响其他回路,由此电源与出线尽可能在各角上交替布置,以免故障造成多电源或多出线无法供电,并可使所选电气设备的正常工作电流不致过大。

(3)角形接线在开、闭环状态的电流差别很大,使设备选择发生困难,并使继电保护复杂化。

(4)不利于扩建。

根据多角形接线特点,不适用于回路数较多的情况(一般最多用到六角形),多用于最终规模明确,进、出线数为3～5回的110kV及以上的配电装置,以三角形和四角形常见。

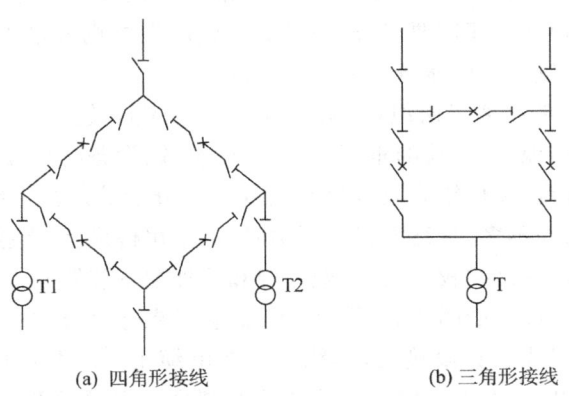

(a) 四角形接线   (b) 三角形接线

图4-13 多角形接线

4.3 发电厂和变电站的典型电气主接线

电气主接线根据发电厂和变电站的具体条件确定,由于发电厂和变电站的类型、容量、地理位置、在电力系统中的地位、作用、馈线数目、负荷性质、输电距离及自动化程度等不同,采用的主接线形式也不同,但同一类型发电厂或变电站的主接线仍具有某些共同特点。

4.3.1 火电厂主接线

1. 中小型火电厂主接线

电厂的单机容量为 200MW 及以下,总装机容量 1000MW 以下,一般建在工业企业或城镇附近,以发电机电压将部分电能供给本地区用户,如钢铁基地、大型化工、冶炼企业及城市的综合用电等,将剩余电能升压后送往系统,其主接线特点如下:

(1)设有发电机电压母线。

①根据地区网络要求,供电电压采用 6kV 或 10kV,发电机单机容量为 100MW 及以下。当发电机容量为 12MW 及以下时,一般采用单母线分段接线;当发电机容量为 25MW 及以上时,一般采用双母线分段接线。一般不设旁路母线。

②出线回路较多(有时多达数十回),供电距离较短(一般不超过 20km),为避免雷击线路直接威胁发电机,一般多采用电缆供电。

③当发电机容量较小时,一般仅装设母线电抗器即足以限制短路电流;当发电机容量较大时,一般需同时装设母线电抗器及出线电抗器。

④通常用 2 台及以上主变压器与升高电压级联系,以便向系统输送剩余功率或从系统倒送功率。

(2)当发电机容量为 125MW 及以上时,宜采用单元接线;当原接于发电机电压母线的发电机已满足地区负荷需要时,即便后面扩建的发电机容量小于 125MW,也常采用单元接线,以减小发电机电压母线的短路电流。

(3)升高电压等级不多于两级(一般为 35~220kV),其升高电压部分的接线形式与火电厂在系统中的地位、负荷的重要性、出线回路数、设备特点、配电装置型式等因素有关,可能采用单母线、单母线分段、双母线、双母线分段等。当出线回路数较多时,可增设旁路母线;当出线不多、最终方案已明确时,可采用桥形、角形接线。

(4)从整体上看,主接线较复杂,一般屋内和屋外配电装置并存。

某中型热电厂主接线如图 4-14 所示。该热电厂装有两台发电机,接到 10kV 母线上;10kV 母线为双母线三分段接线,母线分段及电缆出线均装有电抗器,以限制短路电流以便选用轻型电器;发电厂供给本地区后的剩余功率通过两台三绕组变压器送入 110kV 及 220kV 系统;110kV 为单母线分段接线,重要用户可用双回路分别接到两分段上；220kV为有专用旁路断路器的双母线带旁路母线接线，只有出线进旁路，主变压器不进旁路。

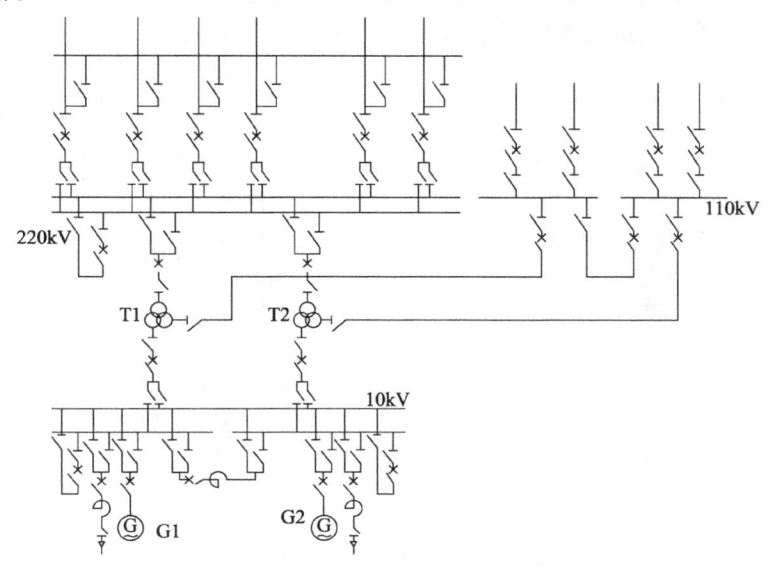

图 4-14 某中型热电厂主接线

2. 大型火电厂主接线

电厂单机容量为 200MW 及以上，总装机容量 1000MW 及以上，其主接线特点如下：

(1)在系统中地位重要，主要承担基本负荷，负荷曲线平稳，设备利用小时数高，发展可能性大，因此其主接线可靠性较高。

(2)不设发电机电压母线，发电机与主变压器采用简单可靠的单元接线，发电机出口至主变压器低压侧间采用封闭母线。除厂用电外，绝大部分电能直接用 220kV 及以上的 1～2 种升高电压送入系统。附近用户则由地区供电系统供电。

(3)升高电压部分为 220kV 及以上。220kV 配电装置，一般采用双母线带旁路母线、双母线分段带旁路母线接线，接入 220kV 配电装置的单机容量一般不超过 300MW；330～500kV 配电装置，当进出线数为 6 回及以上时，采用一台半断路器接线；220kV 与 330～500kV 配电装置之间一般用自耦变压器联络。

(4)从整体上看，这类电厂的主接线较简单、清晰，且一般均为屋外配电装置。

某区域性大型火电厂主接线如图 4-15 所示。该发电厂有 4 台发电机，接成 4 组单元接线，2 个单元接 220kV 母线，2 个单元接 500kV 母线。220kV 母线采用带旁路母线的双母线接线方式，装有专用旁路断路器。考虑到单机容量 300MW 及以上的大型机组停运对系统影响很大，故在变压器进线回路也接入旁路母线。500kV 母线为一台半断路器接线,按照电源线与负荷线配对成串原则,因串数大于两串,同名回路接于同一侧母线,不交叉布置,以减少配电装置占地。用自耦变压器作为两级升高电压之间的联络变压器,其低压绕组兼作厂用电的备用电源和启动电源。

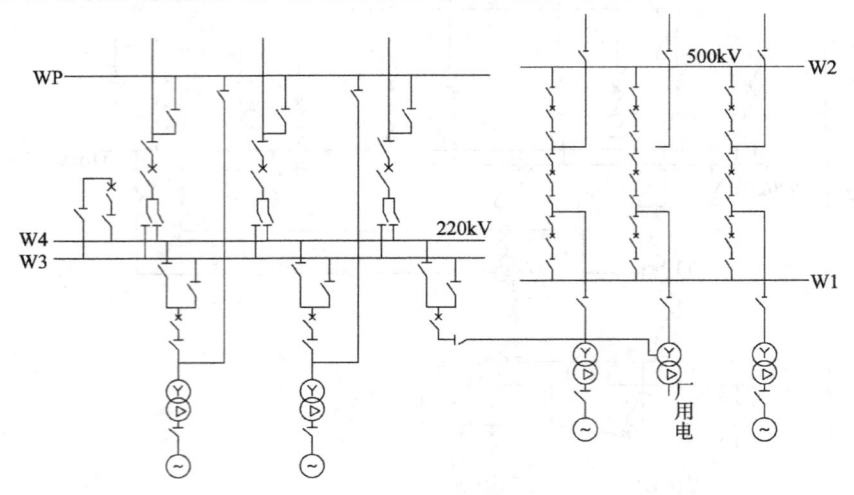

图 4-15 某区域性大型火电厂主接线

4.3.2 水电厂主接线

水电厂以水力为能源,多建于山区峡谷中,一般远离负荷中心,附近用户少,甚至完全没有用户,因此其主接线类似大型火电厂主接线。

(1)不设发电机电压母线,除厂用电外,绝大部分电能用 1~2 种升高电压送入系统。

(2)装机台数及容量根据水能利用条件一次确定,因此其主接线、配电装置布置一般不考虑扩建。但常因设备供应、负荷增长情况及水工建设工期较长等原因而分期施工,以便尽早发挥设备效益。

(3)由于山区峡谷中地形复杂,为缩小占地面积、减少土石方的开挖和回填量,主接线尽量采用简化的接线形式,以减少设备数量,使配电装置布置紧凑。

(4)由于水电厂生产特点及所承担的任务,要求其主接线尽量采用简化的接线形式,以避免烦琐的倒闸操作。水轮发电机组启动迅速、灵活方便,生产过程容易实现自动化和远动化。一般从启动到带满负荷只需 4~5min,事故情况下可能不到 1min。因此,水电厂在枯水期常被用作系统的事故备用、检修备用或承担调峰、调频、调相等任务;在丰水期承担系统的基本负荷,以充分利用水能,节约火电厂燃料。可见,水电厂的负荷曲线变动较大,开、停机次数频繁,相应设备投、切频繁,设备利用小时数较火电厂小,因此其主接线尽量采用简化的接线形式。

(5)由于水电厂的特点,其主接线广泛采用单元接线,特别是扩大单元接线。大容量水电厂的主接线与大型火电厂相似;中小容量水电厂的升高电压部分采用一些固定、适合回路数较少的接线形式(如桥形、多角形、单母线分段等),比火电厂用得更多。

(6)从整体上看,水电厂的主接线较火电厂简单、清晰,且一般均为屋外配电装置。

图 4-16 为某中型水电厂的主接线。该电厂有 4 台发电机,每两台机组与一台双绕组变压器接成扩大单元接线;110kV 侧只有 2 回出线,与两台主变压器接成四角形接线。

图 4-17 为某大型水电厂的主接线。该水电厂有 6 台 550MW 机组以发电机—变压器单元接线直接把电能送至 500kV 电力系统,500kV 侧为 2 串一台半断路器接线(其中一串在布置上留有发展 4/3 台断路器接线的余地)和 2 串为 4/3 台断路器接线,实现 6 条电源进线和 4 条出线配对成串。由于升压变压器与 500kVGIS(全封闭组合电器)配电装置之间采用干式电缆连接,2 串一台半断路器接线中,同名元件可以方便采用交叉布置,没有增加间隔布置的困难,而增加了供电可靠性。为冬季担任系统调峰负荷的需要,在各发电机出口均装设出口断路器,给运行带来极大灵活性,避免机组频繁开停对 500kV 接线运行方式的影响;同时,可利用主变压器倒送功率,为机组启动/备用电源提供方便,而在发电机出口断路器与厂用电引出线之间装设的隔离开关及接地开关,为该运行方式提供了安全保障。受运输条件限制,该水电厂主变压器采用 18 台单相式变压器组成三相变压器,另外再设 1 台单相变压器备用。

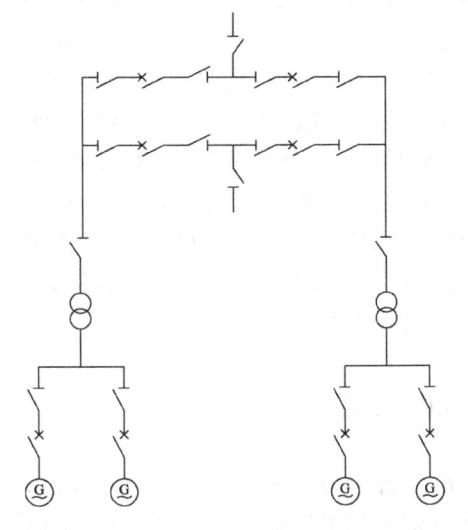

图 4-16 某中型水电厂主接线

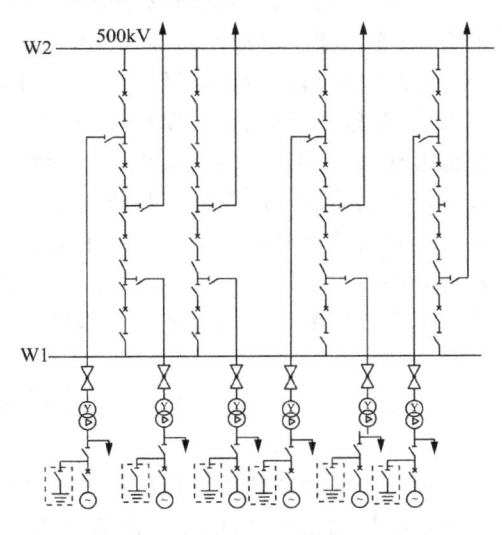

图 4-17 某大型水电厂主接线

4.3.3 变电站主接线

变电站主接线设计原则基本上与发电厂相同,即根据变电站的地位、负荷性质、出线回路数、设备特点等情况,采用相应的接线形式,图 4-18 和图 4-19 分别为 110kV 地区变电站与 500kV 枢纽变电站的主接线。

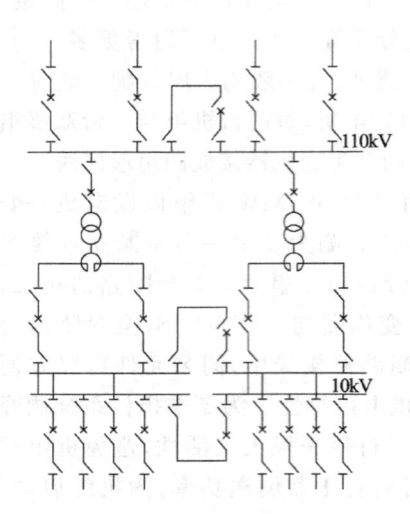

图 4-18 某 110kV 地区变电站主接线 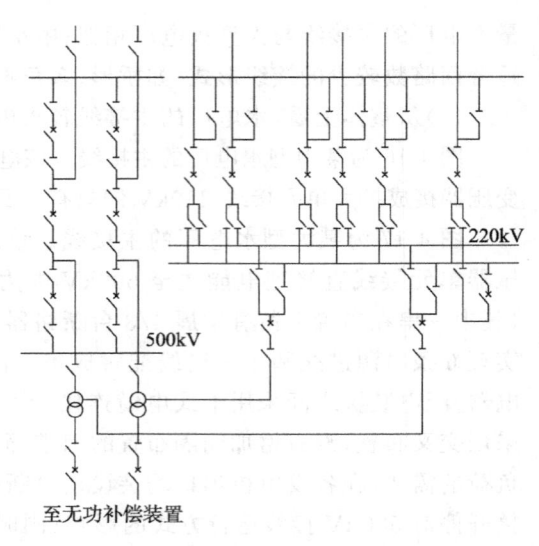　　图 4-19 某 500kV 枢纽变电站主接线

330～500kV 配电装置接线形式有一台半断路器、双母线分段（三分段或四分段）带旁路、变压器—母线组接线；220kV 配电装置接线形式有双母线带旁路、双母线分段（三分段或四分段）带旁路及一台半断路器接线等；110kV 配电装置接线形式有不分段单母线、分段单母线、分段单母线带旁路、双母线、双母线带旁路、变压器—线路单元组及桥形接线等；35～63kV 配电装置接线形式有不分段单母线、分段单母线、双母线、分段单母线带旁路（分段兼旁路断路器）、变压器—线路单元组及桥形接线等；6～10kV 配电装置常采用分段单母线，有时也采用双母线接线，以便扩建。6～10kV 馈线选用轻型断路器，若不能满足开断电流及动、热稳定要求，应采取限制短路电流措施，例如，使变压器低压侧分列运行或在低压侧装设电抗器、在出线上装设电抗器等。

4.4　限制短路电流的方法

短路是电力系统出现情况最多、影响最为严重的一种故障形式。发生短路故障时，系统总阻抗急剧变小，回路电流急剧增大可能达到正常工作电流的几倍至几十倍，从而使设备受到过大电流带来的发热和电动力冲击，并使网络电压急剧下降而影响用户供电和可能破坏系统运行的稳定性等，因而在系统设计与运行中要考虑短路故障可能带来的影响。

电力系统短路电流随系统单机容量及总装机容量的加大而增大。在大容量发电厂和电力网中，短路电流可达到很高数值，以致在选择发电厂和变电站断路器及其他配电设备时面临困难：要使配电设备能承受短路电流的冲击，往往需要提高容量等级，不仅导致投资增加，甚至还可能因断流容量不足而选不到合乎要求的断路器。在中低压电网中,这一现象尤为突出。所以在发电厂、变电站接线设计中,常采用限制短路电流的措施以减小短路电流,以便采用价格较便宜的轻型电器及截面较小的导线等。对短路电流限制的程度,取决于限制措施的费用与技术经济上的受益程度之间的比较结果。

各种限流措施,最终归结为增大电源至短路点之间的等效阻抗,这些措施从设计着手并依靠正确的运行来实现,归纳为如下几种。

4.4.1 选择适当的接线形式和运行方式

并联支路越多,回路等效阻抗越小;串联回路越多,回路等效阻抗越大。所以,在接线中减少并联设备支路或增加串联设备支路,可增大系统阻抗,减小短路电流。为此,在主接线设计和运行中常采用下列方法:

(1)具有大容量机组的发电厂采用单元接线,以减小发电机机端短路和母线短路电流。

(2)在降压变电站,将两台降压变压器低压侧分列运行。要注意的是,低压侧分列运行在一定程度上降低供电可靠性,当一台变压器故障时将造成该变压器所供母线段停电。为此,一般在低压母线分段处装设备用电源自动投入装置,以便在变压器故障造成一段母线停电时能自动合闸投入,由另一段母线转供负荷。

(3)负荷允许条件下,在环形供电网络穿越功率最小处开环运行或双回线路采用一回投入一回备用方式运行。环形结构系统阻抗小于串形结构,在穿越功率最小处解环一般比在其他部分解环对系统运行状态的影响小。

4.4.2 系统中加装限流电抗器

这种限流措施一般用于10kV及以下网络,目的在于使发电机回路及用户能采用轻型断路器,减少电气设备投资。限流电抗器由单相空心电感线圈构成,按中间有无抽头分为普通电抗器和分裂电抗器。

1. 普通电抗器

限流电抗器通过增加短路时系统计算阻抗以限制短路电流,电抗标幺值等于额定电流时的压降标幺值,因此受正常工作压降的限制而不能选择过大。在电抗标幺值相同情况下,电抗器额定电流越大,电抗基准值越小,因此电抗有名值越小。依据安装地点和作用,普通电抗器分为母线电抗器和线路电抗器。

1)母线电抗器

母线电抗器装设在母线分段处,如图4-20中电抗器L1,目的是让发电机出口断路器、变压器低压侧断路器、母联断路器和分段断路器等都能按各回路额定电流选择,不因短路电流过大而使容量升级。母线分段处往往是正常工作下电流流动最小的地方,在此装设电抗器,所引起的电压损失和功率损耗都比装在其他地方小,因而母线电抗器一般可选较大的电抗标幺值,而且无论厂内(k1或k2点)或厂外(k3点)短路时,电抗器 L1 均能起到限流作用。为了运行操作方便和减小母线各段间的电压差,母线分段一般不宜超过三段。母线电抗器常用于限制并列运行发电机所提供的短路电流,其额定电流通常按母线上事故切除最大一台发电机时可能通过电抗器的电流进行选择,一般取最大一台发电机额定电流的 50%~80%,电抗百分值取 8%~12%。

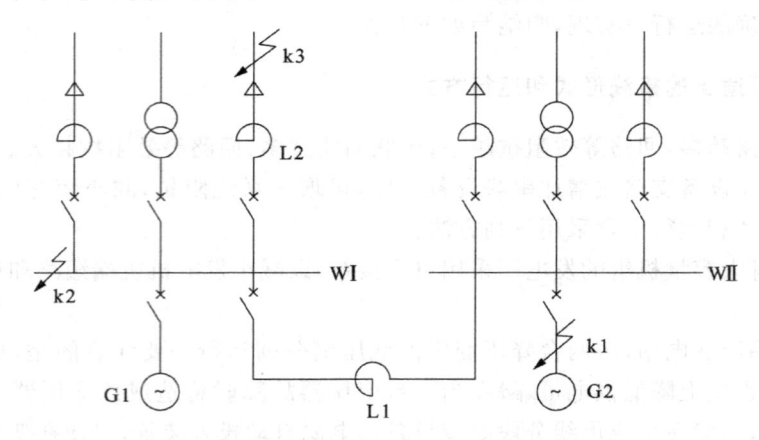

图 4-20 电抗器的用法(图中未画隔离开关)
L1—母线电抗器;L2—线路电抗器

2)线路电抗器

线路电抗器主要用来限制电缆馈线的短路电流。由于电缆的电抗值较小且有分布电容,即使在电缆馈线末端发生短路,短路电流也和母线短路相差不多。为使电缆出线能选用轻型断路器,同时馈线电缆也不致因短路发热而加大截面,常在出线端加装线路电抗器 L2,如图 4-20 所示。在馈线上不存在对侧电源情况下,它只在电抗器后如 k3 点短路时才起到限制短路电流的作用。由于架空线路的感抗值较大,不长一段线路就可以把出线上的短路电流限制到装设轻型断路器的程度,因此通常架空线路上不装设线路电抗器。

馈线上装设线路电抗器,除能限制短路电流外,还能在馈线短路故障时维持母线电压不致过低。因为当线路电抗器后发生短路时(如 k3 点),短路点电压急剧下降,若未装设线路电抗器则会连带使母线电压大幅下滑,连接于母线上的其他出线、设备就会受到过低电压的影响甚至无法正常工作;装设线路电抗器后,由于短路时电流突变,电感线圈产生反向感应电动势在母线上维持较高的剩余电压(一般大于 65%U_N),压降主要产生在电抗器上,这对非故障用户,尤其对电动机极为有利,能提高供电可靠性。但是,在直配线路上安装线路电抗器时,因馈线回路数多,相应线路电抗器数量也多,总投资加大,使配电装置构造复杂,同时在正常运行时也将产生较大的电压损失(一般要求不大于 5%U_N)和较多的功率损耗。所以,一般情况下,在分段处装设母线电抗器或在发电机、主变压器回路装设分裂电抗器不满足要求时,再考虑在线路上装设线路电抗器。通常线路电抗器的额定电流为 300~600A,电抗百分值为 3%~6%。

需要注意的是,虽然母线电抗器的电抗百分数值较大,但由于一般母线电抗器较线路电抗器容量大得多,其电抗有名值较小。因此,对于出线短路电流的限制能力,母线电抗器比线路电抗器小得多。母线电抗器的主要作用在于限制母线短路电流以利于母线设备及连接于母线的发电机、变压器等支路设备的选择。

2. 分裂电抗器

分裂电抗器又称双臂限流电抗器,其结构为一中间抽头的空心电感线圈,如图4-21所示。最常用的接线方式是中间端3接电源,两臂端1、2接大致相等的两组负荷。由于两臂绕组互感的作用,每支等效电抗与两分支电流方向及比值大小有关:正常运行时,两支电流近似相同,互磁通方向与自磁通方向相反,即两绕组互相去磁而使每支等效电抗小于其自感抗;短路时,短路分支自磁通远大于非短路分支产生的互磁通,因此可略去互磁通,短路分支等效电抗等于其自感抗。

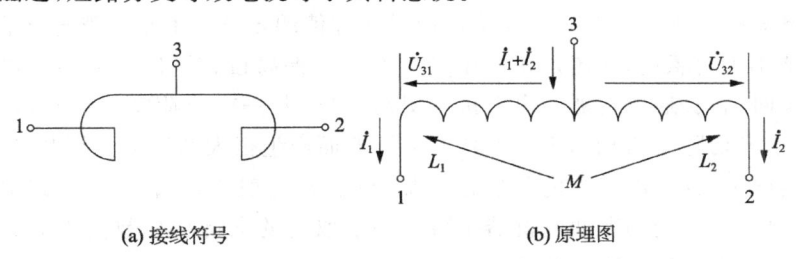

(a) 接线符号   (b) 原理图

图 4-21 分裂电抗器

如图 4-21 中所示,两分支 1、2 的自感 L_1、L_2 及自感抗 x_{L1}、x_{L2} 相等,即

$$L_1 = L_2 = L, \quad x_{L1} = x_{L2} = x_L = \omega L$$

设两分支间互感系数为 f,则互感抗 x_M 与自感抗 x_L 的关系为

$$x_M = f \times x_L$$

按图 4-21 电流、电压正方向,分支压降分别为

$$\dot{U}_{31} = j\dot{I}_1 x_L - j\dot{I}_2 x_M = j\dot{I}_1 x_L (1 - f \times \frac{\dot{I}_2}{\dot{I}_1})$$

$$\dot{U}_{32} = j\dot{I}_2 x_L - j\dot{I}_1 x_M = j\dot{I}_2 x_L (1 - f \times \frac{\dot{I}_1}{\dot{I}_2})$$

由此可见,分裂电抗器相当于两分支电抗器,由于互感作用使每一分支的等效电抗依赖于两支电流的复值比。互感系数 f 与分裂电抗器的结构有关,一般取 $f=0.5$。

正常运行时,两支负荷电流近似相同,分支等效电抗为 $x_1 = x_2 = x_L(1-f) = 0.5 x_L$,即正常工作时分裂电抗器每个臂的电抗减少一半。

当分支 1 短路时,若分支 2 上无电源,有 $I_1 \gg I_2$,则 $x_1 \approx x_L$(称为单臂型电抗),此短路等效电抗为正常工作电抗的 2 倍;若分支 2 上有电源(如存在对侧电源或大型电动机在短路瞬间的反馈电流),则臂 2 提供的短路电流 $\dot{I}_2$(与图中方向相反)与中间端 3 提供的短路电流 $\dot{I}_3$ 在电抗器中同向,磁通方向也相同,每一臂产生的磁通在另一臂中产生正的互感抗,即

$$\dot{I}_1 = \dot{I}_2 + \dot{I}_3$$

$$\dot{U}_{31} = \mathrm{j}\dot{I}_1 x_L + \mathrm{j}\dot{I}_2 x_M = \mathrm{j}\dot{I}_3 x_L + \mathrm{j}\dot{I}_2 x_L(1+f)$$

$$\dot{U}_{23} = \mathrm{j}\dot{I}_2 x_L + \mathrm{j}\dot{I}_1 x_M = \mathrm{j}\dot{I}_3 x_M + \mathrm{j}\dot{I}_2 x_L(1+f)$$

$$\dot{U}_{21} = \dot{U}_{23} + \dot{U}_{31} = \mathrm{j}\dot{I}_3 x_L(1+f) + \mathrm{j}2\dot{I}_2 x_L(1+f)$$

当臂 2 上存在电源时,分裂电抗器相对于臂 2 侧短路电流的等效电抗为 $x_{21} = 2x_L(1+f) = 3x_L$。

综上所述,短路时分裂电抗器表现出超过正常工作时 2 倍以上的等效电抗值,很好处理了限制短路电流与正常工作压降不超过允许值的矛盾。由于分裂电抗器正常运行时等效电抗小于自感抗,在满足正常压降条件下可提高自感抗以限制短路电流。当两支负荷相同时,较普通电抗器其自感抗可提高 2 倍;若一支负荷突然切除,切除支路将产生过电压,未切除支路相当于串入普通电抗器而产生很大的压降。因此,即使在两支负荷平衡情况下,分裂电抗器的阻抗也应加以限制(一般不超过 12%),其主要作用在于降低正常压降;当选用普通电抗器按限流要求取定的电抗百分数值不能满足正常压降要求时,可考虑改选分裂电抗器。

4.4.3 接线中使用低压分裂绕组变压器

将一台大容量变压器更换为电抗标幺值与之相同的两台小容量变压器,并在低压侧解列运行,可以减小低压侧的短路电流,但是变压器台数增多将导致投资增加。采用低压分裂绕组变压器,就能解决这一矛盾。低压分裂绕组变压器是每相由一个高压绕组与两个(或多个)电压和容量均相同的低压绕组构成的多绕组电力变压器,两个(或多个)分裂低压绕组与其高压绕组的相对关系相同,相当于两台(或多台)小变压器。低压分裂绕组可单独或并列运行,当某一个低压绕组上所连接的负荷或电源发生故障时,其余低压绕组仍能正常运行。低压分裂绕组变压器正常的电能传输仅在高、低压绕组之间进行,这种变压器常用作大型机组的厂用变压器,也可用作中小型机组扩大单元接线中的主变压器,如图 4-22 所示。

设 x_1 为高压绕组的漏抗,$x_{2'}$、$x_{2''}$ 分别为高压绕组开路时两个低压分裂绕组的漏抗,通常 $x_{2'} = x_{2''} = x_2$(已归算至高压侧),如图 4-22(c)所示。

假设高压侧开路,低压侧一台发电机出口处短路,通过两分裂绕组的短路电抗为 $x_{2'2''} = x_{2'} + x_{2''} = 2x_2$。正常工作时的等值电路如图 4-22(d)所示,若通过高压绕组的电流为 I,每个低压绕组流过相同的电流为 $I/2$,则高低压绕组正常工作时的等值电抗为 $x_{12} = x_1 + 1/2 x_2 = x_1 + 1/4 x_{2'2''}$。

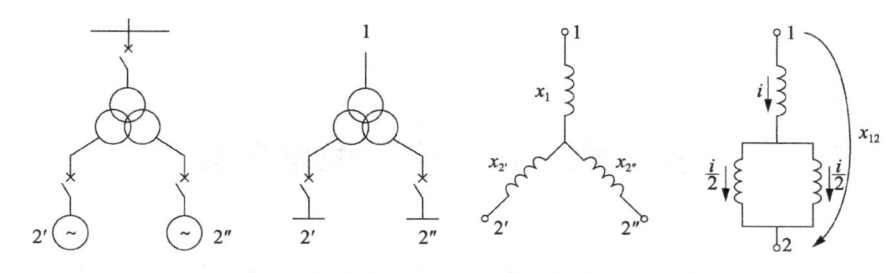

(a) 发电机-变压器扩大单元接线　(b) 高压厂用变压器　(c) 等值电路　(d) 正常工作时等值电路

图 4-22　低压分裂绕组变压器及其等值电路

可见,低压分裂绕组正常运行时的等效电抗值相当于两分裂绕组短路电抗的 1/4。当一个绕组出线(如 2')发生短路时,来自另一发电机的短路电流将遇到 $x_{2'2''}$ 即 $2x_2$ 的限制,来自系统的短路电流则遇到 $x_1+x_{2'}=x_{12}+1/4x_{2'2''}$ 的限制。这些电抗值都很大,起到限制短路电流的作用。在采用扩大单元接线时,采用低压分裂绕组接线比较方便。此外,在单机容量 200MW 及以上机组的厂用高压变压器,可将两个低压分裂绕组接至厂用电的两个不同分段上。

低压分裂绕组变压器的绕组在铁心上的布置有两个特点:一是两个低压分裂绕组之间有较大的短路阻抗;二是每一分裂绕组与高压绕组之间的短路阻抗较小且相等。低压分裂绕组变压器运行时的特点是:当一个分裂绕组低压侧发生短路时,未发生短路的分裂绕组低压侧仍能维持较高电压,以保证低压侧上的设备继续运行,并保证电动机紧急启动,这是一般结构的三绕组变压器所不及的。

思 考 题

4-1　对电气主接线设计的基本要求有哪些?分别具有哪些含义?

4-2　隔离开关与断路器在操作过程中的主要区别是什么?应遵循什么原则?

4-3　主母线与旁路母线各起什么作用?设置专用旁路断路器和以母联断路器或分段断路器兼作旁路断路器的接线形式,各有什么特点?在具有旁路母线的接线形式中,要求不停电检修出线断路器,如何操作?

4-4　内桥接线与外桥接线形式分别有什么样的特点?

4-5　电力系统中限制短路电流的常用措施有哪些?

第 5 章　厂用电及配电装置

5.1　厂用电负荷及电动机校验

5.1.1　厂用电率

发电厂在电力生产过程中,有大量以电动机拖动的机械设备,用以保证主要设备(如锅炉、汽轮机或水轮机、发电机等)和辅助设备的正常运行。这些电动机以及全厂的运行操作、试验、修配、照明、电焊等用电设备的总耗电量,统称为厂用电或自用电。

厂用电的电量,大都由发电厂本身供给,且为重要负荷之一。厂用电耗电量与发电厂类型、机械化和自动化程度、燃料种类及其燃烧方式、蒸汽参数等因素有关。厂用电耗电量占同一时期发电厂全部发电量的百分数,称为厂用电率。额定工况下,厂用电率 K_{cy} 可用式(5-1)估算:

$$K_{cy} = \frac{S_{js}\cos\varphi_P}{P_G} \times 100\% \tag{5-1}$$

式中,S_{js} 为发电厂的厂用计算负荷(kW);$\cos\varphi_P$ 为平均功率因数,一般取 0.8;P_G 为发电厂的额定功率(kW)。

厂用电率是发电厂的主要运行经济指标之一,如何降低厂用电率,是各个发电厂都比较关注的问题。一般凝汽式火电厂为 5%～8%,热电厂为 8%～10%(指发电的厂用电率,其供热的厂用电率另行计算,单位为 kW·h/GJ),水电厂为 0.3%～2.0%。降低厂用电率不仅可以降低电能成本,还可相应地增加对系统的供电量。

5.1.2　厂用负荷分类及特性

1. 厂用负荷分类

就总体而言,厂用负荷都是重要负荷,但重要程度不同。根据厂用负荷在发电厂运行中所起的作用及其供电中断对人身、设备及生产所造成的影响程度,将其分为下列五类,其中Ⅰ～Ⅲ类的分类原则和供电要求与电力用户类似。

1) Ⅰ类负荷

Ⅰ类负荷是指短时(手动切换恢复供电所需的时间)停电可能影响人身或设备安全,使生产停顿或发电量大量下降的负荷。如火电厂的给水泵、凝结水泵、循环水泵、引风机、送风机、给粉机及水电厂的调速器、压油泵、润滑油泵等。对接有Ⅰ类负荷的高、低压厂用母线,应有两个独立电源,即应设置工作电源和备用电源,并应能自动切换;Ⅰ类负荷通常装有两套或多套设备;Ⅰ类负荷的电动机必须保证能自启动。

2)Ⅱ类负荷

Ⅱ类负荷是指允许短时停电,但较长时间停电有可能损坏设备或影响机组正常运行的负荷。如火电厂的工业水泵、疏水泵、灰浆泵、输煤系统机械和有中间煤仓的制粉机械、电动阀门、化学水处理设备等,以及水电厂中的绝大部分厂用电动机负荷。对接有Ⅱ类负荷的厂用母线,也应有两个独立电源供电,一般采用手动切换。

3)Ⅲ类负荷

Ⅲ类负荷是指长时间(几小时或更长时间)停电也不致直接影响生产,仅造成生产上的不方便的负荷。如修配车间、试验室、油处理室等的负荷。对Ⅲ类负荷,一般由一个电源供电。在大型电厂中,也常采用两路电源供电。

4)事故保安负荷

事故保安负荷是指大型发电机组在事故停机过程中及停机后的一段时间内仍必须保证供电,否则可能引起主设备损坏、重要的自动控制装置失灵或危及人身安全的负荷。根据对电源要求的不同,事故保安负荷又分为两类。

(1)直流保安负荷,简称"OⅡ"类负荷。如汽机、给水泵的直流润滑油泵、发电机的直流氢密封油泵等,其电源为蓄电池组。

(2)允许短时停电的交流保安负荷,简称"OⅢ"类负荷。如 200MW 及以上机组的盘车电动机、交流润滑油泵、交流氢密封油泵、除灰用事故冲洗水泵、消防水泵等。平时由交流厂用电源供电,失去厂用工作电源和备用电源时,交流保安电源(如柴油发电机组、燃气轮机组或外部独立电源等)应自动投入。

5)交流不间断供电负荷

交流不间断供电负荷简称"OⅠ"类负荷,是指在机组启动、运行及停机(包括事故停机)过程中,甚至停机以后的一段时间内,要求连续提供具有恒频恒压特性电源的负荷,如实时控制用电子计算机、热工仪表及自动装置等。一般由接于蓄电池组的逆变装置或由蓄电池供电的直流电动发电机组供电。

2. 厂用负荷的特性

厂用负荷的特性主要是指其重要性、运行方式、有无联锁要求、是否易于过负荷等。

(1)重要性。厂用负荷按照其重要性可分为上述五类。

(2)运行方式。运行方式是指用电设备使用次数和每次使用时间的长短。

①按使用次数可分为两类:a."经常"使用的设备,即在生产过程中,除了本身检修和事故外,每天都投入使用的用电设备;b."不经常"使用的设备,是指只在检修、事故、机炉启停期间使用,或两次使用间隔时间很长的用电设备。

②按每次使用时间的长短分为三类:a."连续"工作,即每次使用时,连续带负荷运行 2h 以上;b."短时"工作,即每次使用时,连续带负荷运行 10~120min;c."断续"工

作,即每次使用时,从带负荷到空载或停止,反复周期地工作,每个工作周期不超过10min。

③有无联锁要求。联锁要求是指为了满足生产工艺流程要求,实现连续生产,或为了在生产工艺流程遭到破坏时保证人身及设备安全等,要求在系统中某些相互有紧密联系的厂用辅机之间建立某种联锁关系。例如,制粉系统各辅机的启动顺序必须是:排粉机－磨煤机－给煤机,而停止顺序必须相反。

④是否易于过负荷。是否易于过负荷是指运行中负荷是否易于超过其额定容量。

5.1.3 电动机自启动校验

1. 厂用电动机的类型及其特性

厂用机械设备所使用的拖动电动机,简称为厂用电动机,在发电厂中有大量的厂用机械设备及相应的厂用电动机,是厂用电的主要负荷。所使用电动机主要包括以下三类。

1)异步电动机

异步电动机具有结构简单、运行可靠、操作维护方便、价格低等优点,因此,发电厂中普遍用它来拖动厂用机械,但它对电压波动很敏感(电磁转矩正比于电压的平方)。异步电动机分为鼠笼式(短路转子式)和绕线式两种。

(1)鼠笼式。

鼠笼式异步电动机的最大优点是不用任何特殊启动设备,可以在电网电压下直接启动,操作简单,可靠性很高。因此,在电压降低或失去电压时,电动机不必从电网切除;当电压恢复时,便可自行启动——自启动。这一特点对保证重要机械的工作有很大意义。其主要缺点是:启动电流大,可达到额定电流的4.5～7倍,因此,启动时不仅会引起电动机发热,而且当有许多电动机同时启动时,可能引起电源方面过负荷和电压显著下降;启动转矩较小,为其额定转矩的0.5～2倍,因此不能用来拖动起始负载转矩很大的机械;难于调速,因此不能用来拖动要求在很大范围内调速的机械,如给粉机等。

(2)绕线式。

绕线式异步电动机的优点是可调节转速(为均匀无级调速)、启动转矩和启动电流;启动电流小(仅为额定电流的2～3倍),启动转矩大。其缺点是启动操作麻烦,维护复杂(有电刷、滑环),价格较贵,而且运行中变阻器电能损耗较大。在发电厂中它只用于反复启动且启动条件沉重,或需要均匀无级调速的机械,如吊车、抓斗机、起重机等。

2)同步电动机

同步电动机的优点是效率高,转速恒定,而且可作为无功发电机来提高发电厂厂用电系统的功率因数,同时减小厂用电系统的能量损失。目前,同步电动机常用异步启动法,可以不用复杂的启动设备而直接启动;对电压波动不十分敏感(电磁转矩正比于电压)。其缺点是：结构较复杂,并需附加一套励磁系统；启动、控制均较麻烦,启动转矩不大；与鼠笼式比较,价格贵,工作可靠性较低,运行也较复杂,用得较少。当技术经济上合理时,也可用大功率、高转速的同步电动机拖动某些厂用机械,如大型锅炉的给水泵。

3)直流电动机

直流电动机的优点是可以借助于调节励磁电流在很大范围内均匀平滑调速,且消耗电能少；启动转矩较大,启动电流较小(约为额定电流的 2.5 倍)；不依赖厂用交流电源(可由蓄电池组供电)。与鼠笼式比较,直流电动机的缺点是制造工艺复杂、价格贵、启动复杂、维护量大,需要有专门的直流电源,运行可靠性低。在发电厂中直流电动机用来拖动要求均匀调速,且调速范围很大的给粉机,也用来拖动汽轮机的备用油泵(要求失去交流电源时仍能工作)、氢密封油泵等。

2. 电动机的自启动校验

成组电动机自启动时需要进行厂用母线电压校验。运行中,当厂用电源或厂内外线路故障时,厂用母线的电压可能突然消失或显著降低,电动机转速会下降,这一转速下降的过程称为惰行。如果电动机失压后不与厂用电源断开,在其转速未下降很多或尚未停转前,经过短时间(一般在 0.5~1s)厂用母线电压又恢复正常,则电动机将自行加速并恢复到稳定状态,这一过程称为电动机的自启动。自启动的分类、校验内容及要求厂用母线电压的最低限值如下。

1)自启动的分类

根据运行状态,自启动可以分为三类：

(1)失压自启动。运行中突然出现事故,厂用电压降低,当事故消除、电压恢复时形成的自启动。

(2)空载自启动。备用电源处于空载状态时,自动投入失去电源的工作母线段时形成的自启动。

(3)带负荷自启动。备用电源已带一部分负荷,又投入失去电源的工作母线段时形成的自启动。

厂用工作电源一般只考虑失压自启动,而备用电源及启动/备用电源则需考虑失压、空载及带负荷自启动三种方式。

2)校验内容

电厂中不少重要负荷的电动机都要参加自启动,以保障机炉运行少受影响。当同一厂用母线段上的成组电动机同时自启动时,总的启动电流很大,在厂用变压器或电抗器上会造成较大的电压降,如果这时厂用母线段不能保持一定的电压水平,将会使电动机自启动困难,同时将会使电动机过热。所以,需对自启动作两项校验：

(1)已知参加自启动的电动机容量,计算自启动时厂用母线段上的电压是否能保持所要求的水平；或计算为保持厂用母线段电压在所要求的水平上,允许参加自启动的容量是多少。第一种称为电压校验,第二种称为容量校验,这两种计算是等效的,只要计算其中之一。

(2)电动机自启动过程中,定、转子绕组温升是否超过允许值。其中第一项为成组校验,第二项为个别校验。

3)厂用母线电压最低限值及改进措施

如前所述,为了使厂用电系统能稳定运行,规定电动机在正常启动时,厂用母线电压的最低允许值为额定电压的80%,但是,自启动时虽然电动机的电磁转矩随电压的下降而立即下降,而由于惯性,机组的转速尚未有很大的降低。因此自启动时,厂用母线电压的最低限值规定得比正常启动时稍低一些,具体数值见表5-1。

表 5-1 自启动要求的最低母线电压

名 称	类 型	自启动电压为额定电压的百分数/%
高压厂用母线	失压或空载自启动	70
	带负荷自启动	65
低压厂用母线	低压母线单独供电电动机自启动	60
	低压母线与高压母线串联供电电动机自启动	55

当同时自启动的电动机容量超过允许值时,自启动便不能顺利进行,因此应采取措施来保证重要厂用机械电动机的自启动。

(1)限制参加自启动电动机的数量。对不重要设备的电动机加装低电压保护装置,延时0.5s断开,不参加自启动。

(2)由于机械负载转矩为定值的重要设备的电动机只能在接近额定电压下启动,所以,也不参加自启动。对这类设备的电动机均可采用低电压保护,当厂用母线电压低于临界值时,使它们从母线上断开,以改善未断开的重要设备电动机的自启动条件。

(3)对重要的机械设备,选用具有高启动转矩和允许过载倍数较大的电动机。

(4)在不得已的情况下,另行选用较大容量的厂用变压器。

5.2 厂用电接线

保证厂用电的可靠性和经济性,在很大程度上取决于正确选择供电电压、供电电源和接线方式、厂用机械的拖动方式、电动机的类型和容量以及运行中的正确和管理等措施。

5.2.1 厂用电供电电压等级

厂用电供电电压等级是根据发电机的容量和额定电压、厂用电动机的额定电压及厂用网络的可靠、经济运行等诸方面因素,经技术、经济比较后确定。

1. 厂用电动机与供电电压

各种厂用电动机的容量相差很大,只用一种电压等级的电动机不能满足要求。厂用电动机的容量可以从几千瓦到几千千瓦,而且一般来说,发电机的容量越大,厂用电动机的容量范围也越大,而电动机的容量与电压有关。我国生产的电动机的电压与容量关系如图 5-1 所示,小于 75kW 的电动机的电压必定是 380/220V;介于 75～200kW 的电动机的电压可能是 380/220V 或 3kV;介于 200～300kW 的电动机的电压可能是 3kV、6kV 或 10kV;大于 300kW 的电动机的电压常为 6kV 或 10kV。

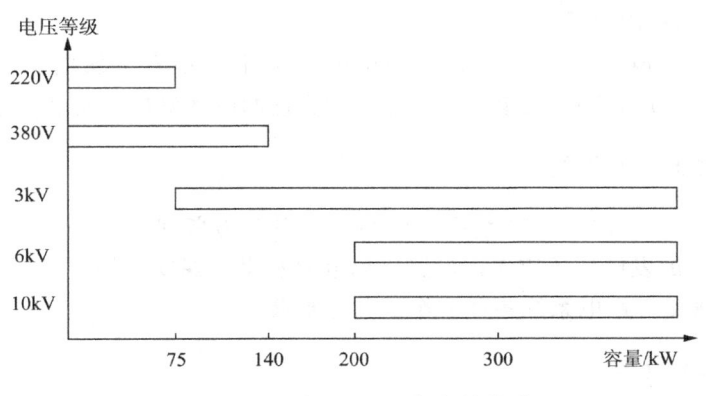

图 5-1 电动机的电压与容量关系

对较大容量的电动机选择低压还是高压有所不同。电动机的电压越高,绝缘越要加强,相应的尺寸越大,价格贵;且空载和负荷损耗也会增大,效率越低;同时电压高,配电装置的价格也会增加。从这几点来看,应优先考虑采用较低电压等级的电动机。但从供电网络来看,对同容量的电动机,额定电压越高,其额定电流越小,供电电缆的截面小,有色金属消耗少;同时电压越高,网络线损越小,传输越经济。增加低压电动机数目,必然增加低压厂用变压器的容量和台数,反之,若采用高压电动机则可减少低压厂用变压器的容量和台数,而这两种做法对高压厂用变压器的容量和台数均影响不大(因为,无论电动机接在低压厂用母线段还是高压厂用母线段,都要计入高压厂用变压器的容量)。从这几点来看,应优先考虑采用较高电压等级的电动机。

总的来说,联系到供电系统的投资及运行费用,大容量电动机采用低压时往往并不经济,一般宜采用高压。至于选用哪种高压,一般由发电机的额定容量、电压决定。

2. 厂用供电电压的确定

为了简化厂用接线和运行维护方便,厂用电压等级不宜过多。由上述讨论可见,厂用低压供电网络的电压几乎毫无例外地采用 380/220V;高压供电网络的电压可能是 3kV、6kV 或 3kV 与 10kV 并存。各类发电厂电压等级确定的一般情况如下。

(1)火电厂。火电厂的厂用低压电压采用380/220V。厂用高压电压的选择原则为:容量为60MW及以下的机组,发电机电压为10.5kV时可采用3～6kV,发电机电压为6.3kV时可采用6kV;容量为100～300MW的机组,宜采用6kV;容量为600MW及以上的机组,经技术、经济比较,可采用6kV,或采用3kV和10kV两种电压。

(2)水电厂。水电厂中水轮发电机组辅助设备使用的电动机容量不大,机组厂用电通常只设380/220V厂用低压电压,由三相四线制系统同时供动力和照明用电;水电厂中的坝区和水利枢纽可能有大型机械,如闸门启闭装置、航运使用的船闸或升船机和鱼道、筏道等设施用电,需另设专用的坝区变压器,以6kV或10kV供电;水电厂中还可能设有低压公用厂用电系统。

(3)小容量发电厂。单机容量在12MW及以下的小容量发电厂一般只设380/220V厂用低压电压,这时,发电厂中少数较大容量的电动机接于发电机电压母线上。

5.2.2 厂用电源及其引线

厂用电源包括工作电源和备用电源,两者又各分为高、低压两部分。对单机容量在200MW及以上的发电厂还应考虑设置启动电源和事故保安电源。厂用电源必须供电可靠,而且应满足厂用电系统各种工作状态的要求。

1. 厂用工作电源

厂用工作电源是保证发电厂正常运行最基本的电源。

1)高压厂用工作电源的引接

高压厂用工作电源(变压器和电抗器)应从发电机回路引接,并尽量满足炉、机、电的对应性要求(即发电机供给各自的炉、机和主变压器的厂用负荷)。每个高压厂用电源最多连接两个独立的高压厂用母线段,其引接方式与主接线形式有关,大体有两种方式。

(1)当发电机直接接在发电机电压母线时,高压厂用工作电源一般由该机所连的母线段引接,如图5-2(a)所示。

(2)当发电机与主变压器成单元或扩大单元接线时,高压厂用工作电源由该单元主变压器低压侧引接,如图5-2(b)～(e)所示。

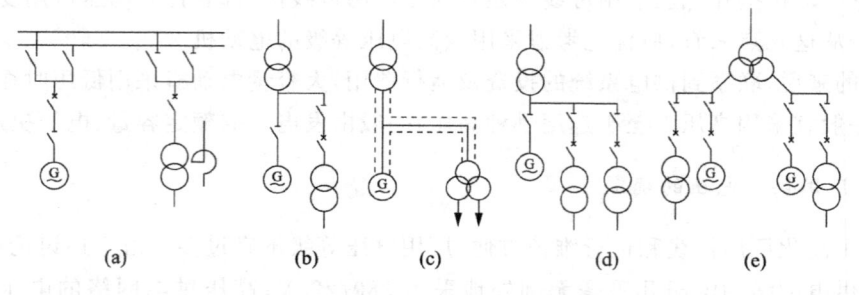

图5-2 高压厂用工作电源的引接方式

容量为125MW及以下机组,厂用分支上一般都装设有高压断路器,如图5-2(a)、(b)、(d)、(e)所示。其中图5-2(b)、(d)、(e)的厂用分支也有只装隔离开关的,当厂用分支故障时会引起主变压器高压侧断路器跳闸。对于200MW及以上机组,其高压厂用工作变压器宜采用分裂变压器(600MW及以上机组可能有两台),厂用分支通常与发电机出口回路一并采用分相封闭母线,因故障率很小,可不装断路器和隔离开关,如图5-2(c)所示。

各高压厂用工作电源的低压侧分别接至对应机组的高压厂用母线段。

2)低压厂用工作电源的引接

低压厂用工作变压器(不能用电抗器)一般由对应的高压厂用母线段上引接;对设有3kV、10kV两级高压厂用电的大型机组,一般由10kV母线上引接;大型机组的低压厂用变压器较多,除工作变压器外,还有公用变压器、除尘变压器、照明变压器、输煤变压器、化水变压器、检修变压器、江边变压器等,所以,同一段高压厂用母线上一般接有多台低压厂用变压器。对不设高压厂用母线段的发电厂,可从发电机电压母线或发电机出口引接。各低压厂用工作电源的低压侧分别接至相应低压厂用母线段。

2. 厂用备用电源和启动电源

发电厂一般均应设置备用电源。备用电源主要作为事故备用,即在工作电源故障时代替工作电源的工作。启动电源是指发电厂首次启动或工作电源完全消失的情况下,为保证机组快速启动,向必需的辅助设备供电的电源。在正常运行情况下,这些辅助设备由工作电源供电,只有当工作电源消失后才自动切换为启动电源供电,因此,启动电源实质上是兼作事故备用电源,故称启动/备用电源,不过对供电可靠性的要求更高。目前我国对200MW及以上大型机组才设置启动电源,因其出口不装断路器,不能由主变压器倒送电启动(单元并入系统前,主变压器高压侧断路器是断开的)。

备用电源的引接应保证其独立性,避免与工作电源由同一电源处引接,并具有足够的供电容量。引接点应有两个及以上电源(包括本厂及系统电源),以保证在全厂停电情况下仍能从系统获得厂用电源。以下是最常用的引接方式。

(1)从发电机电压母线的不同分段上,通过厂用备用变压器(电抗器)引接。

(2)从与电力系统联系紧密,供电可靠的最低一级电压母线引接。这样,有可能因采用变比较大的厂用高压变压器,增大高压配电装置的投资而使经济性较差,但可靠性较高。

(3)从联络变压器的低压线组引接,但应保证在机组全停情况下,能够获得足够的电源容量。

(4)当技术经济合理时,可由外部电网引接专用线路,经过变压器获得独立的备用电源或启动电源。

备用电源有明备用和暗备用两种方式。明备用是专门设置的备用变压器,正常运行时,它不承担任何负荷或只承担公用负荷,当某厂用工作母线段失去电源时,借

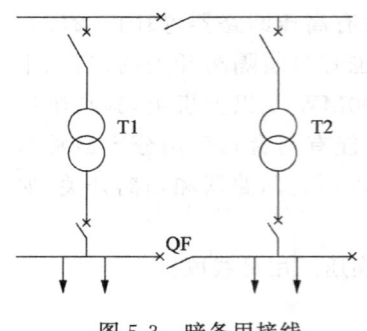

图 5-3　暗备用接线

助于备用电源自动投入装置将相应的备用分支断路器投入,迅速恢复对该厂用工作母线段供电。它的容量一般等于最大一台厂用工作变压器的容量,当承担有公用负荷时,还需考虑公用负荷。暗备用是不另设专门的备用变压器,工作变压器互为备用,所以要将每台工作变压器的容量加大,正常运行时均在不满载状态运行。如图 5-3 所示,正常运行时 T1、T2 都投入工作,QF 断开;当任一台工作变压器因故障被切除时,手动合上 QF,厂用负荷由完好的工作变压器承担。QF 不设自动投入装置,主要是考虑到合至故障母线上时可能会导致扩大事故。图中的高压侧母线可能是厂用高压母线、发电机电压主母线(这时两段母线间有分段开关)或发电机出口。

备用变压器的台数与发电厂装机台数、单机容量、主接线形式及控制方式等因素有关,一般按表 5-2 原则配置。在引接第二个备用电源时,应保证对第一个备用电源的相对独立性,当其中一台检修时,另一台作为全厂备用。

表 5-2　发电厂备用厂用变压器台数配置原则

单机容量	厂用高压变压器(电抗器)	厂用低压变压器
100MW 及以下机组	6 台机组及以下设 1 台 6 台机组及以上设 2 台	8 台机组及以下设 1 台 8 台机组及以上设 2 台
100~125MW 机组采用单元控制	6 台机组及以下设 1 台 6 台机组及以上设 2 台	6 台机组及以下设 1 台 6 台机组及以上设 2 台
200~300MW 机组	每 2 台机组设置一台	200MW,每 2 台机组设置 1 台 300MW,每台机组设置 1 台
600MW 机组	每 2 台机组设置 1 台或 2 台	每台机组设置 1 台

注:据 DL/T5153—2002《火力发电厂厂用电设计技术规定》整理。

3. 事故保安电源和交流不停电电源

对 200MW 及以上的发电机组,当厂用工作电源和备用电源都消失时,为确保事故状态下安全停机,事故消失后又能及时恢复供电,应设置事故保安电源,以满足事故保安负荷的连续供电。事故保安电源属后备的备用电源。目前,采用的事故保安电源有如下几种类型。

(1)柴油发电机组。柴油发电机组是一种广泛采用的事故保安电源,其容量按照事故负荷选择,并采用快速自动程序启动。大容量柴油发电机组需要较多的冷却水,故必须保证有足够的水源;此外,应加强维护,定期试运转,随时处于准备启动状态。

（2）外接电源。当发电厂附近有可靠的变电站或其他发电厂时,事故保安电源也可以从附近的变电站或发电厂引接。

（3）蓄电池组。蓄电池组是一种独立而又十分可靠的保安电源。正常情况下,它承担全厂的操作、信号、保护及其他直流负荷用电;在事故情况下,它能提供直流保安负荷用电,如润滑油泵、氢密封油泵及事故照明等。

（4）交流不停电电源（UPS）。上述柴油发电机组一般不允许在厂用电系统并列运行,所以,当厂用工作电源和备用电源都消失时,有短暂的自动切换过程,这短时的间断供电对于某些保安负荷（如实时控制用电子计算机等）也是不允许的,这可以由蓄电池经静态逆变装置或逆变机组（直流电动机—交流发电机组）将直流电变为交流电,向不允许间断供电的交流负荷供电。由于目前生产的蓄电池组最大容量有限,故不能带很多事故保安负荷,且持续供电时间也不能超过1h,所以,也需要柴油发电机组或外接电源配合工作。

某 200MW 机组事故保安电源接线图如图 5-4 所示。交流事故保安电源通常都采用 380/220V 电压,以便与厂用低压工作电源配合;每台机组设一段事故保安母线,或称保安电动机控制中心（MCC）,采用单母线接线方式,与相应的动力中心（PC）母线连

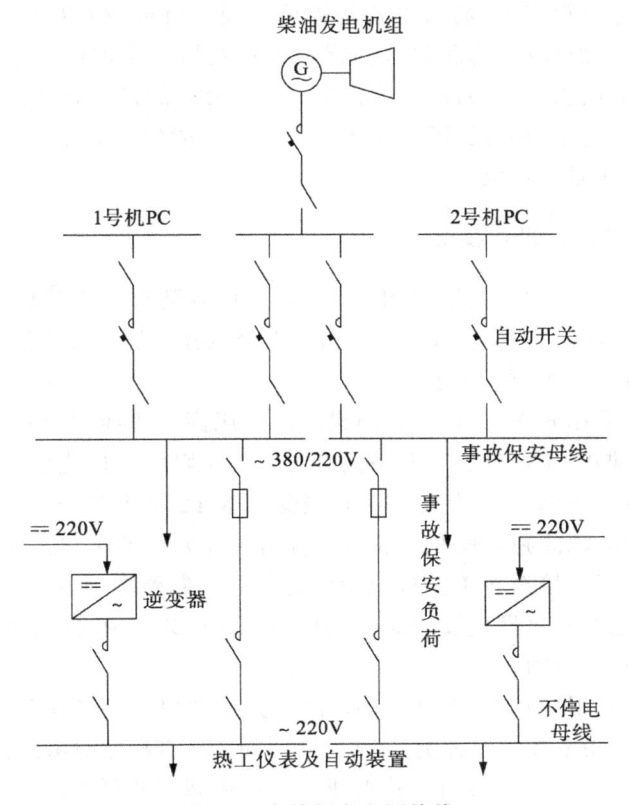

图 5-4　事故保安电源接线

接;每两台机组设一台柴油发电机组作为事故保安电源。

正常运行时,事故保安母线由相应的低压厂用动力中心(PC)供电,事故(保安MCC失电)时,柴油发电机组自动投入,一般10~15s内可向失电的保安MCC恢复供电。热工仪表和自动装置等要求不间断供电的负荷,则由直流逆变器所连接的不停电母线(也按机组分段)供电,其电压为220V。

300MW及以上机组,应每台机组设1~3段保安MCC及一台柴油发电机组作为事故保安电源。

5.3 不同类型发电厂的厂用电接线

厂用电多采用可靠性高的成套配电装置,这种成套配电装置发生故障的可能性很小。随着发电厂、变电站的类型和容量的不同,其厂用电接线特点不同,下面用几个典型示例予以说明。

5.3.1 火电厂的厂用电接线

火电厂的厂用负荷容量较大,主要是锅炉的辅助机械设备耗电量大,如电功给水泵、吸风机、送风机、磨煤机、排粉机等。锅炉设备的用电量占厂用电的60%以上。为了保证厂用电系统的供电可靠性,一般都采用按炉分段的接线原则,即将厂用电母线按照锅炉的台数分成若干独立段,既便于运行、检修,又能使事故影响范围局限在一机一炉,不会过多干扰正常运行机炉。

1. 中型热电厂的厂用电接线

某中型热电厂的厂用电接线如图5-5所示。厂内装有两机三炉(母管制供汽),两台发电机均接在10kV主母线上,主母线为工作母线分段的双母线接线方式;有两台主变压器T1、T2与110kV系统连接。

(1)厂用高压采用6kV,按锅炉台数设三段厂用高压母线,分别由厂用高压工作变压器T3、T4、T5供电;T3、T4、T5和备用变压器T6均由主母线引接;在正常运行中,T3、T4、T5分别接于两个工作分段,T6和主变压器T2接于备用母线,母联断路器QF合上,以保证备用电源的独立性和可靠性。备用电源为明备用方式,即T6的高压侧断路器QF1及由备用段接至各工作母线段的备用分支断路器,平时断开,当某一工作母线段(如Ⅰ段)的电源回路发生故障而使QF3断开时,QF1和QF2在备用电源自动投入装置的作用下自动合闸。

(2)厂用低压采用380/220V,因负荷较少,只设两段厂用低压母线,分别由厂用低压工作变压器(所)用电接线的差异也很大。例如,T7、T8分别由厂用高压Ⅰ、Ⅲ段引接,低压备用变压器T9由未接有工作变压器的厂用高压Ⅱ段引接(不能由平时不带电的厂用高压备用段引接),以保证备用电源的独立性和可靠性。低压部分的工作和备用

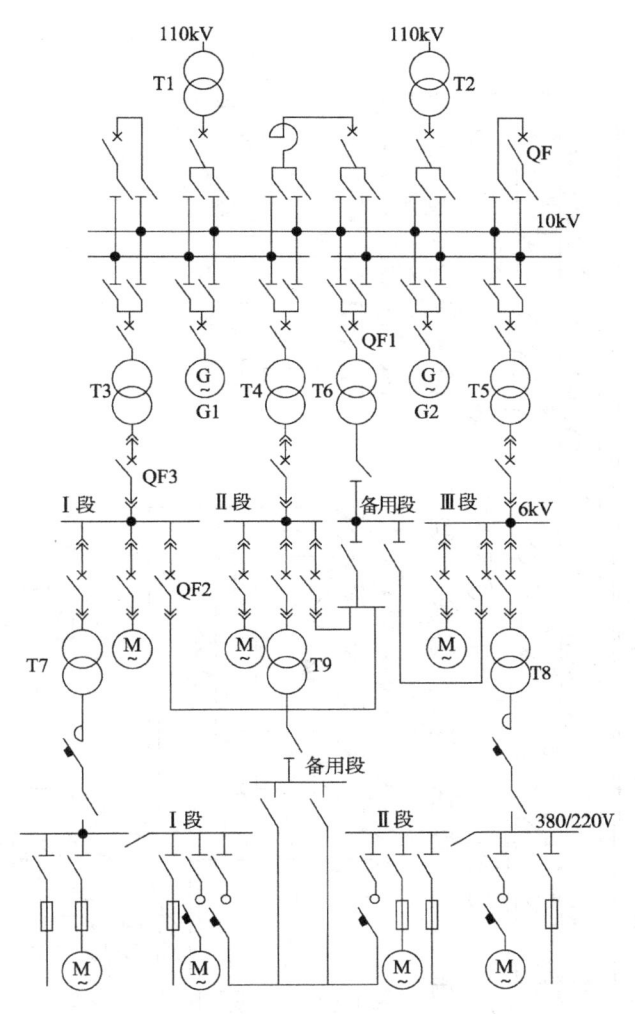

图 5-5 某中型热电厂的厂用电接线

方式与高压部分类似。

图 5-6 中的高、低压电动机均属个别供电方式,由低压厂用母线段引至车间配电屏的接线未完整绘出(属成组供电方式)。

2. 大型火电厂的厂用电接线

某大型火电厂的 2×300MW 机组的厂用电接线如图 5-6 所示。

图中 1、2 为高压厂用变压器;3 为启动/备用变压器;4 为真空断路器;5 为限流熔断器与接触器组合回路;6 为 1200kW 以上电动机;7 为 1200kW 以下电动机;8、9、10 分别为低压输煤变压器、化水变压器、公用变压器;11、12、13 分别为 1 号机的厂用低压

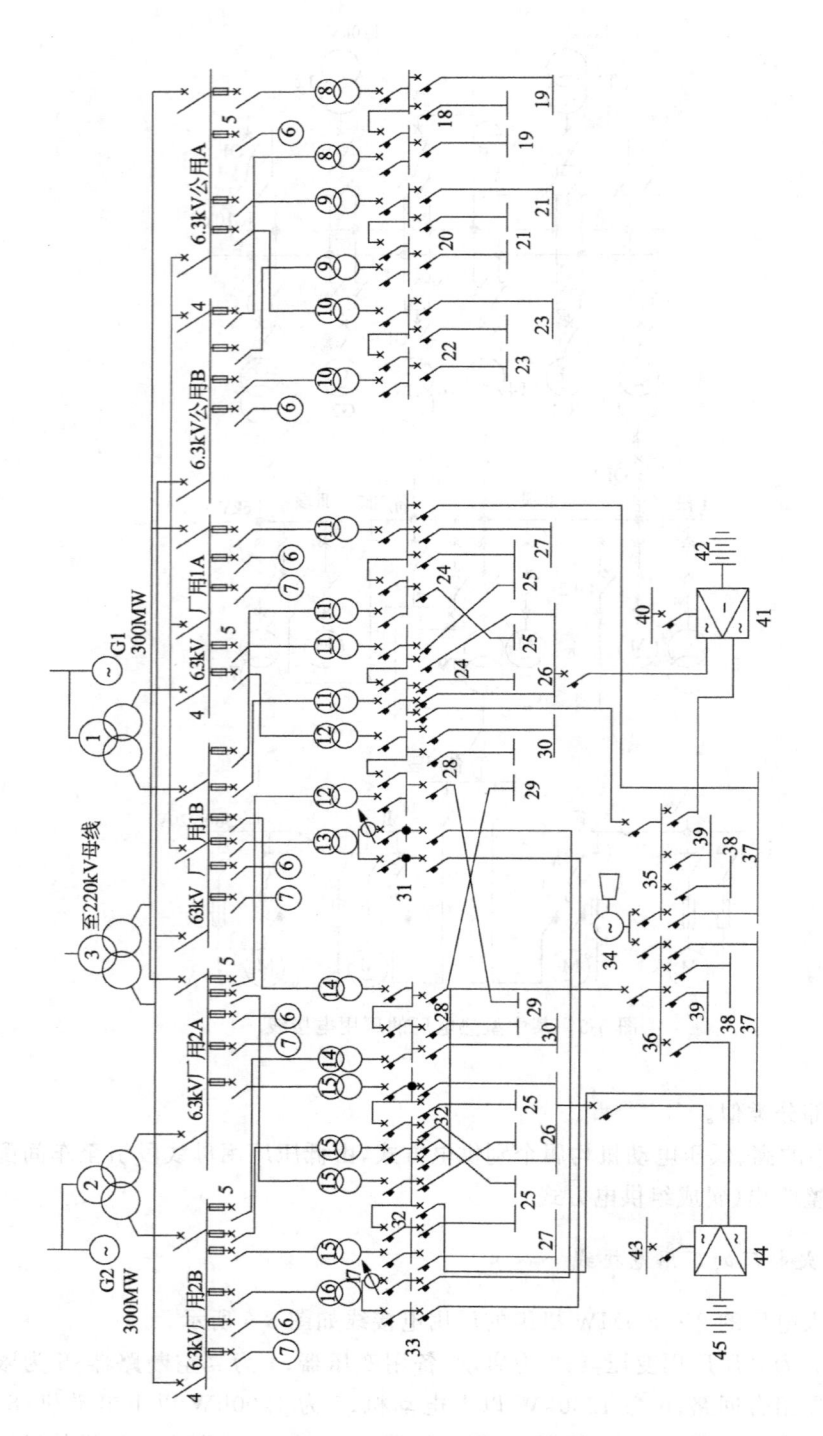

图5-6 某大型火电厂2×300MW机组的厂用电接线

变压器、除尘变压器、照明和检修变压器；14、15、16 分别为 2 号机的除尘变压器、厂用低压变压器、照明和检修变压器；17 为自动电压调整器；18、19 为输煤 PC 段及 MCC 段；20、21 为化水 PC 段及 MCC 段；22、23 为公用 PC 段及 MCC 段；24 为 1 号机工作 PC 段；25、26、27 为厂用负荷 MCC 段；28、29、30 为除尘 PC 段及 MCC 段；31、33 分别为 1、2 号机照明和检修 PC 段；32 为 2 号机工作 PC 段；34 为柴油发电机组；35、36 分别为 1、2 号机保安 PC 段；37、38、39 分别为 0s、50s、10min 投入的保安 MCC；40、41、42 分别为 1 号机 UPS 段、UPS 装置、蓄电池组；43、44、45 分别为 2 号机 UPS 段、UPS 装置、蓄电池组。

(1)厂用高压采用 6kV，每台机组设 A、B 两段厂用高压母线，分别由厂用高压工作变压器 1、2 供电，工作变压器采用低压分裂绕组变压器，分别由发电机出口（即主变压器的低压侧）引接；两台机组共用一台启动/备用变压器 3，也采用低压分裂绕组变压器，由主变压器高压侧 220kV 母线引接；启动/备用变压器的低压侧有备用分支接至各厂用高压母线，并设有公用 A、B 段向公用负荷供电，当某一工作母线段的电源回路发生故障跳闸时，相应的备用分支断路器自动合闸。

当工作变压器正常退出运行时，为避免厂用电停电，其操作是先合上相应的备用分支断路器，而后断开工作变压器，即启动/备用变压器与工作变压器有短时并联工作，所以，两者的接线组别应配合，以保证备用分支断路器合上前两侧电压同相位。

容量较大的回路采用性能较好的真空断路器 4，容量较小的回路则采用高压限流熔断器与接触器组合 5（简称"F-C 回路"），以减少投资。

(2)厂用低压采用 380/220V，采用暗备用 PC-MCC 接线方式，每台机组设有两个采用单母线分段的 PC24 和 PC32，每个 PC 由两台接自不同厂用高压母线段的厂用低压变压器 11 和 15 供电；向厂用重要负荷供电的 MCC25 分为两半段，互为备用的负荷分别接于不同的半段上，两半段分别由两个不同的 PC 母线引接，半段间不设分段断路器；对单台的 I、II 类电动机单独设双电源供电的 MCC26，两个电源互为备用；向厂用非重要负荷供电的 MCC27 只设一段，由单电源供电。

低压部分还接有输煤变压器 8、化水变压器 9、公用变压器 10、除尘变压器 12 和 14、照明和检修变压器 13 及 16，并接有相应的 PC、MCC 段。

(3)为了向交流保安负荷供电，装设了采用自动快速启动的柴油发电机组 34，每台机组各设有一段保安 PC 段 35 和 36，以及按允许加负荷程序分批投入保安负荷的保安 MCC 段 37、38 和 39；为了向交流不停电负荷供电，每台机组各装设了一套 UPS 装置 41 和 44、一组蓄电池组 42 和 45 及一段 UPS 段 40 和 43。

明备用 PC-MCC 与暗备用 PC-MCC 的主要区别是各部分的低压变压器分别设备用变压器。例如其形式之一为：①同一台机组的工作变压器、两台机组的除尘变压器、输煤变压器等各设一台备用变压器；②两台公用变压器分别从两台机组的备用变压器取得备用；③两台照明变压器由检修变压器取得备用；④两台化水变压器、两台江边变压器互为备用。

由上述可见,大型火电厂的厂用电系统是一个复杂而庞大的系统。

5.3.2 水电厂的厂用电接线

与同容量的火电厂相比,水电厂的水力辅助机械不仅数量少,而且容量也小,因此,其厂用电系统要简单得多。

某大型水电厂的厂用电接线如图 5-7 所示。

该厂装有 4 台大容量机组,均采用发电机—双绕组变压器单元接线,其中 G1、G4 的出口装设有断路器。

(1)为保证厂用电的可靠,380/220V 低压厂用电系统采用机组厂用电负荷与公用厂用负荷分开供电方式。机组厂用电按机组台数分段,分别由接自发电机出口的厂用变压器 T5～T8 供电,其备用电源由公用厂用配电装置的低压母线引接。

(2)为了供给厂外坝区闸门及水利枢纽防洪、灌溉取水、船闸或升船机、筏道、鱼梯等大功率设施用电,设有两段 6kV 高压母线段,分别由专用的坝区变压器 T9、T10 供电;T9、T10 采用暗备用方式,分别由主变压器 T1、T4 的低压侧引接,在发电厂首次启动或全厂停电时可以由系统获得电能。低压公用系统的变压器由 6kV 高压母线引接,供低压公用负荷,并为机组厂用电提供备用。

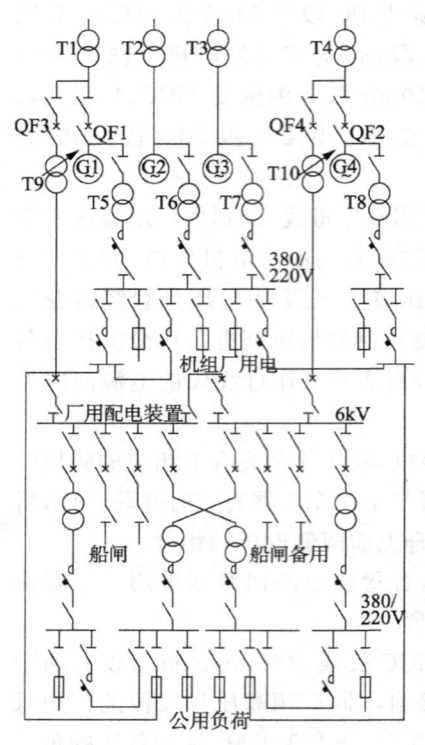

图 5-7 某大型水电厂的厂用电接线

5.3.3 核电厂的厂用电接线

1. 核电厂的厂用电接线特点

与火电厂相比,核电厂的厂用电系统更注意安全性和可靠性。核电厂通常分为核岛和常规岛两大部分。核系统及核设备部分称为核岛。在压水堆核电厂中,核岛包括核蒸汽供应系统、核辅助系统和放射性废物处理系统。安全壳是容纳和密闭带有放射性的一回路系统和设备的建筑物,布置在安全壳内有反应堆、蒸汽发生器、主冷却剂泵、稳压器、主管道等。常规岛是指核岛以外的部分,包括汽轮发电机组及其系统、电气设备和全厂公用设施等。

(1)最重要的厂用设备:安全级(1E 级)设备。所有与核安全相关的电气设备和系统基本上都定为 1E 级。这些设备和系统是反应堆的紧急停堆、安全壳隔离、堆芯冷却以及安全壳和反应堆余热的导出所必需的,换言之,是防止放射性物质大量释放到环境中所设置的重要设备。

(2)厂用设备的分类。核电厂的厂用电母线是按厂用设备的分类设置的,按功能和核安全的重要性,其厂用设备分为四类。

①随机设备。随机设备是指机组正常运行所必需的附属设备,如凝结水泵、循环水泵、主给水泵、反应堆冷却剂泵等。

②常用设备。常用设备是指无论机组是否运行都必须维持供电的附属设备,如常规岛闭路冷却水泵、核辅助厂房风机、盘车电动机等。

③应急安全设备。应急安全设备是指从核安全观点出发,一旦发生事故,为使机组处于安全状态并使反应堆安全停堆所必需的保护设施附属设备。

④公用附属设备。公用附属设备是指全厂多台机组公用的辅助设备,如化水处理、照明、通风、空气压缩机、辅助蒸汽锅炉等。

(3)系统接线。核电厂的厂用电系统总体上与火电厂相似。

①交流厂用电压。高压为6kV(核电厂称中压),低压为380/220V。

②高、低压厂用电系统也采用单母线形式。容量为160kW及以上的电动机接6kV母线;容量小于160kW的电动机接380V母线。

2. 核电厂厂用电系统接线实例

某核电厂厂用电系统接线如图5-8所示,该核电厂装有2×900MW机组。简介如下。

(1)6kV厂用高压系统。每台机组设有两台高压厂用工作变压器TA、TB,由主变压器低压侧(26kV)引接,TA为分裂变压器,TB为双绕组变压器;两台机组共用两台双绕组高压厂用辅助(备用)变压器,由厂外220kV电网引接。为抑制三次谐波,高压厂用工作、辅助变压器的二次侧均采用三角形接线。

①随机配电盘。每台机组设3个随机配电盘LGA、LGD、LGE,其中LGA、LGD分别接于TA的两个分裂绕组,LGE接于TB的低压侧,正常运行时分别由TA、TB供电。当3个配电盘之一失电时,该机组停机。

②常用配电盘。每台机组设两个常用配电盘LGB、LGC,分别经联络断路器与随机配电盘LGA、LGD连接,并同时与作为备用电源的辅助变压器连接。正常运行时由TA经联络断路器供电,一旦失去该电源,将自动切换至辅助变压器供电。

③公用配电盘。共设两个公用配电盘,分别由两台机组的常用配电盘LGC供电,两公用配电盘之间设有联络断路器。

④安全配电盘。每台机组设有两个应急安全设备配电盘LHA、LHB,其电源分别来自常用配电盘和应急柴油发电机(每台机组设两台)。即正常运行时,由TA供电,事故工况时,自动切换为辅助变压器或应急柴油发电机供电。

⑤附加应急电源。为在出现内、外电源及两台柴油发电机均不可用的极限情况下,满足有关安全要求,设置了一台与应急柴油发电机容量相同的附加柴油发电机,接于安

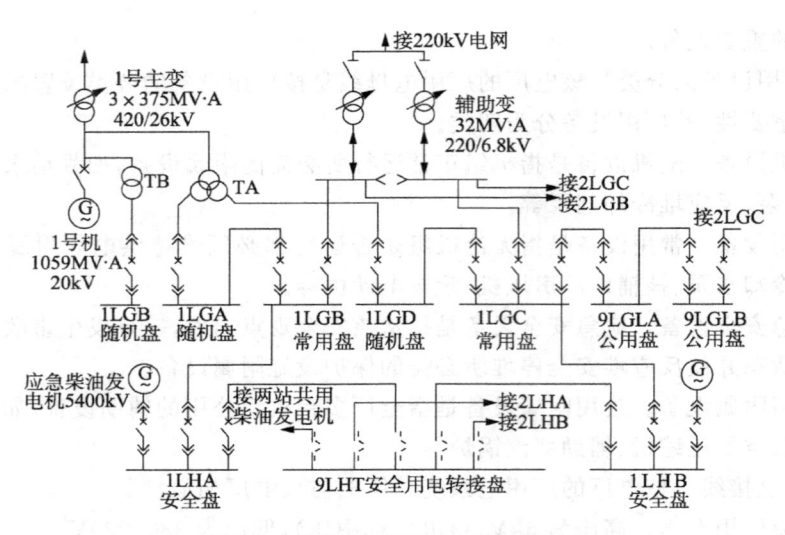

图 5-8 某核电厂厂用电系统接线图

全用电转接盘。也可设置燃气轮机发电机组,或利用停堆后的余热蒸汽驱动的小型汽轮发电机组。

(2)380V 厂用低压系统。由若干台接自 6kV 厂用高压母线的低压厂用变压器及若干个低压配电盘组成。其中,由随机、常用和公用配电盘供电的为正常交流低压配电盘;由应急安全配电盘供电的为低压安全盘。

5.4 配电装置

配电装置是发电厂与变电站的重要组成部分,它是以电气主接线为主要依据。由开关设备、保护设备、测量设备、母线以及必要的辅助设备组成的电力装置,甚至还要包括变电架构、基础、房屋、通道等,所以它是集电力、结构、土建等技术于一体的装置。配电装置的功能是正常运行时用来接受和分配电能;发生故障时通过自动或手动操作,迅速切除故障部分恢复正常运行。可以说,配电装置是具体实现电气主接线功能的重要装置。

5.4.1 配电装置的分类

配电装置按电器装设地点不同,可分为屋内和屋外配电装置。按其组装方式,又可分为装配式和成套式:在现场将电器组装而成的称为装配式配电装置,在制造厂预先将开关电器、互感器等组成各种电路成套供应的称为成套配电装置。

配电装置的型式选择,应考虑所在地区的地理情况及环境条件,因地制宜、节约用地,并结合运行及检修要求,通过技术经济比较确定。一般情况下,在大中型发电厂和变电站中,35kV 及以下的配电装置宜采用屋内式;110kV 及以上多为屋外式。当在污秽地区或市区建110kV屋内和屋外配电装置的造价相近时,宜采用屋内型,在上述地区若技术经济合理时,220kV配电装置也可采用屋内型。

各类配电装置的特点见表5-3。

表 5-3　各类配电装置的特点

类　型	特　点
屋内配电装置	由于允许安全净距小和可以分层布置而使占地面积较小; 维修、巡视和操作在室内进行,不受气候影响; 外界污秽空气对电器影响较小,可减少维护工作量; 房屋建筑投资较大
屋外配电装置	土建工作量和费用较小,建设周期短; 扩建比较方便; 相邻设备之间距离较大,便于带电作业; 占地面积大; 受外界环境影响,设备运行条件较差,必须加强绝缘; 不良气候对设备维修和操作有影响
成套配电装置	电器布置在封闭或半封闭的金属外壳中,相间和对地距离可以缩小,结构紧凑,占地面积小; 所有电器元件已在工厂组装成一体,大大减少现场安装工作量,有利于缩短建设周期,也便于扩建和拆迁; 运行可靠性高,维护方便; 耗用钢材较多,造价较高

5.4.2　配电装置的结构

1. 屋内配电装置

屋内配电装置按其布置结构一般分为下列三类。

(1)三层式。三层式是将母线放在最高层、按照主接线的顺序,将各回路电气设备自上而下地分别布置在三层(三层、二层、底层)房屋内。它适用于6～10kV出线带电抗器的情况,其中断路器、电抗器分别布置在二层和底层。三层式的特点是可靠性高、占地面积小,但结构复杂、造价较高、运行维护与检修工作也不方便。

(2)二层式。二层式将断路器和电抗器放在一层,将母线、母线隔离开关等较轻设备布置在二层,通用于设有发电机电压母线并有出线电抗器的大中型发电厂。与三层式相比,二层式运行、维护与检修均较方便,造价也明显下降,但占地面积略有增加。

(3)单层式。单层式是把所有电气设备均布置在一层房屋内,适用于6～10kV出线无电抗器及35～220kV的各种情况。单层式的特点是结构简单、施工时间短、造价低、运行、检修方便,但占地面积大。单层式多采用成套式配电装置。

由上可知,6～10kV屋内配电装置有上述三种类型,而35～110kV屋内配电装置只有二层式和单层式。

2. 屋外配电装置

屋外配电装置是将所有电气设备和载流导体均露天安装在基础、支架和杆塔上的配电装置。屋外配电装置的结构形式不但与电气主接线、电压等级和电气设备的类型密切相关,还与发电厂、变电站的类型和地形地质条件等有关。

根据母线和电气设备布置的相对高度,屋外配电装置可分为中型、高型和半高型。

(1)中型配电装置。中型配电装置是将所有电气设备都安装在同一水平面内,并装在一定高度的基础上,使带电部分对地保持必要的高度,以便工作人员能在地面上安全活动;母线所在的水平面稍高于电气设备所在的水平面,母线和电气设备均不能上下重叠布置。

中型配电装置按照隔离开关的布置方式,可分为普通中型配电装置和分相中型配电装置两种类型。分相中型配电装置是指隔离开关是分相直接布置在母线的正下方,其余的均与普通中型配电装置相同。

中型配电装置布置比较清晰,不易误操作,运行可靠,施工和维护方便,造价较省,并有多年的运行经验;其缺点是占地面积过大。

(2)高型配电装置。高型配电装置是将一组母线及隔离开关与另一组母线及隔离开关上下重叠布置的配电装置,可以节省占地面积 50% 左右。但和中型布置相比钢材消耗量多 15%～60%,且造价较高,操作和维护条件较差,若上层设备瓷件损坏或检修工具落下,可能打坏下层设备。

高型配电装置按其结构的不同,可分为单框架双列式、双框架单列式和三框架双列式三种类型结构。三框架结构比单框架更能充分利用空间位置,因为它可以双侧出线,在中间的框架内分上下两层布置两组母线及其隔离开关,在两侧的两个框架内,上层布置旁路母线和旁路隔离开关,下层布置进出线断路器、电流互感器和隔离开关,从而使占地面积最小。由于三框架布置较双框架和单框架优越,因而得到更广泛应用。

(3)半高型配电装置。半高型配电装置是将母线置于高一层的水平面上,与断路器、电流互感器、隔离开关上下重叠布置,其占地面积比普通中型配电装置减少 30%。半高型配电装置介于高型和中型之间,具有两者的优点,除母线隔离开关外,其余部分与中型布置基本相同,运行维护比较方便。

由于高型和半高型配电装置可大量节省占地面积,因而在电力系统中得到广泛应用。

3. 成套配电装置的类型

成套配电装置是制造厂成套供应的设备。按照电气主接线的标准配置或用户的具体要求,将同一功能回路的开关电器、测量仪表、保护电器和辅助设备都组装在全封闭或半封闭的金属柜内,形成标准模块,由制造厂按主接线成套供应,各模块在现场装配而成的配电装置称为成套配电装置。

成套配电装置可以分为低压配电屏(或开关柜)、高压开关柜、SF$_6$全封闭式组合电器和箱式变电站等几种类型。

通常1kV以下的称之为低压配电屏;3～35kV的成套配电装置中各种电器带电部分间用空气作绝缘,称之为高压开关柜;110kV及以上成套配电装置用六氟化硫(SF$_6$)气体作绝缘和灭弧介质,并将整套电器密封在一起,称之为SF$_6$全封闭组合电器。箱式变电站又称户外成套变电站,或组合式变电站,它是发展于20世纪60年代至70年代欧美等西方发达国家推出的一种户外成套变电站的新型变电设备。由于SF$_6$全封闭组合电器具有组合灵活,便于运输、迁移、安装、施工周期短、运行费用低、无污染、免维护等优点,受到世界各国电力工作者的重视。自20世纪90年代中期,我国开始出现简易箱式变电站,并得到了迅速发展。

按安装地点不同,可分为屋内和屋外型。低压配电屏只做成屋内型;高压开关柜有屋内型和屋外型两种,由于屋外有防水、锈蚀问题,故大量使用的是屋内型;SF$_6$全封闭电器也因屋外气候条件较差,电压在330kV以下时多布置在屋内。

5.4.3 配电装置的安全净距要求

配电装置各部分之间,为保证人身和设备的安全所必需的电器距离,称为安全净距。在SDJ5-85《高压配电装置设计技术规程》中,规定了敞露在空气中的屋内、外配电装置有各部分之间的最小安全净距,这些距离分为 A、B、C、D、E 五类。其中最基本的带电部分至接地部分之间及不同相的带电部分之间的最小安全净距,即所谓 A_1 和 A_2 值,统称 A 值。A 值通过计算和实验确定,在这一距离下,无论在正常最高工作电压或出现内、外部过电压时,都不致使空气间隙击穿。A 值与电极的形状、冲击电压波形、过电压及其保护水平、环境条件以及绝缘配合等因素有关,即空气间隙在耐受不同形式的电压时,具有不同的电气强度。一般地说,对220kV及以下的配电装置,大气过电压(雷击或雷电感应引起的过电压)起主要作用;对330kV及以上的配电装置,内过电压(开关操作、故障、谐振等引起的过电压)起主要作用。另外,空气的绝缘强度随海拔的升高而降低,当海拔超过1000m时,按每升高100m,绝缘强度增加1%来增加 A 值。当采用残压较低的避雷器(如氧化锌避雷器)时,A_1 和 A_2 值可减小。

屋内、外配电装置中各有关部分之间的最小安全净距中 B、C、D、E 等类电气距离是在 A 值基础上再考虑一些其他实际因素决定的,其含义和具体尺寸如图5-9、图5-10和表5-4、表5-5所示。

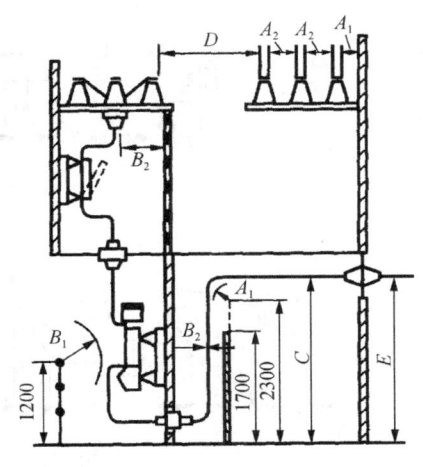

图5-9 屋内配电装置安全净距校验图

表 5-4 屋内配电装置的安全净距　　　　　　　　　　　　　单位：mm

符号	适用范围	额定电压/kV									
		3	6	10	15	20	36	60	110J	110	220J
A_1	(1)带电部分至接地部分之间 (2)网状和板状遮拦向上延伸线距地2.3m处,与遮拦上方带电部分之间	75	100	125	150	180	300	550	850	950	1800
A_2	(1)不同相的带电部分之间 (2)断路器和隔离开关的断口两侧带电部分之间	75	100	125	150	180	300	650	900	1000	2000
B_1	(1)栅状遮拦至带电部分之间 (2)交叉的不同时停电检修的无遮拦带电部分之间	825	850	875	900	930	1050	1300	1600	1700	2550
B_2	网状遮拦至带电部分之间	175	200	225	250	280	400	650	950	1050	1900
C	无遮拦裸导体至地(楼)面之间	2375	2400	2425	2450	2480	2600	2850	3150	3250	4100
D	平行的不同时停电检修的无遮拦裸导体之间	1875	1900	1925	1950	1980	2100	2350	2650	2750	3600
E	通向屋外的出线套管至屋外通道的路面	4000	4000	4000	4000	4000	4500	4500	5000	5500	

注：1.110J、220J 系指中性点直接接地系统。
　　2.当遮拦为板状时,其 B_2 值可取为 A_1+30mm。
　　3.当出线套管外侧为屋外配电装置时,其至屋外地面的距离,不应小于表 5-4 所列屋外部分 C 值。
　　4.屋内电气设备外绝缘体最低部位距地距离小于2.3m时,应装设固定遮拦。

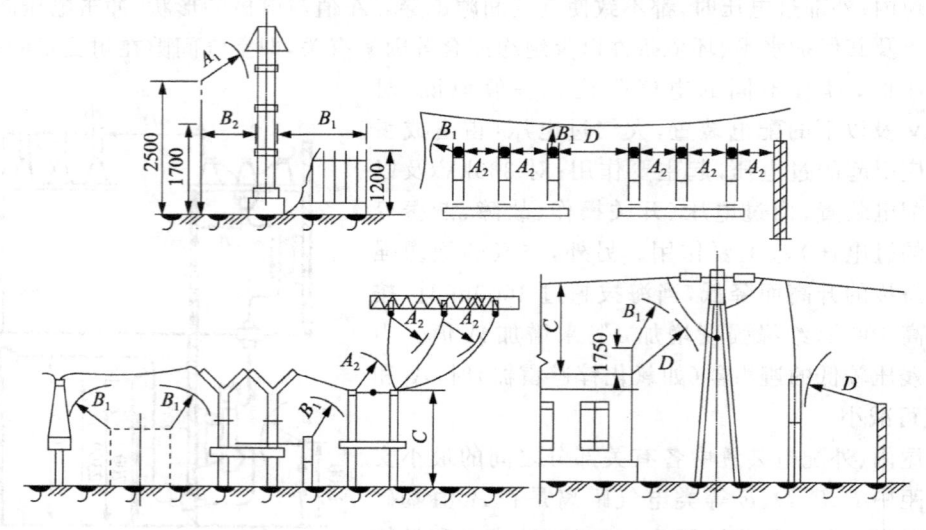

图 5-10　屋外配电装置安全净距校验图

表 5-5　屋外配电装置的安全净距　　　　　　　　　　　　　　单位:mm

符号	适用范围	额定电压/kV							
		3~10	15~20	35	60	110J	110	220J	330J	500J
A_1	(1)带电部分至接地部分之间 (2)网状和板状遮拦向上延伸线距地2.3m处,与遮拦上方带电部分之间	100	125	150	180	300	550	850	950	1800
A_2	(1)不同相的带电部分之间 (2)断路器和隔离开关的断口两侧带电部分之间	100	125	150	180	300	650	900	1000	2000
B_1	(1)栅状遮拦至带电部分之间 (2)交叉的不同时停电检修的无遮拦带电部分之间 (3)栅状遮拦至绝缘体和带电部分之间 (4)带电作业时的带电部分至接地部分之间	850	875	900	930	1050	1300	1600	1700	2550
B_2	网状遮拦至带电部分之间	200	225	250	280	400	650	950	1050	1900
C	(1)无遮拦裸导体至地面之间 (2)无遮拦裸导体至建筑物、构筑物顶部之间	2400	2425	2450	2480	2600	2850	3150	3250	4100
D	(1)平行的不同时停电检修的无遮拦裸导体之间 (2)带电部分与建筑物、构筑物的边沿部分之间	1900	1925	1950	1980	2100	2350	2650	2750	3600

注:1. 110J、220J、330J 和 500J 系指中性点直接接地系统。
2. 带电作业时,不同相或交叉的不同回路带电部分之间的 B_1 值,可取为 A_2+750mm。
3. 配电装置中相邻带电部分的额定电压不同时,应按较高的额定电压确定其安全净距。

设计配电装置,在确定带电导体之间和导体对接地构架的距离时还应考虑:减少相间短路的可能性及减少电动力,如软纱线在短路电动力、风摆、温度等作用下使相间及对地距离的减小,隔离开关开断允许电流时不致发生相间和接地故障,减少大电流导体附近铁磁物质的发热,110kV 及以上的配电装置还要考虑减少电晕损失、带电检修等因素。因此,工程上采用的距离,通常大于表 5-4、表 5-5 所列的数值。

5.5　发电机、变压器与配电装置的连接

5.5.1　连接方式

发电机与发电机电压配电装置或升压变压器的连接,有电缆连接、敞露母线连接和

封闭母线连接三种方式。前两种方式也用于发电机电压配电装置与升压变压器的连接。

1. 电缆连接

由于电缆价格昂贵,且电缆头运行可靠性不高,因此,这种连接方式只在机组容量不大(一般在 25MW 以下),且厂房和设备的布置无法采用敞露母线时,才予以采用。

2. 敞露母线连接

敞露母线连接包括母线桥连接和组合导线连接两类。前者适用于屋内、外,后者只适用于屋外,一般用于 6~125MW 的中小容量机组连接。

1) 母线桥连接

由于连接导体需架空跨越设备、过道或马路,因此导体需安装在由钢筋混凝土支柱和型钢构成的支架上,并由绝缘子支持,故称母线桥。母线桥除有屋内、外之分外,还有单、双层之分。

(1) 屋内母线桥的布置和结构应尽量利用周围的构筑物,如墙、柱、梁、楼板等。由于不受屋外恶劣气候的影响,一般选取等于或稍高于发电机额定电压的屋内支柱绝缘子,其防护措施与屋外重要回路的母线桥相同;对于电流较大或长度较长的母线桥,一般在桥侧面设置维护通道。

(2) 屋外母线桥用于从汽机房至布置在升压变压器之间的母线连接。图 5-11 所示为发电机与升压站主变压器之间的屋外单层母线桥。因受屋外恶劣气候的影响,为了提高运行的安全可靠性,一般选取比发电机额定电压高 1~2 级的屋外支柱绝缘子;母线相间距离一般采用 650~1200mm;为避免因温度变化等原因引起的附加应力,在桥两端装有母线补偿器;对重要回路的母线桥,为防止外物落入造成母线短路,在其上部加无孔盖板,同时为了运行维护观察方便和冷却的需要,两侧封以金属护网,部分护网可开启或可拆卸,以便于检修。

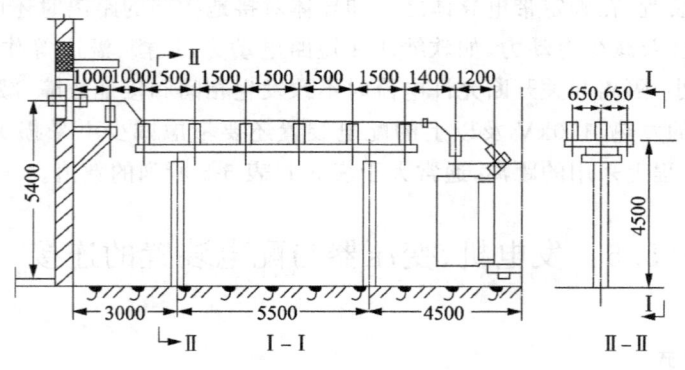

图 5-11 屋外单层母线桥(无保护网)

2)组合导线连接

在中小容量发电机引出线装置中,屋外部分从汽机房至主配电装置之间,或者至升压站的主变压器之间的连接导线,一般用组合导线。组合导线由多根铝绞线组合而成。为有利于散热,使用圆形套环将一组铝绞线均匀地固定在套环圆周上,如图 5-12 所示。套环的作用是使各根绞线之间保持均匀的距离,相邻套环之间的距离为 0.5～1m,环的左右两侧用两根钢芯铝绞线作为悬挂线,承受拉力,其余绞线用铝绞线或铜绞线,用于载流;组合导线用悬式绝缘子悬挂在厂房、配电装置室的墙上或独立的门形构架上,为了使悬挂线和墙或构架受力不致过大,一般跨距不宜大于 40m,当超过 40m 时,宜在中间增设一个门形构架。

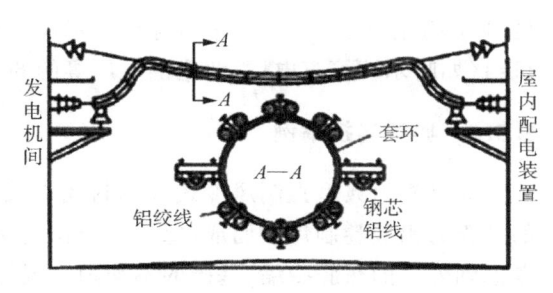

图 5-12 组合导线

与母线桥相比,组合导线具有以下优点:
(1)散热性能较好,集肤效应较小,在相同的负荷电流下总截面较小;
(2)有色金属消耗少,节省大量绝缘子和支架,投资较少;
(3)由于没有许多中间接头和支柱绝缘子,运行可靠性较高,维护工作量小;
(4)跨距大,便于跨越厂区道路。

3. 封闭母线连接

对于 200MW 及以上的发电机与变压器间的连接母线,要求有更高的运行可靠性。上面介绍的敞露母线形式,由于易受气候、污秽气体的影响,还有外界物体落下的可能性,容易造成绝缘子闪络或相间短路,这些事故对于大型机组会引起严重后果。为了避免相间短路、提高运行的安全可靠性和减少母线电流对邻近钢构的感应损耗发热,一般用全连式分相封闭母线,通称封闭母线。封闭母线配套供应的电压互感器、避雷器和电容器等,分别装在分相封闭的金属柜内,一般为抽屉式的。发电机中性点设备(电压互感器、消弧线圈或接地配电变压器和接地电阻等)也装设在单独的封闭金属柜内。

正常工作电流流过母线时,交变磁场在外壳中引起涡流。将外壳多处接地后,每相外壳中的涡流方向与该相主电流方向相反,因此封闭母线外部磁场明显减弱,不会引起周围钢结构的附加发热。短路电流通过时,母线间的电动力也大大减少。封闭地线是由制造厂成套加工制造,工艺水平高,因此提高了长期运行的安全可靠性;封闭外壳有屏蔽作用,母线电动力小;另外,母线的维护工作量也小,这些都是封闭母线的优点。

目前,国内 200～300MW 机组的封闭母线一般均采用自然冷却方式,即母线及外壳在运行中产生的热量完全靠辐射和自然对流散到周围介质中去。更大容量机组的封闭母线需考虑采用强制风冷方式,即用母线及其封闭外壳作风道,利用风机和热交换器进行强迫通风（闭式循环），将母线及外壳在运行中产生的热量带走；这种冷却方式可使母线的载流量增加 0.5～1 倍，母线和外壳的外径大为减小，节约大量有色金属和便于施工。但增加了强制风冷装置，使运行费和维护工作量增加。具体工程中，根据母线长度、回路工作电流等条件，进行综合技术经济论证后决定是否采用。国内一些 600MW 机组（如哈尔滨第三电厂、北仑港电厂等的 600MW 机组）的封闭母线仍采用自冷方式。

5.5.2 典型连接举例

大型机组典型强制风冷式分相封闭母线总布置示意图如图 5-13 所示。封闭母线的外壳为铝板卷制焊接而成，每段外壳长度受运输、包装等条件限制，一般在 6m 以内；考虑到外壳的热胀冷缩、基础的不均匀下沉等因素，在与隔离开关外壳连接处及不同的基础交接处采用软连接，即加伸缩装置（铝波纹管）8、10；支撑装置 12，国内多采用"抱箍加支座"式；为使外壳内轴向环流形成回路，在发电机出口、主变压器及厂用变压器进线等处均装设短路板，并应接地，一般采用截面不小于 240mm² 铜绞线与接地网连接，形成多点接地。也有些工程母线外壳采用一点接地，如北仑港电厂。

主母线为圆管形铝母线，一般用三只互成 120°的支柱绝缘子支撑固定于外壳内，与外壳成同心圆布置；在母线上适当地方（每隔 6～10m，一般不超过 20m）装设伸缩节，目前大部分采用 0.5～1mm 厚的薄铝片叠制而成；母线与发电机、变压器等设备的连接用可拆的挠性伸缩接头（如铜编织线），防止所连设备通过母线形成振动传递。发电机出口的电压互感器柜 6 中，互感器均为单相式，分装在分相间隔中。为减少占地和方便检修，互感器分层叠放，并采用抽屉式结构，柜外设有窥视孔，便于检查。主变压器和厂用变压器，两者之间设有防火隔墙 15，厂用变压器直接布置在主回路的封闭母线下面。厂用分支也有采用共相式，在封闭母线外壳上适当地方装设观察（检修）窗 11 等，

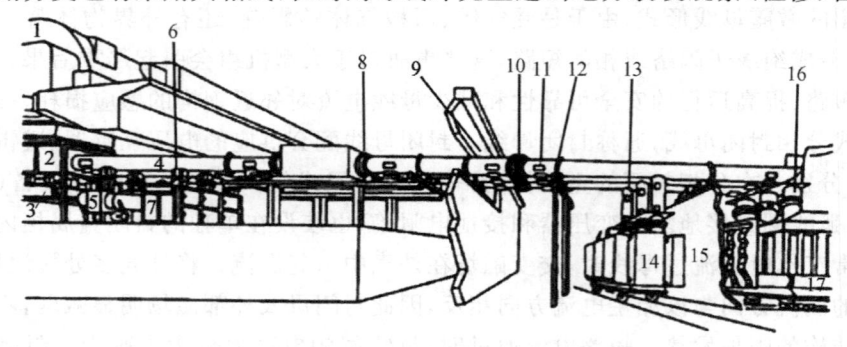

图 5-13 强制风冷式分相封闭母线总布置示意图
1-发电机；2-发电机出线箱；3-发电机出线套管处的强制风冷装置；4-分相封闭母线主回路；
5-分相封闭母线上的强制风冷装置；6-电压互感器柜分支回路；7-高压开关柜；
8-与断路器、负荷开关或隔离开关外壳相连的伸缩装置；9-穿墙段；10-外壳伸缩接头；
11-支柱绝缘子观察（检修）窗；12-封闭母线外壳支撑装置；13-厂用变压器分支回路；
14-厂用变压器；15-防火隔墙；16-主变压器连接装置；17-主变压器

以便对壳内的支柱绝缘子、伸缩节、电流互感器等设备进行观察、清扫、检修、更换。此外，在封闭母线系统中还设有吸潮装置；为防止封闭母线停用时，屋外部分受冷凝而积水，设有恒温控制装置，以维持封闭母线内部的温度在露点以上。

思 考 题

5-1 什么是厂用电和厂用电率？
5-2 发电厂厂用电负荷按其重要性分为几类？各类厂用电负荷对供电电源有哪些要求？
5-3 发电厂厂用电供电电压有几级？厂用电压由哪些因素决定？
5-4 什么是厂用工作电源、备用电源、启动电源、保安电源和不间断电源？
5-5 电动机正常启动与自启动时对电源电压有何要求？
5-6 配电装置有几种类？各有什么特点，适用于哪些场合？
5-7 什么是配电装置的安全净距？
5-8 电机引出线装置有哪几种类型？各有什么特点？

第6章 同步发电机和电力变压器

同步发电机和电力变压器是电能生产和传输过程中重要的电气设备。在现代电力工业中,同步发电机广泛用于水力发电、火力发电、核能发电以及柴油机发电。由于同步发电机一般采用直流励磁,当其单机独立运行时,通过调节励磁电流,能方便地调节发电机的电压。若并入电网运行,因电压由电网决定,不能改变,此时调节励磁电流的结果是调节了发电机的功率因数和无功功率。电力变压器是一种静止的电气设备,是用来将某一数值的交流电压(电流)变成频率相同的另一种或几种数值不同的电压(电流)的设备,在电能传输过程中广泛应用。本章就同步发电机和电力变压器的分类、运行及操作等方面进行讲解。

6.1 同步发电机的分类

6.1.1 同步发电机的类型

同步发电机和同步电动机均属于同步电机,同步电机的结构有两种基本形式,一种是旋转电枢式,即三相绕组装在转子上,磁极装在定子上。这种形式在小容量同步电动机中得到某些应用。另一种是旋转磁极式,它与前者相反,把磁极装在转子上,三相绕组装在定子上。这种形式广泛应用于大中型容量的同步电机中,并成为同步电机的通常结构形式。这种结构形式有下列特点:

(1)励磁电流比电枢电流小得多,励磁电压比电枢电压低得多,向转子输入励磁电流时,电刷与滑环负荷较小,工作较为可靠。

(2)同步电机容量较大,尤其是同步发电机,容量更大。电枢装在定子上,便于嵌线,加强绝缘,通风散热。强大的电流向负载输出时不经过电刷和滑环,可减少故障,保证供电的可靠性。

旋转磁极式又可分为隐极式和凸极式。凸极式发电机从转子上看,有着明显的磁极,如图6-1(a)所示。当通有直流励磁电流后,每个磁极就出现一定的极性,相邻磁极交替出现S极和N极。隐极式发电机从转子上看,没有凸出的磁极,如图6-1(b)所示。但通入励磁电流后,沿转子圆周也会交替出现N极和S极。

同步发电机采用凸极还是隐极式结构,主

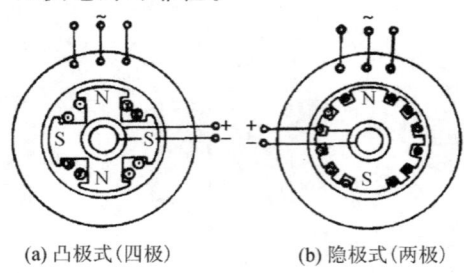

(a) 凸极式(四极)   (b) 隐极式(两极)

图6-1 转子结构形式图

要由它的容量及转速来决定。对于高速大容量同步发电机,如火电厂都用高速汽轮机作原动机,汽轮发电机通常用高转速的两极电机,其转速达3000r/min;核电站多用四极电机,其转速为1500r/min。考虑到转子直径大、转速高,转子各部分所受的离心力很大,而隐极转子可以把励磁绕组很好地固定在转子上,为适应高速、高功率要求,一般都做成隐极式结构。中小型(如容量小于3000kW、转速在1500r/min及以下)同步发电机多半做成凸极式的,因为凸极式转子的结构及加工较为简单。图6-2为火电厂300MW同步发电机外形图。

图 6-2 火电厂300MW同步发电机外形图

6.1.2 同步发电机的铭牌

1. 型号规定

发电机的型号表示该台发电机的类型和特点。我国发电机型号的现行标注采用汉语拼音法,第一个字母T表示同步、Q表示汽轮;第二个字母Q表示汽轮机、F表示发电机;第三个字母表示冷却方式,C表示空气外冷,Q表示氢外冷,N表示氢内冷,S表示双水内冷;后面两部分分别表示额定容量(MW)和极数。例如,TQN-100-2表示容量为100MW氢内冷两极同步发电机,QFQS-600-2表示定子绕组水内冷、转子绕组氢内冷、铁心氢外冷的汽轮发电机。我国生产的大型水轮发电机为TS系列,T表示同步,S表示水轮,后面两部分分别表示主要外形参数和极数。例如,TSS-1264/160-48表示双水内冷水轮发电机,定子外径为1264cm,铁心长为160cm,极数为48。

2. 额定数据

同步发电机同其他电机一样,制造厂将电机正常运行的条件、各种规定的数据都刻印在铭牌上,这些数据是使用电机时应遵守的技术规定。主要数据如下:

(1)额定电压(U_N)。额定电压是指发电机在正常运行时,定子绕组的线电压,单位是伏(V)或千伏(kV)。

(2)额定电流(I_N)。额定电流是指发电机在额定运行时,定子绕组的线电流,单位是安(A)或千安(kA)。

(3)额定容量(P_N)。额定容量是指发电机在额定运行时输出的电功率,它与额定电压及额定电流的关系为

$$P_N = \sqrt{3} U_N I_N \cos\varphi_N \tag{6-1}$$

(4)额定转速(n_N)。额定转速是指转子正常运行时的转速,单位是 r/min。在一定的极数和频率下运行,转子的转速就是同步转速,即

$$n_N = \frac{60 f_N}{p} \tag{6-2}$$

(5)额定效率(η_N)。额定效率是指同步发电机在额定状态下运行的效率。

(6)额定频率(f_N)。我国规定的交流电标准频率广为 50Hz。

此外,还有极数、功率因数、温升、绝缘等级、励磁容量和励磁电压等,也是发电机在运行时需要注意的。

6.2 同步发电机的运行

同步发电机的运行包括正常运行和非正常运行。同步发电机的正常运行属于容许长期连续运行的工作状态,它的特点是发电机的有功负荷、无功负荷、电压、电流等都在容许范围以内,因而它是一种稳定的、对称的工作状态,其中最常见的是额定工作状态,即有功负荷、电压、功率因数、频率等都是额定值。发电机在额定工作状态运行时,具有损耗小、效率高、转矩均匀等性能。同步发电机的非正常运行属于只容许短时运行的工作状态,此时发电机的部分参量可能出现异常。例如,定子或转子电流超过额定值、电压不对称、产生某种频率的感应电流、引起局部过热等。在电能生产过程中,需要认识同步发电机的运行状态。

6.2.1 同步发电机的正常运行

发电机按制造厂铭牌额定参数运行的方式,称为额定运行方式。发电机的额定参数是制造厂对其在稳定、对称运行条件下规定的最合理的运行参数。当发电机在各相电压和电流都对称的稳态条件下运行时,具有损耗小、效率高、转矩均匀等性能。所以在一般情况下,发电机应尽量保持在额定或接近额定工作状态下运行。

由于电网负荷的变化,不可能所有的发电机组都按铭牌额定参数运行,会出现某些机组偏离铭牌参数运行的情况。发电机的运行参数偏离额定值,但在允许范围内,这种运行方式为允许运行方式。

1. 发电机允许温度和温升

发电机运行时会产生各种损耗,这些损耗一方面使发电机的效率降低,另一方面会

变成热量使发电机各部分的温度升高。温度过高及高温延续时间过长都会使绝缘加速老化,缩短使用寿命,甚至引起发电机事故。一般来说,发电机温度若超过额定允许温度6℃长期运行,其使用寿命会缩短一半(即6℃规则)。所以发电机运行时,必须严格监视各部分的温度,使其在允许范围内。另外,由于发电机内部的散热能力不与周围空气温度的变化成正比,当周围环境温度较低、温差增大时,为使发电机内各部位实际温度不超过允许值,还应监视其允许温升。

发电机的连续工作容量主要取决于定子绕组、转子绕组和定子铁心的温度。这些部分的允许温度和允许温升,取决于发电机采用的绝缘材料等级和温度测量方法。通常容量较大的发电机,其绝缘材料大多采用B级绝缘,也有的采用F级绝缘,而且测温方法也不完全相同。因此,发电机运行时的温度和温升,应根据制造厂规定的允许值(或现场试验值)确定。若无厂家规定时,可按表6-1执行。

表6-1 发电机各主要部分的温度和温升允许值

发电机部位	允许温升/℃	运行温度/℃	温度测试方法
定子铁心	65	105	埋入检温计
定子绕组	65	105	埋入检温计
转子绕组	90	130	电阻法

表6-1中,发电机定子铁心和定子绕组的允许温度同为105℃。因为一方面有部分定子铁心直接与定子绕组接触,定子铁心的温度超过105℃时会使定子绕组的绝缘遭受损坏;另一方面定子硅钢片间的绝缘在温度超过105℃时也会损坏,特别是采用纸绝缘时,若温度经常在100℃以上,由于纸的过分干燥而较绝缘漆更易损坏,所以发电机定子铁心的允许温度不应超过定子绕组的允许温度。

发电机转子绕组的允许温度为130℃,高于定子绕组的允许温度,其原因是转子绕组电压较低,且绕组温度分布均匀,不会像定子绕组因受定子铁心温度的影响而可能出现局部过热;其次,定、转子绝缘材料不同,测温方法也不同。

发电机的冷却方式由其采用介质所决定,冷却介质主要有氢气、水和空气。氢气冷却一般用在容量为50~600MW的汽轮发电机中。其中,50~100MW的汽轮发电机一般用氢表面冷却;100~250MW的汽轮发电机一般转子用氢内冷,而定子用氢表面冷却;200~600MW的汽轮发电机采用定、转子氢内冷。较大容量的发电机定子绕组广泛采用水内冷。空气冷却一般用在50MW以下的汽轮发电机中。目前,国内外大中型水轮发电机主要采用空气冷却和水冷却。

为保证发电机能在其绝缘材料的允许温度下长期运行,必须使其冷却介质的温度、压力运行在规定的范围内,其冷却介质的质量也必须符合规定。

2. 发电机电压允许变化范围

发电机应以额定电压运行,但实际上,发电机的电压是根据电网的需要而变化的。发电机电压在额定值的±5%范围内变化时,允许长期按额定出力运行。当定子电压较额定值降低5%时,定子电流可较额定值增加5%,因为电压低时,铁心中磁通密度降低,因而铁损也降低,此时稍增加定子电流,绕组温度也不会超过允许值。反之,当定子电压较额定值增加5%时,定子电流应减少5%。这样,如果功中因数为额定值时,发电机就可以连续地在额定出力下运行。发电机电压最大变化范围不得超过额定值的±10%。当发电机电压偏离额定值超过±5%时,会给发电机的运行带来不利影响。

(1)发电机电压低于额定值时,若保持输出功率不变,定子电流增大,有可能使定子温度超过允许值。同时为维持输出功率不变,发电机会增大功角运行,而功角接近90°时,并列运行稳定性变差,容易引起发电机振荡或失步。另一方面,电压降低时发电机铁心可能处于不饱和状态,其运行点可能落在空载特性的直线部分,励磁电流作小范围的调节都会造成发电机电压的大幅变动,且难以控制。因此会降低发电机并列运行的稳定性和电压调节的稳定性。

(2)若保持发电机有功输出不变而提高电压时,转子绕组励磁电流就要增加,这会使转子绕组温度升高。当电压升高到1.3~1.4倍额定电压运行时,转子表面脉动损耗增加(这些损耗与电压的平方成正比),使转子绕组的温度有可能超过允许值。由于定子电压过多升高,定子铁心磁通密度增大,使定子铁心过度饱和,会造成较多的磁通逸出并穿过某些结构部件,如机座、支撑筋、齿压板等,形成另外的漏磁磁路。过多的漏磁会使结构部件产生较大涡流,可能引起局部高温,从而对定子绕组绝缘造成威胁。

3. 发电机频率允许变化范围

正常运行时,发电机的频率应经常保持50Hz运行。但是,由于电力系统负荷的增减频繁,而频率调整不能及时进行,频率不能始终保持在额定值上,可能稍有偏差。频率正常变化范围应在额定值的±0.2Hz以内,最大偏差不应超过额定值的±0.5Hz。频率超过额定值的±2.5Hz时,应立即停机。在允许变化范围内,发电机可按额定容量运行。

频率变化过大将对用户和发电机带来不利的影响。

(1)频率降低时,发电机转子风扇转速随之下降,使通风量减少,造成发电机的冷却条件变差,从而使绕组和铁心的温度升高。由于频率降低,厂用电动机的转速随之下降,厂用机械的出力降低,这将导致发电机的出力降低。而发电机出力下降又加剧系统频率的再度降低,如此恶性循环,将影响系统稳定运行。若出力不变,转矩应增加,这会使叶片过负荷而产生较大振动,叶片可能因共振而折断。

(2)频率过高时,发电机的转速升高,转子上承受的离心力增大,使转子部件损坏,影响机组安全运行。当频率高至汽轮机危急保安器动作时,主汽门关闭,机组停止运行。

4. 发电机功率因数允许变化范围

当发电机运行时的定子电流滞后于定子电压一个角度 φ,同时向系统输出有功和无功,此工况为发电机的迟相运行,与此工况对应的 $\cos\varphi$ 为迟相功率因数。当发电机运行时的定子电流超前于定子电压一个角度 φ,发电机从系统吸取无功,用以建立机内磁场,并向系统输出有功,此工况为发电机的进相运行,与此工况对应的 $\cos\varphi$ 为进相功率因数。发电机的额定功率因数,是指发电机在额定出力时的 $\cos\varphi$,其值一般为 0.8~0.9。

发电机运行时,由于有功和无功负荷的变化,其 $\cos\varphi$ 也是变化的。为保持发电机的稳定运行,功率因数一般运行在迟相 0.8~0.95 范围内。$\cos\varphi$ 也可以工作在迟相的 0.95~1.0 或进相 0.95,但此种工况发电机的静态稳定性差,容易引起振荡和失步。因为,迟相 $\cos\varphi$ 值越高,无功输出越小,转子励磁电流越小,定、转子磁极间的吸力减小,功角增大,定子的电动势降低,发电机的功率极限也降低,故发电机的静态稳定度降低。所以,规定 $\cos\varphi$ 一般不得超过迟相 0.95 运行,即无功功率不应低于有功功率的 1/3。对于有自动调节励磁的发电机,在 $\cos\varphi=1$ 或 $\cos\varphi$ 在进相 0.95~1.0 范围内,也只许允许短时间运行。

$\cos\varphi$ 低限值一般不作规定,因其不影响发电机运行的稳定性。

6.2.2 同步发电机的非正常运行

同步发电机的非正常运行属于只容许短时运行的工作状态,此时发电机的部分参量可能出现异常,应及时采取措施加以控制。最常见的非正常工作状态有过负荷、异步运行、不对称运行等。

1. 发电机的容许过负荷

发电机的定子电流和转子电流均不得超过容许范围(即额定值)。但在系统发生短路故障、发电机失步运行、成组电动机启动以及强行励磁等情况时,发电机定子或转子都可能短时过负荷。电流超过额定值会使发电机绕组温度有超过容许限度的危险,甚至还可能造成机械损坏。过负荷数值越大,持续时间越长,上述危险性越严重。因此,发电机只容许短时过负荷。过负荷数值不仅和持续时间有关,而且还与发电机的冷却方式有关,如直接冷却的绕组在发热时容易产生变形,过负荷容许值比间接冷却小。

发电机不容许经常过负荷,只有在事故情况下,当系统必须切除部分发电机或线路时,为防止系统静态稳定破坏,保证连续供电,才容许发电机短时过负荷运行。发电机定子与转子短时过负荷的容许值和容许时间由制造厂家规定。

2. 发电机的异步运行

同步发电机进入异步运行状态的原因很多,常见的有励磁系统故障、误切励磁开关而失去励磁、由于短路使电机失步等。下面仅将失去励磁后的异步过程作简要分析。

发电机失去励磁后,电磁功率减小,在转子上出现转矩不平衡,促使发电机加速,转子被加速至超出同步转速运行,以致最后失步。当发电机超出同步转速运行时,发电机转子和定子旋转磁场之间,有了相对运动,于是在转子绕组、阻尼绕组以及转子的齿与槽楔中,将分别感应出滑差频率的交流电流,这些电流产生制动的异步转矩,发电机开始向电力系统送出有功功率。转速的增大,一直继续到出现的制动异步转矩与汽轮机的旋转转矩相等为止。

图 6-3 表示发电机的平均异步转矩特性曲线,其中曲线 4 表示原动机的转矩特性。随着转速升高,调速器动作,减小进汽或进水,因此原动机的输入转矩即由 M_{m0} 下降,此时与汽轮发电机的转矩特性 1 相交于 A_1 点,与有阻尼绕组的水轮发电机的转矩特性 2 相交于 A_2 点,与无阻尼绕组的水轮发电机的转矩特性 3 交于 A_3 点。A_1、A_2、A_3 即转矩平衡点,这些点决定了稳态异步运行时,有功功率的大小和转差率。

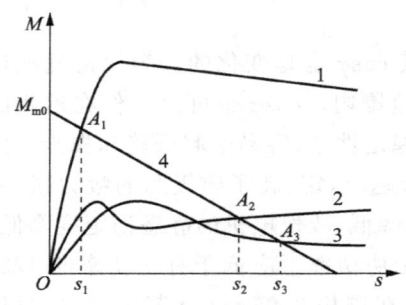

图 6-3 发电机平均异步转矩特性曲线
1-汽轮发电机转矩特性;2-有阻尼绕组水轮发电机转矩特性;3-无阻尼绕组水轮发电机转矩特性;4-原动机转矩特性;M_{m0}-原动机输入转矩

如图 6-3 所示,汽轮发电机具有良好的平均异步转矩特性,因而在千分之几的滑差下,就能达到稳态运行点 A_1。此时由于调速器使汽门关闭的幅度很小,因而输出的有功功率仍相当高。在异步运行时,发电机需从系统吸收大量的无功功率,所以,发电机的电压以及附近用户处的电压将要下降。所需无功功率的大小,与发电机的 x_d 以及转差率 s 相关。x_d 越小,则 f 越小,所需的无功功率也越小。汽轮发电机的 x_d 较大,而 s 甚小,所需的无功功率也较小,电力系统电压降低很小。所以,汽轮发电机短时内处在这种情况下(有功功率大,转差率小,电压降低不多)做异步运行是容许的,不会出现转子损耗过大,而使发电机受到损伤。当励磁恢复后,汽轮发电机又可平稳拉入同步。但是长时间的异步运行也是不容许的,因为会引起发电机定子和铁心端部过热,转子绕组也由于感应电流产生相当大的热量,引起发热和损伤,所以汽轮发电机的异步运行受到时间限制。一般规定,汽轮发电机的异步运行时间为 15~30min。

水轮发电机和汽轮发电机不同,异步转矩特性差。当滑差变化很大时,平均异步转矩变化不大,最大平均异步转矩也小于失磁前的原动机转矩,因而只能在滑差相当大时,才能到稳定运行点 A_2 和 A_3。在大的滑差下运行,转子有过热的危险,所以一般是不容许的。除此之外,水轮发电机的同步电抗较小,异步运行时,定子电流很大,所以也应限制其异步运行。当发电机失去励磁后,特别是无阻尼绕组的水轮发电机,转速迅速增加,负荷差不多可以减小到零,所以必须从电力系统中断开。有阻尼绕组的水轮发电机,情况要好一些。但在滑差为 3%~5% 时,才出现转矩的平衡(图 6-3 中 A_2 点),对阻

· 210 ·

尼绕组有过热的危险,所以只容许运行几秒,必须迅速恢复励磁。

总之,异步运行是发电机的一种不正常工作状态,但这种非正常工作状态应受到时间的限制。水轮发电机一般不容许异步运行,汽轮发电机失磁后异步运行的时间和功率,受到许多因素的限制,一般要根据发电机型式、参数、转子回路连接方式以及电力系统情况,进行具体分析,经过试验才能确定。

3. 发电机的不对称运行

发电机的不对称运行属于一种非正常工作状态。不对称的原因可能是负荷不对称(电气机车、电弧炉等),也可能由于输电线路不对称(断线)等。同步发电机在不对称运行时,定子除有正序磁场外,还有负序磁场。负序磁场对转子有 2 倍同步转速的相对运动,因此在转子绕组、阻尼绕组以及转子本体中感应出 2 倍额定频率(100Hz)的电流,引起转子过热和振动。

2 倍频率电流引起转子发热,对汽轮发电机特别危险,因为汽轮发电机是隐极式的,磁极和轴是一个整体,感应电流频率高,则集肤效应大,使电流集中在表面很浅的薄层内,这就增大了电流回路的电阻,加之这些电流不仅流过转子的本体,还流过护环、槽楔与齿,并流经槽楔和齿以及套箍的许多接触面,这些地方电阻大,发热尤为严重,可能产生局部高温,破坏转子部件的机械强度和绕组绝缘。负序电流在汽轮发电机中引起的机械振动较小,因为汽轮发电机转子是个圆柱体,纵轴和横轴的磁导相差不大,引起的附加振动也不大,对机械强度危害性甚小。

对于水轮发电机,转子是凸极式的,冷却条件较好,2 倍频率的感应电流以及所引起的转子附加发热,都较汽轮发电机小;如有阻尼绕组,虽可引起阻尼绕组的附加发热,但阻尼绕组可削弱负序磁场的影响,能减轻转子的发热程度。水轮发电机的直径较大,纵轴和横轴磁导相差较大,所引起的振动也较大。

发电机的不对称运行有长时间和短时间两种情况。长时间不对称运行,是指不对称负荷情况;短时不对称运行,是指不对称故障时的运行,持续时间极短。所以不对称运行的容许负荷,也有长时间和短时间之分。

长时间容许负荷,主要取决于下列三个条件:

(1)负荷最重相的定子电流,不应超过发电机的额定电流。

(2)转子最热点的温度,不应超过容许温度。为此,在持续运行时,相电流最大差值对额定电流之比,对汽轮发电机规定不得超过 10%,对水轮发电机不得超过 20%;或者说,负序电流对额定电流之比,对汽轮发电机不得超过 6%,对水轮发电机不得超过 12%。

(3)不对称运行时出现的机械振动,不应超过容许范围。机械振动的容许值,应按制造厂家推荐的标准确定。

短时容许负荷主要取决于短路电流中的负序电流,由于时间极短,可以认为:负序电流在转子中引起的损耗,全部用于转子表面的温升,不向周围扩散。因此,容许的负

序电流和持续时间取决于式(6-3),即

$$\int_0^t i_2^2 \mathrm{d}t = I_2^2 t \leqslant K \tag{6-3}$$

式中,i_2为负序电流瞬时值对额定电流的比值;I_2为等值负序电流对额定电流的比值;K为常数。对于空气或氢外冷发电机,$K=30$;对于内冷发电机,K值较小。大容量的内冷发电机,K值更小。我国内冷式大型发电机的尺值,在6~10之间,600M汽轮发电机的设计值为4。

我国规定的发电机不对称运行时的容许电流和持续时间见表6-2。

表6-2 同步发电机不对称运行时的容许电流和持续时间

序号	运行情况	容许不平衡电与持续时间	发电机种类和冷却方式 隐极式发电机 空气或氢冷表面冷却	发电机种类和冷却方式 隐极式发电机 导线直接冷却	凸极式发电机
1	不对称短路	$I_2^2 t$ 不应大于右列值/s	30	15	40
2	三相负荷不平衡、非全相运行、进行短时间的不平衡短路实验以及系统中设备发生故障的情况	负序电流(p.u.) 0.4~0.6 0.45 0.35 0.28 0.20 0.12	储蓄容许时间/min 立即停机 1 2 3 5 10	立即停机 立即停机 1 2 3 5	3 5 10 — — —
3	在额定负荷下持续运行	三相电流之差对额定电流之比,不超过右列值	0.1	0.1	0.2
		负序电流标幺值不超过右列值	0.06	0.06	0.12

6.3 同步发电机的操作

发电机应尽可能在额定状态下运行,在此情况下机组效率最高,发电厂能取得最大的经济效益。但由于系统运行的需要或因事故、检修,发电机组需要开机并网和解列停机。运行中的发电机组在系统中负荷增减或其他机组开停引起系统频率及运行发电机机端电压变化时,发电机组在自动调速器及自动励磁调节器的作用下将自动增减有功和无功以保证系统运行的稳定性、供电的可靠性与电能质量。同时,运行人员也可能对机组的有功及无功实施手动调节。本节将讲述这些运行操作与调节的原理、方法与步骤以及系统电压与频率偏离标准范围对发电机组的影响。

6.3.1 同步发电机的并列操作

1. 并列操作的基本要求

同步发电机投入电力系统并联运行称为并列操作。并列操作应满足下列两点基本要求：

(1)并列断路器合闸瞬间产生的冲击电流不超过允许值；
(2)断路器合闸后，发电机能迅速进入同步。

如果不能满足第(1)要求，则并列机组将承受很大的电动力冲击，造成机组的损害，同时与并列机组电气距离很近(特别是在机端母线与之并联)的机组也将承受部分冲击电流而承受电动力的冲击。如果不能满足第(2)要求，发电机同步电动势与系统电压的夹角不断摆动，甚至进入稳定的异步运行状态，将造成发电机有功与无功的强烈振荡，对机组及系统均造成危害，甚至危及系统运行的稳定性，其危害随机组容量的增加而增加。

2. 并列操作的方法

同步发电机并列的方法有两种：准同期和自同期。

1)准同期

准同期方法是将发电机升速、升压至与系统的频率、电压十分接近，并检查发电机端电压(这时等于同步电动势)与发电机断路器系统侧电压的夹角接近为零时，将发电机断路器合闸，以期断路器触头接触瞬间两电压夹角为零。

准同期并列可以很好地满足同期并列的两点基本要求，在合闸之前需仔细地调节转速与电压，并监察发电机与系统电压的角差变化。断路器合闸瞬间应满足以下三个条件：

(1)两电压幅值之差应小于5%。
(2)机组与系统频率之差应小于2%(即0.1Hz)。
(3)角差小于10°。

条件(1)和(3)主要影响冲击电流。条件(2)即系统的频差，对发电机是否迅速进入同步影响最大；频率与系统完全相等的发电机组必然可以进入同步，这时进入同步的时间取决于角差；频差不为零的机组并入电网后，由于转子的滑差将转换为角差，影响机组进入同步的速度。当滑差过大时，表明机组原动机开度过大或过小，机组并入电网后可能进入稳定的有励磁异步运行状态，机组输出或输入异步功率以平衡原动机的剩余或不足开度，这时产生同步功率的大幅度振荡，其振荡的幅值就是发电机功角特性的极值，取决于励磁而与原动机开度无关。因此，发电机组并列时频率的调节至关紧要。

2)自同期

自同期方法是将发电机升速至与系统同步的转速且转速稳定(加速度为零)，在无励磁状态下合上发电机断路器,随之联动投入励磁开关,使励磁电流按转子回路的时间常数上升至空载励磁电流(同步电动势等于额定电压)以避免吸收系统无功。当机组转速十分接近系统同步转速时,在励磁电流上升的过程中即可使机组进入同步状态,从而可以避免同步功率的大幅度振荡。

自同期方法的优点是并列速度快,但在发电机断路器合闸时,由于发电机端由零电压改变为系统电压,实现这一过渡的瞬间将产生较大的冲击电流。当励磁开关合闸时,在励磁电流尚未升起之时,由转子回路参数的改变引起的过渡过程的初瞬也将产生冲击电流。当转子回路有较长的时间常数时,励磁电流的缓慢上升不会造成新的冲击,只是在滑差过大的情况下,发电机不能迅速进入同步时会造成励磁上升后发电机与系统间的功率振荡。

只有在电力系统特别需要时,被指定为紧急应变的机组(一般为水轮发电机组),以及由于准同期系统严重故障,短时不能恢复的容量不大的发电机组才可能采用自同期方法并列。

发电机并列时转速与电压的调节以及并列条件的监察与合闸操作均可由自动装置实施,此种同期系统称为自动同期系统。不实施调节,仅检查同期条件进行操作的系统称为半自动同期系统。

发电厂必须配备由运行人员调节与操作的手动准同期系统,由于具有很高的可靠性而被广泛地采用。在手动准同期系统的基础上,增加以自动准同期装置为核心的自动调节与操作执行电路即形成手动与自动并存的同期系统。

6.3.2 发电机接带负荷和运行中负荷的调整

1. 发电机接带负荷

发电机并网后,按现场规程规定接带负荷。发电机初始有功负荷的大小及增加速度主要取决于汽轮机和锅炉的允许条件,也与发电机的容量、冷热状态启动及运行情况有关。

冷态汽轮机组启动并网后,其有功增加速度不宜过快,否则会使汽轮机进汽量增加过快,汽轮机内部各金属部件受热不均,膨胀不均,产生过大的热应力、热变形,引起动静摩擦。对锅炉而言,有功增加速度太快,锅炉运行参数来不及调节使汽温、汽压下降,造成汽轮机内部各金属部件疲劳损坏,甚至使主蒸汽带水,严重时发生对汽轮机水冲击而损坏叶片。对发电机而言(特别是大容量发电机),冷态发电机(定子绕组与铁心温度低于额定值的50%)并网后,立即使它带上很大的负荷,定子电流增加过快、过大,定子绕组和定子铁心间会产生过大温差,从而损坏定子绕组绝缘。转子正常运转时,受离心力作用压紧的转子绕组与钢体紧固为整体,若有功增加太快,励磁电流相应增加也快,转子绕组受热膨胀不能自由伸展,使转子绕组绝缘损坏和发生残余变形。另外,水冷发电机的电磁负荷较大,有功增加速度太快,对定子端部绕组造成过大冲击力,影响端部固定。同时，有功增加太快，定子端部突然产生振动，易使定子水接头焊缝裂开而漏水。因此，冷态机组启动并网后，应按一定速度带初始有功；按汽轮机要求，先进行初负荷暖机和不同负荷段暖机，再逐步带上额定负荷。

发电机组带有功负荷速度及汽轮机暖机时间规定见表 6-3。

表 6-3　汽轮发电机有功增加速度及汽轮机暖机时间

发电机容量/MW	有功增加速度/(MW/min)	初始有功占额定容量的百分比/%	初负荷至额定负荷时间	
			初负荷暖机时间/min	其他负荷段暖机时间/min
200	2	7~10	不少于 30	见汽机规程
300	2	5	不少于 30	见汽机规程
600	3.96	5	不少于 30	见汽机规程

发电机在热态（定子绕组与铁心温度高于额定值的 50%）或事故情况下，并网后有功增加的速度不受限制。由于水轮机转速较低，作用于转子绕组的离心力小，发生残余变形可能性小，因此冷态水轮机组并网后，有功增加速度不受限制。

发电机并网后，其无功负荷的增长速度影响转子绕组的绝缘，故应缓慢均匀地增加无功。接带初始无功应使功率因数值在 0.85~0.95 范围内，即初始无功为初始有功的 33%~62%（前者为低限，后者为高限）。

2. 发电机负荷的调整

发电机正常运行时，由于系统负荷发生变化，因此运行人员应按照给定的负荷曲线调度命令，及时对发电机的有功和无功进行调整。

对于大容量的单元机组，如 300MW 汽轮发电机组，其有功的调整是通过机组的协调控制系统（CCS）、数字电液调节系统（DEH）和锅炉控制器来实现的。当需要增加有功时，由汽轮机值班员在 CCS 盘上设定目标负荷和负荷变化率，根据机组运行方式（机炉以功率控制方式、以机为基础或以炉为基础运行方式）进行调整。例如以机为基础运行方式，经有关操作由 CCS 控制 DEH，DEH 改变调速汽门的开度，增加有功。此时，主蒸汽压力相应降低，CCS 控制锅炉控制器，锅炉控制器根据主蒸汽压力的变化调节锅炉的燃烧率以恢复汽压。相反，通过类似操作，使机组有功减少。

在事故情况下，汽轮发电机机组有功的调整或事故停机，一般仍由汽轮机值班人员进行（因涉及机、炉等系列操作）。当系统或发电机发生电气故障时，由电气值班员解列机组，以保证系统稳定和发电机的安全运行。

发电机无功的调整是利用改变励磁电流来实现的。发电机由同轴直流励磁机供给励磁时，通过改变励磁机磁场变阻器阻值的大小来调整无功；采用半导体励磁的大型发电机，通过改变 AVR 的工作点进行无功调行。在正常情况下，根据电网给定的电压曲线，由电气运行值班人员进行调整。为保证发电机和电网的稳定运行，在调整无功时，一般情况下，应保持发电机的无功与有功的比值不小于1/3，并需要注意并联运行机组之间无功负荷的分配情况，防止机组出现无功过负荷或进相运行。

运行人员在调节负荷时，应注意下列事项：

(1)调节幅度应控制得小些，避免被调节对象大起大落。

(2)调节时，必须认清被调对象的操作设备，避免弄错操作把手而造成机组异常运行。

(3)调节过程中，必须严密监视有关表计的变化情况。

6.3.3 同步发电机的解列与停机操作

与电力系统并列运行的同步发电机，在系统中负荷较轻、频率较高的情况下，或者机组及其重要辅助设备需要检修时，将在统一调度和安排下，退出并列运行。退出并列运行需进行解列与停机操作。

1. 解列

解列操作包含转移发电机负荷和操作断路器两个步骤。通过手动操作发电机的伺服电动机，作用于调频器，以及操作手动调节励磁装置，逐渐减少待解列机组的有功及无功负荷，同时逐渐增加其他并列机组的有功及无功负荷，将待解列机组的负荷逐渐地转移到其他机组上去。

对于采用单元接线的发电机，在进行负荷转移操作之前，应先将厂用电倒至备用电源供电。转移负荷的操作要缓慢进行，应先减有功，后减无功并注意其他并列机组间负荷分配情况，不得使功率因数超过额定值，通常要求各机组功率因数大体相等。待将欲解列机组的有功及无功负荷降到零值时，操作发电机断路器跳闸，然后向汽轮机机发出"发电机已解列"信号。瞬间完毕后，发电机有功、无功功率表指示为零，定子电流表也为零。

2. 停机

停机时应将已解列的发电机及其附属设备退出工作，使之处于安全状态。因此需作一系列操作、调节与试验。

(1)切除自动调节励磁装置，手动调整使发电机励磁减到最小（采用直流励磁机励磁系统时，将磁场变阻器全部投入；采用交流励磁机励磁系统时，调节控制角到最大）。

(2)断开灭磁开关。

(3)断开断路器母线侧隔离开关，断开发电机电压互感器的隔离开关，并取下其高低压熔断器。

对于不经常开停的发电机，拉开母线隔离开关后，还应检查断路器操作机构和自动灭磁装置完好性，以及两者之间的联锁正确性。方法是将它们各试行跳合一次，检查完好后,取下断路器控制回路熔断器。

当机组完全停止转动后,应进行如下工作:

(1)立即测量定子绕组与全部回路的绝缘电阻,如测量结果不合格,应安排处理。

(2)检查励磁机励磁回路变阻器和灭磁开关上的各接点,如有发热或熔化情形,则必须设法消除。

(3)检查发电机冷却通风系统,将出、入口挡板关闭。对封闭式通风的发电机,应停止冷却水循环,关闭补充空气风门。对氢冷发电机应停止气体冷却器的供水,关闭补氢阀。

若系检修停机,则停机操作完毕后,还需按检修工作票要求,做好安全措施工作。

6.4 变压器的分类

变压器是利用电磁感应,以相同的频率,在两个或更多的绕组之间转换交换电压或电流的一种静止电气设备。在电力系统中,电力变压器(以下简称变压器)是一个重要的设备。发电厂的发电机输出电压由于受发电机绝缘水平限制,通常为 6.3kV、10.5kV,最高不超过 20kV。在远距离输送电能时,必须将发电机的输出电压通过升压变压器将电压升高到几万伏或几十万伏,以降低输电线电流,从而减少输电线路上的能量损耗。输电线路将几万伏或几十万伏的高压电能输送到负荷区后,必须经降压变压器将高电压降低,以适合用电设备的使用。因此,在供电系统中需要大量的降压变压器,将输电线路输送的高压转换成不同等级的电压,以满足各类负荷的需要。由多个电站联合组成电力系统时,要依靠变压器将不同电压等级的线路连接起来。所以,变压器是电力系统中不可缺少的重要设备。

6.4.1 变压器的类型

变压器有不同的使用条件、安装场所,有不同的电压等级和容量级别,有不同的结构形式和冷却方式,所以应按不同原则进行分类。通常变压器的分类方式如表 6-4 所示。

表 6-4 变压器的不同分类方式

分类方式	内　　容
按用途分	有电力变压器、特种变压器(电炉变压器、整流变压器、工频试验变压器、调压器、矿用变压器、冲击变压器、电抗器、互感器等)
按结构形式分	有单相变压器、三相变压器及多相变压器
按冷却介质分	有干式变压器、液(油)浸变压器及充气变压器等
按冷却方式分	有自然冷式、风冷式、水冷式、强迫油循环风(水)冷方式、及水内冷式等

续表

分类方式	内容
按线圈数量分	有自耦变压器、双绕组及三绕组变压器等
按导电材质分	有铜线变压器、铝线变压器及半铜半铝、超导等变压器
按调压方式分	可分为无励磁调压变压器、有载调压变压器
按中性点绝缘水平分	有全绝缘变压器、半绝缘（分级绝缘）变压器
按铁心形式分	有心式变压器、壳式变压器及辐射式变压器等

在电力系统中，变压器按用途还可分为升压、降压、配电和联络变压器。

6.4.2 电力变压器的型号及技术参数

1. 变压器的型号

电力变压器的型号不但要把分类特征表达出来，还需标记其额定容量和高压绕组额定电压等级，下面是变压器型号的表示方法。

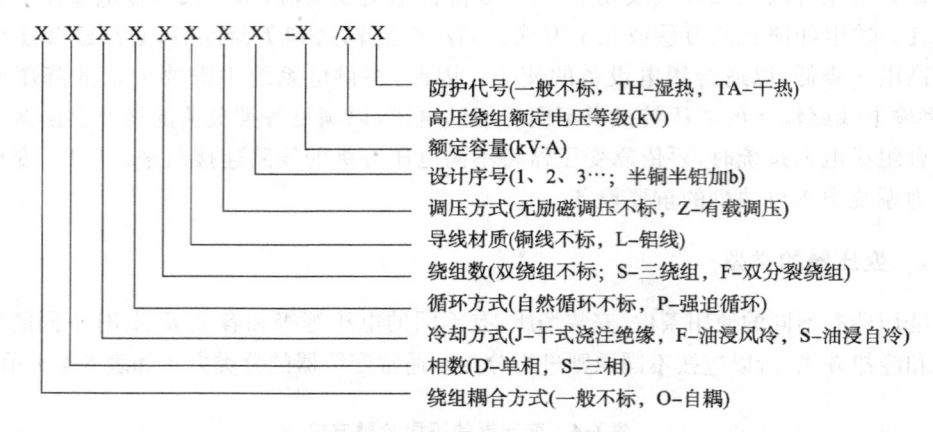

```
X X X X X X X X - X / X X
│ │ │ │ │ │ │ │   │   │
│ │ │ │ │ │ │ │   │   └─ 防护代号(一般不标，TH-湿热，TA-干热)
│ │ │ │ │ │ │ │   └───── 高压绕组额定电压等级(kV)
│ │ │ │ │ │ │ └───────── 额定容量(kV·A)
│ │ │ │ │ │ └─────────── 设计序号(1、2、3…；半铜半铝加b)
│ │ │ │ │ └───────────── 调压方式(无励磁调压不标，Z-有载调压)
│ │ │ │ └─────────────── 导线材质(铜线不标，L-铝线)
│ │ │ └───────────────── 绕组数(双绕组不标；S-三绕组，F-双分裂绕组)
│ │ └─────────────────── 循环方式(自然循环不标，P-强迫循环)
│ └───────────────────── 冷却方式(J-干式浇注绝缘，F-油浸风冷，S-油浸自冷)
└─────────────────────── 相数(D-单相，S-三相)
                        绕组耦合方式(一般不标，O-自耦)
```

例如，SFZ-10000/110 表示三相自然循环风冷有载调压、额定容量为 10000kV·A、高压绕组额定电压为 110kV 的电力变压器；SC8-315/10 表示三相干式浇注绝缘、双绕组无励磁调压、额定容量为 315kV·A、高压侧绕组额定电压为 10kV 的电力变压器；SH11-M-50/10 表示三相油浸自冷式、双绕组无励磁调压、非晶态合金铁心、密封式、额定容量为 50kV·A、高压侧绕组额定电压为 10kV 的电力变压器。

一些新型的特殊结构的配电变压器，如非晶态合金铁心、卷绕式铁心和密封式变压器，在型号中分别加以 H、R 和 M 表示。

2. 变压器的重要参数

1)相数

变压器分单相和三相两种,一般均制成三相变压器以直接满足输配电的要求。小型变压器有制成单相的,特大型变压器做成单相后,组成三相变压器组,以满足运输的要求。

2)额定频率

变压器的额定频率即是所设计的运行频率,我国为 50Hz。

3)额定电压

额定电压是指变压器线电压(有效值),它应与所连接的输变电线路电压相符合。我国输变电线路的电压等级(即线路终端电压)为 0.38、3、6、10、35、110、220、330、500(kV)。因此,连接于线路终端的变压器(称为降压变压器)的一次侧额定电压与上列数值相同。

考虑线路的电压降,线路始端(电源端)电压将高于等级电压,35kV 以下的要高5%,35kV 及以上的高 10%,即线路始端电压为 0.4、3.15、6.3、10.5、38.5、121、242、363、550(kV)。因此,连接于线路始端的变压器(即升压变压器),其二次侧额定电压与上列数值相同。

变压器产品系列是以高压的电压等级区分的,包括 10kV 及以下、20kV、35kV、(66kV)、110kV 系列和 220kV 系列等。

4)额定容量

在变压器铭牌所规定的额定状态下,变压器二次侧的输出能力(kV·A)。对于三相变压器,额定容量是三相容量之和。

变压器额定容量与绕组额定容量有所区别:双绕组变压器的额定容量即为绕组的额定容量;多绕组变压器应对每个绕组的额定容量加以规定,其额定容量为最大的绕组额定容量;当变压器容量由冷却方式而变更时,则额定容量是指最大的容量。

变压器额定容量的大小与电压等级也是密切相关的。电压低、容量大时电流大,损耗增大;电压高、容量小时绝缘比例过大,变压器尺寸相对增大。因此,电压低的容量必小,电压高的容量必大。

5)额定电流

变压器的额定电流为通过绕组线端的电流,即为线电流(有效值)。它的大小等于绕组的额定容量除以该绕组的额定电压及相应的相系数(单相为1,三相为3)。

单相变压器额定电流为

$$I_N = \frac{S_N}{U_N}$$

式中,I_N 分别为一、二次额定电流;S_N 为变压器的额定容量;U_N 分别是一、二次额定电压。

三相变压器额定电流为

$$I_N = \frac{S_N}{\sqrt{3}U_N}$$

三相变压器绕组为 Y 连接时,线电流为绕组电流;D 连接时线电流等于 1.732 绕组电流。

6)绕组连接组标号

变压器同侧绕组是按一定形式连接的。

三相变压器或组成三相变压器组的单相变压器,则可以连接为星形、三角形等。星形连接是各相线圈的一端接成一个公共点(中性点),其余端子接到相应的线端上;三角形连接是三个相线圈互相串联形成闭合回路,由串联处接至相应的线端。

星形、三角形、曲折形等连接,现在对于高压绕组分别用符号 y、D、Z 表示;对于中压和低压绕组分别用符号 y、d、z 表示。有中性点引出时则分别用符号 YN、ZN 和 yn、zn 表示。

变压器按高压、中压和低压绕组连接的顺序组合起来就是绕组的连接组。例如,变压器按高压为 D、低压为 yn 连接,则绕组连接组为 Dyn(Dyn11);

7)调压范围

变压器接在电网上运行时,变压器二次侧电压将由于种种原因发生变化,影响用电设备的正常运行。因此,变压器应具备一定的调压能力。根据变压器的工作原理,当高、低压绕组的匝数比变化时,变压器二次侧电压也随之变动,采用改变变压器匝数比即可达到调压的目的。

8)空载电流

当变压器二次绕组开路、一次绕组施加额定频率的额定电压时,一次绕组中所流过的电流称空载电流 I_0。变压器空载合闸时有较大的冲击电流。

9)电压调整率

变压器负载运行时,由于变压器内部的阻抗压降,二次电压将随负载电流和负载功率因数的改变而改变。电压调整率即说明变压器二次电压变化的程度大小,为衡量变压器供电质量的数据。电压调整率定义为:在给定负载功率因数下(一般取 0.8),二次空载电压和二次负载电压之差与二次额定电压的比值,即

$$\Delta U\% = \frac{U_{2N} - U_2}{U_{2N}} \times 100(\%)$$

式中,U_{2N} 为二次额定电压,即二次空载电压;U_2 为二次负载电压。

10)效率

变压器的效率 η 为输出的有功功率与输入的有功功率之比的百分数。通常中小型变压器的效率在 90% 以上,大型变压器的效率在 95% 以上。

6.4.3 变压器的发热和冷却

1. 发热和冷却过程

变压器在运行过程中,其绕组和铁心的电能损耗(绕组的铜耗和铁心的铁耗)都转变成热量,使各部分的温度升高。这些热量以传导、对流和辐射的方式向外扩散。目前,最普遍采用的是油浸式变压器,变压器油除作为绝缘介质外,还作为散热的媒介;油箱除作为油的容器外,还作为对周围空气的散热面。

变压器运行时,各部分温度分布极不均匀,油浸自冷式变压器各部分的温升分布如图 6-4 所示。

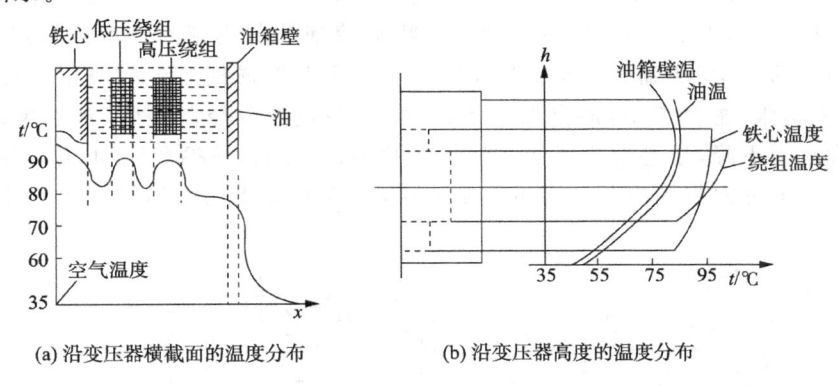

图 6-4 油浸自冷式变压器的温度分布

图 6-4(a)表明,沿变压器横截面的温度分布很不均匀。绕组和铁心内部与它们的表面之间有小的温差,一般只有几摄氏度;铁心、低压绕组、高压绕组的发热只与其本身损耗有关,互不关联,所产生的热量都传给油,绕组和铁心的表面与油有较大的温差,一般占它们对空气温升的 20%～30%;油箱壁内、外表面间也有 2～3℃ 的温差;油箱壁对空气的温升(温差)最大,占绕组和铁心对空气温升的 60%～70%。

其散热过程如图 6-5 所示。

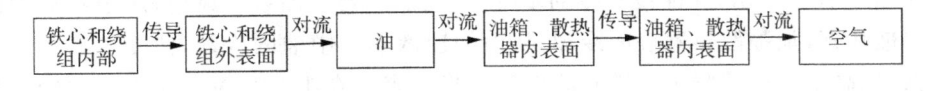

图 6-5 散热过程

图 6-5(b)表明,变压器各部分沿高度方向的温度分布也是不均匀的。这是由于油受热后上升,在上升的过程中又不断吸收热量,所以上层油温最高,相应地,铁心、绕组的上部温度较高。由图可见,就整个变压器而言,绕组上端部的温度最高,最热点在高度方向的 70%～75% 处,而沿径向则在绕组厚度(自内径算起)的 1/3 处。

大容量变压器的电能损耗大,单靠油箱壁和散热器已不能满足散热要求,因此需采用强迫油循环风冷、强迫油循环水冷或强迫油循环导向冷却等冷却方式,改善散热效果。

2. 变压器的冷却方式

变压器运行时,绕组和铁心产生的热量先传给油,然后通过油传给冷却介质。为了提高变压器工作效率,保证变压器正常运行,保证变压器使用寿命,必须加强变压器的冷却。按变压器容量大小,下面对常用的几个冷却方式进行详细说明。

1)油浸自冷

油浸自冷是以变压器油在油箱内自然循环,将变压器绕组和铁心的热量传递给油箱壁及散热管,然后,依靠空气自然流动将油箱壁及散热管的热量散发到大气中。如图6-6(a)所示,变压器运行时,绕组和铁心由于电能损耗产生的热量使油的温度升高,体积膨胀,密度减小,油自然向上流动,上层热油流经散热管、油箱壁冷却后,因密度增大而下降,于是形成了油在油箱和散热管间的自然循环流动,热油通过油箱壁和散热管散热而得到冷却。容量在7500kV·A及以下的变压器一般采用油浸自冷冷却方式。

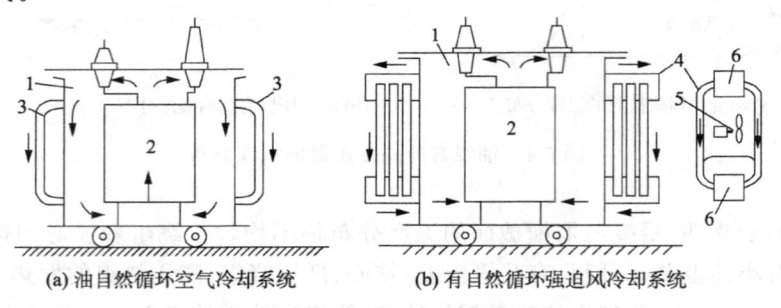

图6-6 油自然循环冷却系统示意图
1-油箱;2-铁心与绕组;3-散热管;4-散热器;5-冷却风扇;6-联箱

2)油浸风冷

如图6-6(b)所示,在油浸自冷的基础上,在散热器上加装了风扇,风扇将周围的空气吹向散热器,加强散热器表面冷却,从而加速散热器中油的冷却,使变压器油温度迅速降低,提高了变压器绕组及铁心的冷却效果。容量在10000kV·A以上的较大型变压器一般采用油浸风冷冷却方式。

3)强迫油循环冷却

大容量变压器仅靠加强散热器表面冷却是远远不够的,因为表面冷却只能降低油的温度,当油温降到一定程度时,油的黏度增加,以致油的流速降低,达不到所需的冷却效果。为此,大容量变压器采用强迫油循环冷却,利用潜油泵加快油的循环流动,使变压器器身得到较好的冷却效果。根据变压器冷却器冷却方式的不同,强迫油循环的冷却分为强迫油循环风冷和强迫油循环水冷两种方式。

(1)强迫油循环风冷。在油浸风冷的基础上,加装了潜油泵,利用潜油泵加强油在油箱和散热器之间的循环,使油得到更好的冷却效果。如图6-7所示,强迫油循环风冷的冷却过程是:油箱上层的热油在潜油泵作用下抽出→经上蝴蝶阀门2→进入上集油室4→经散热器5冷却→冲油进入下集油室8→经过滤油器9→潜油泵10→流经流动继电器11→冷油经下蝴蝶阀门12进入油箱1的底部→冷油对器身冷却变成热油上升到油箱上层。如此不断循环,使绕组、铁心得到冷却。

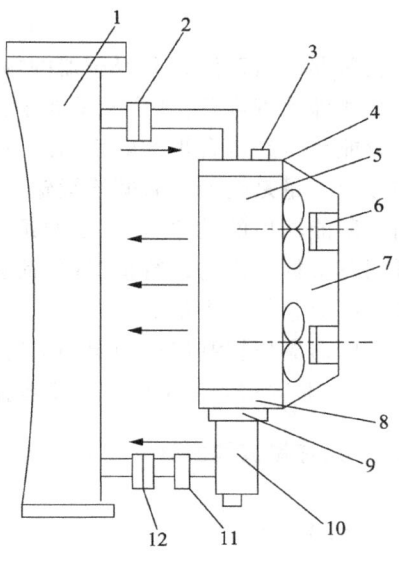

(2)强迫油循环水冷。如图6-8所示,变压器的油箱上不装散热器,油箱外加装了一套由潜油泵、滤油器、冷油器、油管道等组成的油系统,油系统与油箱内油管道和阀门相连。强迫油循环水冷的冷却过程是:变压器油箱的上层热油出潜油泵抽出,经冷油器冷却后,再进入变压器油箱的底部,冷油对器身冷却后上升至油箱上层,如此反复循环,使变压器的绕组和铁心得到冷却。在冷油器中,冷却水(最高水温不超过30℃)从冷却水管道内流过,管外流过热油,冷却水将油的热量带走,使热油得到冷却。

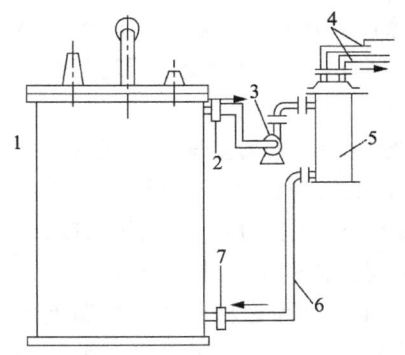

图6-7 强迫油循环风冷装置示意图
1-油箱;2-上蝴蝶阀门;3-排气塞;4-上集油室;5-散热器;
6-风扇;7-导风筒;8-下集油室;9-滤油器;10-潜油泵;
11-流动继电器;12-下蝴蝶阀门

图6-8 强迫油循环水冷装置示意图
1-油箱;2-上蝴蝶阀门;3-潜油泵;4-冷却水管道;5-冷油器;6-油管道;7-下蝴蝶阀门

4)干式(自冷)变压器

干式变压器依靠空气对流进行冷却,一般用于局部照明、电子线路等小容量变压器。在电力系统中,一般汽机、锅炉、除灰、除尘、脱硫等的变压器都是干式变压器,变比多为6000V/400V,用于带额定电压380V的负载。干式变压器冷却方式分为自然空气冷却(AN)和强迫空气冷却(AF)。自然空冷时,变压器可在额定容量下长期连续运行。强迫风冷时,变压器输出容量可提高50%,适用于断续过负荷运行,或应急事故过负荷运行;由于过负荷时负载损耗和阻抗电压增幅较大,处于非经济运行状态,故不应使其处于长时间连续过负荷运行。

除上述几种常见的冷却方式外,变压器还有强迫油循环导向冷却、油浸箱外水冷、蒸发冷却和水内冷等冷却方式,这里不再介绍。

6.5 变压器的允许运行方式

变压器的负荷能力和变压器的额定容量只有不同的内涵。变压器的额定容量只有一个数值即铭牌容量，其含义是如果在规定的环境温度下，按此容量长期持续运行，变压器就能获得经济合理的效率，并具有正常的使用年限（为20～30年）。换言之，变压器的额定容量是指能长时间连续输出的最大功率。而变压器的负荷能力则是指在较短时间内所能输出的功率，在一定的条件下，它可能超过额定容量。负荷能力的大小和持续时间是根据一定的运行情况（负荷变化和周围环境温度的变化等）以及变压器绝缘的老化程度等条件来决定的。

变压器应根据制造厂规定的铭牌额定数据运行。在额定条件下，变压器按额定容量运行，在非额定条件下或非额定容量下运行时，应遵守变压器运行的有关规定。

6.5.1 允许温度和温升

1. 允许温度

变压器运行时会产生铜损和铁损，这些损耗全部转变为热量，使变压器的铁心和绕组发热，温度升高。变压器温度对其运行有很大的影响，最主要的是影响变压器绝缘材料的绝缘强度。变压器中所使用的绝缘材料，长期在温度的作用下，会逐渐降低原有的绝缘性能。这种绝缘在温度作用下逐渐降低的变化，称为绝缘的老化。温度越高，绝缘老化越快，以致变脆而破裂，使得绕组失去绝缘层的保护。根据运行经验和专门研究，当变压器绝缘材料的工作温度超过允许值长期运行时，每升高6℃，其使用寿命缩短一半，这就是变压器运行6℃规则。另外，即使变压器绝缘没有损坏，但温度越高，绝缘材料的绝缘强度就越差，很容易被高电压击穿造成故障。因此，运行中的变压器运行温度不允许超过绝缘材料所允许的最高温度。

变压器大都是油浸式变压器。油浸式变压器在运行中各部分的温度是不同的。绕组的温度最高，铁心的温度次之，绝缘油的温度最低。且上层油温高于下层油温，因此在变压器运行中，通常是监视变压器上层油温来控制变压器绕组最热点的工作温度，使绕组运行温度不超过其绝缘材料的允许温度值，以保证变压器的绝缘使用寿命。

变压器绝缘材料的耐热温度与绝缘材料等级有关，如 A 级绝缘材料的耐热温度为105℃；B 级绝缘材料的耐热温度为130℃，一般油浸式变压器采用 A 级绝缘。为使变压器绕组的最高运行温度不超过绝缘材料的耐热温度。规程规定，当最高环境空气温度为40℃时，A 级绝缘的变压器，上层油温允许值见表 6-5。

由于 A 级绝缘变压器绕组的最高允许温度为105℃，绕组的平均温度约比油温高10℃，故油浸自冷或风冷变压器上层油温最高允许温度为95℃。考虑油温对油的劣化影响（油温每增加10℃，油的氧化速度增加一倍），故上层油温的允许值一般不超过85℃。

表 6-5　油浸式变压器上层油温允许值

冷却方式	冷却介质最高温度/℃	长期运行上层油温度/℃	最高上层油温度/℃
自然循环冷却、风冷	40	85	95
强迫油循环风冷	40	75	85
强迫油循环水冷	30		70

对于强迫油循环风冷或水冷变压器,由于油的冷却效果好,使上层油温和绕组的最热点温度降低,但绕组平均温度与上层油温的温差较大(一般绕组的平均温度比上层油温高 20～30℃),故强迫油循环风冷变压器运行上层油温一般为 75℃,最高油温不超过 85℃。强迫油循环水冷变压器运行最高上层油温不超过 70℃。

为了监视和保证变压器不超温运行,变压器装有温度继电器和就地温度计。温度计用于就地监视变压器的上层油温。温度继电器的作用是:当变压器上层油温超出允许值时,发出报警信号;根据上层油温的变化范围,自动地启停辅助冷却器;当变压器冷却器全停、上层油温超过允许值时,延时将变压器从系统中切除。

2. 允许温升

变压器上层油温与周围环境温度的差值称温升。运行中的变压器,不仅要监视上层油温,而且还要监视上层油的温升。这是因为当周围环境温度较低时,变压器外壳的散热能力将大大增加,使外壳温度降低较多;变压器上层油温不会超过允许值,但变压器内部的散热能力不与周围环境温度的变化成正比,周围环境温度虽降低很多,但其内部散热能力提高很少,变压器绕组的温度可能超过允许值。所以在周围环境温度较低的情况下,变压器大负荷或超负荷运行时,上层油温虽未超过允许值,但温升可能已超过允许值,这样运行是不允许的。如一台油浸自冷变压器,周围空气温度为 20℃,上层油温为 75℃,则上层油的温升为 75℃－20℃＝55℃(未超过允许值 55℃),且上层油温也未超过允许值 85℃,这台变压器运行是正常的。如果这台变压器周围空气温度为 0℃,上层油温为 60℃(未超过允许值 85℃),但上层油的温升为 60℃－0℃＝60℃＞55℃,故应迅速采取措施,使温升降低到允许值 55℃以下。

由上述分析可知,为便于检查和正确反应变压器绕组的温度,不但要规定变压器上层油温度的允许值,还应规定变压器上层油的温升,这样,不管周围环境温度如何变化,只要上层油温度及上层油温升不超过允许值,就能保证变压器绕组温度不超过允许值,能保证变压器规定的使用寿命。

温升的极限值称为允许温升绝缘的油浸式变压器,周围环境温度为＋40℃时,上层油的允许温升值规定如下:

(1)油浸自冷或风冷变压器。在额定负荷下,上层油温升不超过 55℃。

(2)强迫油循环风冷变压器。在额定负荷下,上层油温升不超过 45℃。

(3)强迫油循环水冷变压器。在额定负荷下,水冷却介质最高温度为 30℃时,油温升不超过 40℃。

干式自冷变压器的温升允许值按绝缘等级确定,见表 6-6。

表 6-6 干式变压器允许温升

变压器的部位		允许温升/℃	量测方法
绕组	A 级绝缘	60	电阻法
	E 级绝缘	75	
	B 级绝缘	80	
	F 级绝缘	100	
	H 级绝缘	125	
铁心及结构零件表面		最大不超过所接触的绝缘材料的运行温度	湿度计法

6.5.2 外加电源电压允许变化范围

无论升压变压器或降压变压器,其外加电源电压应尽量按变压器的额定电压运行(升压变压器和降压变压器都规定了相应的额定电压,运行时由调节分接头来实现)。由于电力系统运行方式的改变、系统负荷的变化、系统事故等因素的影响,变压器外加电源电压往往是变动的,不能稳定在变压器的额定电压下运行。当外加电源电压低于变压器所用分接头额定电压时,对变压器运行无任何危害;若高于变压器所用分接头额定电压较多时,则对变压器运行有不良影响。这是因为当外加电源电压增高时,变压器的励磁电流增加,磁通密度增大,使变压器铁心损耗增加,使铁心温度升高。而由于励磁电流增加,变压器无功消耗加大,使变压器的出力降低。并且由于励磁电流的增加,磁通密度增大,使铁心过度饱和,引起二次绕组相电动势波形发生畸变,相电动势由正弦波变为尖顶波,这对变压器的绝缘有一定的危害,尤其对 110kV 及以上变压器的匝间绝缘危害最大。为此,变压器运行规程对变压器外加电源电压变化范围作了如下规定:

(1)变压器外加电源电压可略高于变压器的额定值,但一般不超过所用分接头电压的 5%,不论变压器分接头在何位置,如果所加电压不超过相应额定值的 5%,则变压器二次绕组可带额定电流运行。

(2)个别情况根据变压器的结构特点,经试验可在 1.1 倍额定电压下长期运行。

6.5.3 变压器允许的过负荷

变压器的过负荷是指变压器运行时,传输的功率超过变压器的额定容量。运行中的变压器有时可能过负荷运行,过负荷有两种,即正常过负荷和事故过负荷。正常过负荷可经常使用,而事故过负荷只允许在事故情况下使用。

1. 正常过负荷

正常过负荷是指在系统正常的情况下,以不损害变压器绕组绝缘和使用寿命为前提的过负荷。正常过负荷每天都可能发生,随着外界因素的变化(如负荷的增加或系统电压的降低等)。特别是在高峰负荷时段,可能出现过负荷。

变压器允许正常过负荷运行的依据是:变压器绝缘等值老化原则。即变压器在一段时间内正常过负荷运行,其绝缘寿命损失大,在另一段时间内低负荷运行,其绝缘寿命损失小,两者绝缘寿命损失互补,保持变压器正常使用寿命不变。如在一昼夜内,有高峰负荷时段和低谷负荷时段,高峰负荷期间,变压器过负荷运行,绕组绝缘温度高,绝缘寿命损失大;而低谷负荷期间,变压器低负荷运行,绕组绝缘温度低,绝缘寿命损失小,因此两者之间绝缘寿命损失互相补偿。同理,在夏季变压器一般为低负荷运行,在冬季变压器为过负荷运行,两者的绝缘寿命损失互为补偿。因此,上述过负荷运行的变压器总的使用寿命无明显变化,故可以正常过负荷运行。

正常过负荷的允许值及对应的过负荷允许运行时间,可根据变压器过负荷前变压器所带的负荷来确定(表 6-7)。干式变压器的正常过负荷应遵照制造厂的规定。

表 6-7　油浸自冷或风冷变压器正常过负荷倍数及允许持续时间(h:min)

过负荷倍数	过负荷前上层油温度/℃						
	18	24	30	36	42	48	50
	允许连续运行						
1.05	5:55	5:25	4:50	4:00	3:00	1:00	—
1.10	3:50	3:25	2:50	2:10	1:25	0:10	—
1.15	2:50	2:25	1:50	1:20	0:35	—	—
1.20	2:05	1:40	1:10	0:45	—	—	—
1.30	1:10	0:50	0:30	—	—	—	—
1.35	0:55	0:35	0:15	—	—	—	—
1.40	0:40	0:25	—	—	—	—	—
1.45	0:25	0:10	—	—	—	—	—
1.50	0:15	—	—	—	—	—	—

变压器正常过负荷注意事项如下:
(1)存在较大缺陷的变压器,如冷却系统不正常时不宜过负荷运行。
(2)全天满负荷运行的变压器不宜过负荷运行。
(3)变压器在过负荷运行前,应投入全部冷却器。
(4)密切监视变压器上层油温。
(5)对有载调压变压器,在过负荷程度较大时,应尽量避免用有载调压装置调节分接头。

2. 事故过负荷

事故过负荷是指在系统发生事故时,为保证用户的供电和不限制发电厂的出力,允许变压器短时间的过负荷。

事故过负荷时,变压器负荷和绝缘温度均会超过允许值,绝缘老化速度将比正常加快,使用寿命会缩短。所以,事故过负荷是以保证用户不中断供电为前提,以牺牲变压器使用寿命为代价的过负荷。但由于事故过负荷的发生概率小,平常又多在欠负荷下运行,故短时间内事故过负荷运行对绕组绝缘寿命无显著影响,因此,在电力系统发生事故的情况下,允许变压器事故过负荷运行。

变压器事故过负荷的数值及持续时间,应按制造厂的规定执行。如无制造厂规定的资料,对于油浸自冷或风冷变压器,可参照表 6-8 的数值确定。对于强迫油循环冷却变压器和干式变压器事故过负荷能力,可分别参照表 6-9、表 6-10 的数值确定。

表 6-8 油浸自冷或风冷变压器事故过负荷倍数及允许运行时间(h:min)

过负荷倍数	环境温度/℃				
	0	10	20	30	40
1.1	24:00	24:00	24:00	19:00	7:00
1.2	24:00	24:00	13:00	5:50	2:45
1.3	23:00	10:00	5:30	3:00	1:30
1.4	8:30	5:10	3:10	1:45	0:55
1.5	4:45	3:10	2:00	1:10	0:35
1.6	3:00	2:05	1:20	0:45	0:18
1.7	2:05	1:25	0:50	0:25	0:09
1.8	1:30	1:00	0:30	0:13	0:06
1.9	1:00	0:35	0:18	0:09	0:05
2.0	0:40	0:22	0:11	0:06	—

表 6-9 强迫油循环冷却变压器事故过负荷倍数及允许运行时间(h:min)

过负荷倍数	环境温度/℃				
	0	10	20	30	40
1.1	24:00	24:00	24:00	14:30	5:10
1.2	24:00	21:00	8:00	3:30	1:35
1.3	11:00	5:10	2:45	1:30	0:45
1.4	3:40	2:10	1:20	0:45	0:15
1.5	1:50	1:10	0:40	0:16	0:07
1.6	1:00	0:35	0:16	0:08	0:05
1.7	0:30	0:15	0:09	0:05	—

注:事故过负荷时,备用冷却器应投入。

表 6-10 干式变压器事故过负荷能力

过负荷电流/额定电流	1.2	1.3	1.4	1.5	1.6
过负荷持续时间/min	60	45	32	18	5

6.5.4 变压器的并列运行

无论是在电网变电所还是工矿企业变电所里,常采用两台或多台变压器并列运行方式。所谓并列运行(也称并联运行),即各台变压器的一次绕组并接到同一电网母线上,二次绕组也都并接到公共的二次母线上,如图6-9所示。

1. 变压器并列运行的优点及条件

采用并列运行方式,具有下列优点:

(1)提高供电可靠性。其中一台变压器发生故障时,可从电网切除并进行检修。负荷由其余各台变压器分担,不用中断供电(必要时仅需对某些用户限电),也可有计划地安排轮流检修。

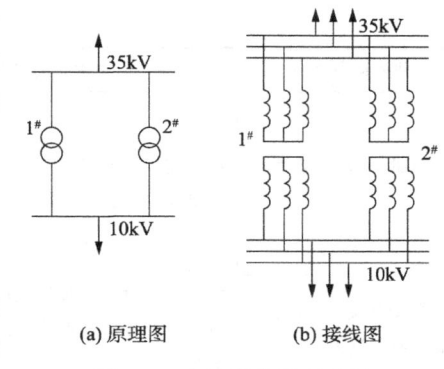

图6-9 变压器的并列运行

(2)提高运行经济性。根据负荷大小可随时调整投入并列运行的变压器台数,保证变压器的负荷系数较高。低负荷时,部分变压器可以不投入运行,可以减少能量损耗,保证经济运行。

(3)减少一次性投资。可以减少总备用容量,电负荷的增加而分批安装新变压器,即分期投资。

但是变压器并列运行时,通常希望变压器之间没有平衡电流;负荷分配与额定容量成正比,与短路阻抗成反比;负荷电流的相位相互一致。要做到上述几点,就必须遵守以下条件:

(1)各变压器一、二次侧的额定电压分别相等(电压比也相同)。
(2)各变压器的百分阻抗(即阻抗电压百分值)相等。
(3)各变压器的连接组别相同且分别同相。

在上述三个条件中,第(1)和第(2)不可能绝对相等,一般规定变压比的偏差不得超过±0.5%,额定短路电压相差不得大于±10%。此外,并列运行的各台变压器额定容量不能相差过大,一般以不大于3:1为宜(表6-11)。

表6-11 电力变压器并列运行的技术条件

并列运行条件	不能满足时产生的后果	允许差别的范围
电压比相等	若二次电压不相等,会在绕组内产生一个循环电流,降低变压器的输出容量,甚至会烧毁绕组	并列运行的变压器的电压比差值不应超过0.5%
阻抗自压百分数 $U_k\%$ 相等(即短路阻抗百分数 $Z_k\%$ 相等)	短路电压百分数不相等时,不能按变压器容量成比例地分配负荷,会造成短路电压百分数小的过负荷,短路电压百分数大的不能满负荷	并列运行变压器的阻抗电压差值应不超过其中一台变压器阻抗电压值的10%

续表

并列运行条件	不能满足时产生的后果	允许差别的范围
绕组的连接组必须相同	绕组连接不同时，将在绕组间产生很大的循环电流，使变压器严重发热以致烧毁	(1)任何奇数组别的变压器都不能和任何偶数组别的变压器并列运行 (2)不同奇数级别间的变压器可通过改变其外部接线的方式来满足并列运行的要求
两台变压器额定容量不宜相差过大	容量相差过大时容易使负荷分配不合理，造成一台变压器过负荷，另一台变压器不能满负荷	并列运行的变压器，其容量比以不超过 3∶1 为宜

2. 不满足变压器并列运行条件时的运行

不满足变压器并列运行条件时的运行，在"电机学"中有详细分析，本书不再赘述，只给出有关结论。

1）变压比不同的变压器的并列运行

两台单相变压器的并列运行情况如图 6-10 所示，其结论可推广到三相变压器。设 Ⅰ、Ⅱ 号变压器的变比分别为 $k_Ⅰ$、$k_Ⅱ$，二次侧电势分别为 $E_{2Ⅰ}$、$E_{2Ⅱ}$。如果 $k_Ⅰ \neq k_Ⅱ$，则 $E_{2Ⅰ} \neq E_{2Ⅱ}$，当一次侧接上电源后，二次绕组回路中存在电势差。所以，在二次侧未接上负荷之前（即空载时），即存在平衡电流 I_{b2}（设 $E_{2Ⅰ} > E_{2Ⅱ}$，则其方向与 $\dot{E}_{2Ⅰ}$ 方向相同），一次侧绕组相应地出现平衡电流 I_{b1}，经推导得到

$$I_{b1}^* = \frac{I_{b1}}{I_{N1Ⅰ}} = \frac{\Delta k^*}{u_{kⅠ}^* + a u_{kⅡ}^*} \tag{6-4}$$

$$\Delta k^* = \frac{|k_Ⅰ - k_Ⅱ|}{\sqrt{k_Ⅰ - k_Ⅰ}}$$

$$a = \frac{I_{N1Ⅰ}}{I_{N1Ⅱ}} = \frac{S_{NⅠ}}{S_{NⅡ}}$$

式中，Δk^* 为两台变压器变比之差对几何平均变比的标幺值；$u_{kⅠ}^*$、$u_{kⅡ}^*$ 分别为 Ⅰ、Ⅱ 号变压器的短路电压标幺值；a 为 Ⅰ、Ⅱ 号变压器的一次侧额定电流或额定容量之比。

另外，$I_{b2}^* = \frac{I_{b2}}{I_{N2Ⅰ}} = \frac{I_{b1}}{I_{N1Ⅰ}} = I_{b1}^*$，即二次绕组与一次绕组平衡电流的标幺值相等。

由式(6-4)可知，平衡电流取决于 Δk^* 和变压器的短路阻抗 u_k^*，而 u_k^* 通常很小，即使 Δk^* 不大（即两台变压器的变比相差不大），也可能引起很大的平衡电流，它占据了变压器的一部分容量，所以，一般 Δk^*

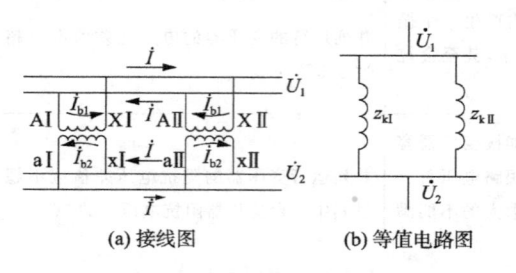

图 6-10 两台变压器不同的单相变压器并列运行
(a) 接线图　(b) 等值电路图

不得超过 0.5%。

当二次侧接上负荷后,每台变压器都要负担一定的负荷电流,设Ⅰ号变压器的负荷电流为 $\dot{I}_α$,Ⅱ号变压器的负荷电流为 $\dot{I}_β$,则两台变压器二次绕组中的总电流分别为

$$\dot{I}_{2Ⅰ} = \dot{I}_α + \dot{I}_{b2}$$
$$\dot{I}_{2Ⅱ} = \dot{I}_β - \dot{I}_{b2}$$

即,由于平衡电流叠加在负荷电流上,使得一台变压器(二次侧电压较高的)负荷加重,另一台变压器(二次侧电压较低的)负荷减轻。如果增大的负荷超过前者的额定容量,则必须校验其是否在容许范围内。

2)短路电压不同的变压器并列运行

设有 n 台短路电压不同(即短路阻抗不同)的变压器并列运行,其简化等值电路如图 6-11 所示。

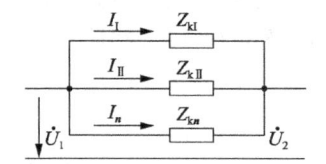

经推导,得第 k 台变压器的负荷为

$$S_k = \frac{S_Σ}{\sum\limits_{i=1}^{n}\dfrac{S_{Ni}}{u_{ki}^*}} \times \frac{S_{Nk}}{u_{kk}^*}$$

图 6-11 短路电压不同的变压器并列运行图

式中,$S_Σ$ 为 n 台变压器的总负荷;S_{Ni}、u_{ki}^* 分别为第 i($i=1,2,\cdots,n$)台变压器的额定容量及短路电压标幺值。

当只有两台变压器并列运行时,有

$$\frac{S_Ⅰ}{S_Ⅱ} = \frac{S_{NⅠ}}{S_{NⅡ}}\frac{u_{kⅡ}^*}{u_{kⅠ}^*} \quad 或 \quad \frac{S_Ⅰ/S_{NⅠ}}{S_Ⅱ/S_{NⅡ}} = \frac{u_{kⅡ}^*}{u_{kⅠ}^*}$$

即当数台变压器并列运行时,如果短路电压不同,其负荷不按额定容量成比例分配。负荷分配与短路电压成反比,即短路电压大的变压器负荷比例小,短路电压小的变压器负荷比例大,所以,后者可能过负荷。而长期过负荷是不容许的,因此将限制总输出功率。

当变比不同时,平衡电流使并列变压器中二次侧电压较高的变压器负荷加重,而使二次侧电压较低的变压器负荷减轻,因此可以对二次侧电压较高的变压器选用较大的短路电压,对二次侧电压较低的变压器选用较小的短路电压,使短路电压不同和变比不同所产生的效果互相补偿,从而可减少过负荷。

3)绕组连接组别不同的变压器并列运行

绕组连接组别不同的变压器并列运行时,同名相电压 $\dot{U}_Ⅰ$、$\dot{U}_Ⅱ$ 之间有相位差 $φ$,所以未接上负荷之前,在二次绕组回路中即存在 $Δ\dot{U}$(图 6-12),它将在二次绕组中引起平衡电流,相应地在一次绕组中引起平衡电流。

$$φ = (N_Ⅰ - N_Ⅱ) \times 30°$$

式中,$N_Ⅰ$、$N_Ⅱ$ 为两台变压器的连接组号。

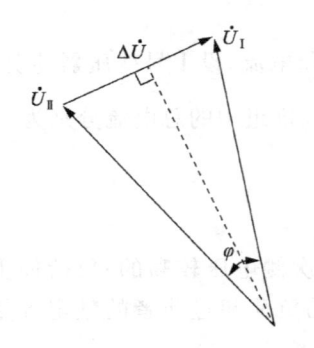

图 6-12 两台连接组别不同的变压器并列运行的电压相量图

$$I_{b1} = \frac{2\sin\frac{\varphi}{2}}{\frac{u_{kI}^*}{I_{NI}} + \frac{u_{kII}^*}{I_{NII}}}$$

设变压器的容量相同、短路电压相同，即 $I_{NI} = I_{NII} = I_{N1}$，$u_{kI}^* = u_{kII}^* = u_k^*$，则有

$$I_{b1} = \frac{\sin\frac{\varphi}{2}}{u_k^*} I_{N1}$$

例如，当 $\varphi=30°$、$u_k^*=0.055$ 时，$I_{b1} = \frac{\sin 15°}{0.055} I_{N1} = 4.7 I_{N1}$。即使在事故情况下，也不允许长时间通过这样大的电流，继电保护将使变压器跳闸。

6.6 变压器的运行操作

6.6.1 变压器的正常运行

变压器正常运行包括以下几个方面：

(1) 变压器完好。变压器完好体现在如下方面：本体完好，无任何缺陷；辅助设备（如冷却装置、调压装置、套管、气体继电器、油枕、压力释放器、呼吸器、净油器等）完好无损，其状态符合变压器运行要求；变压器各种电气性能符合规定，变压器油的各项指标符合标准，变压器运行时的油位、油色正常，运行声音正常。

(2) 变压器运行参数满足要求。即变压器运行时的电压、电流、容量、温度、温升等满足要求；冷却装置工作电压、控制回路工作电压也满足要求。

(3) 变压器各类保护处于正常运行状态。即储油柜、呼吸器、净油器、压力释放器、气体继电器及其他继电保护等均处于正常运行状态。

(4) 变压器运行环境符合要求。运行环境要求包括：变压铁心及外壳接地良好；各连接头紧固；各侧避雷器工作正常；变压器周围无易燃易爆及其他杂物，变压器的消防设施齐全。

6.6.2 变压器的停、送电操作

1. 变压器送电前的准备工作

(1) 检查变压器及其相关回路的检修工作已结束，检修工作票终结，并收回。

(2) 与检修有关的临时安全措施（短接线、接地线、标示牌）已拆除，接地隔离开关已拉开，恢复常设遮拦和标示牌。

(3) 测量绝缘电阻。任何变压器送电前必须测量其绝缘电阻合格。对发变组单元

接线的主变压器,其间无隔离开关,可与发电机绝缘一并测量。测量前,为避免高压侧感应电压的影响,应先将变压器高压侧接地。测量结果不符合要求时,可将主变压器与发电机分开,分别测量,直至查出原因并恢复正常后方可投入运行。发电机与主变压器之间装有隔离开关时,可单独测量。

(4)检查变压器一次回路。检查范围从母线到变压器出线,包括各电压等级一次回路中的设备。检查项目包括变压器本体、冷却器、有载调压回路、无载分接开关的位置、各电压侧断路器、隔离开关、电流互感器及其他部件。所有一次设备均应处于良好备用状态(各项目检查要求按现场规程执行)。

(5)检查冷却器装置并投入运行。变压器投入运行前,应对变压器的冷却装置进行检查,检查正常,再将冷却装置投入运行。检查项目包括:测量冷却装置电机的绝缘电阻合格;检查每组冷却器进出油蝶阀在开启位置;潜油泵转向正确,运行中无异音和明显振动,电机温升正常;油流继电器动作正常;风扇电动机转向正确,运行中无异音和明显振动,电机温升正常;自动启动冷却器的控制系统动作正常,启动整定值正确;冷却器备用电源切换正常;冷却器控制箱内各分路电磁开关合闸正常,无明显噪声和跳跃现象,冷却系统总控制箱内开关状态和信号正确。在变压器投入运行前,将全部冷却器装置投入运行,以排除残余空气。运转1h后,再按规定将辅助和备用冷却器停运。当变压器长期低负荷运行时,可以切除部分冷却器。

(6)变压器投入运行前的冲击试验。变压器正式运行前要做空载全电压合闸冲击试验。做空载合闸冲击试验的目的是:

①检查变压器及其回路的绝缘是否存在弱点或缺陷。拉开空载变压器时,有可能产生操作过电压。在电力系统中性点不接地成经消弧线圈接地时,过电压幅值可达4~4.5倍相电压;在中性点直接接地时,过电压幅值可达3倍相电压。为了检验变压器绝缘强度能否承受全电压或操作过电压的作用,故在变压器投入运行前,需做空载全电压冲击试验。若变压器及其回路有绝缘弱点,就会被操作过电压击穿而加以暴露。

②检查变压器差动保护是否误动。带电投入空载变压器时,会产生励磁涌流,其值可达6~8倍额定电流。励磁涌流开始衰减较快,一般经0.5~1s即可减到额定电流的1/4~1/2,但全部衰减完毕时间较长,中小型变压器为几秒,大型变压器可达10~20s,故励磁涌流衰减初期,往往使差动保护误动,造成变压器不能投入。因此,空载冲击合闸时,在励磁涌流作用下,可对差动保护的接线、特性、定值进行实际检查,并作出该保护可否投入的评价和结论。

③考核变压器的机械强度。由于励磁涌流产生很大的电动力,为了考核变压器的机械强度,故需做空载合闸冲击试验。

对于空载全电压合闸冲击试验次数,新产品投运前应连续做5次,大修后的变压器应连续做3次。每次冲击试验间隔时间不少于5min,操作前应派人到现场对变压器进行监视,检查变压器有无异音异状,如有异常应立即停止操作。

(7)变压器送电前,其继电保护应全部投入。

2. 变压器的投入与退出

以大容量变压器的操作进行相关介绍。

1) 发电厂启动/备用变压器的停送电操作

图 6-13 所示为某发变机组一次系统，300MW 机组处于冷备用状态，发电机启动前，应先启动备用变压器 T3 向机组 6kV 厂用电供电，然后启动机组。以下就启动备用变压器 T3 运行于 WBⅡ母线及带负荷的操作步骤进行简述，见表 6-12 所示。

图 6-13 中 T1 和 T2 的停送电操作随发电机的并列与解列操作同时进行。当发电机启动且具备并列条件后，在发电机升压过程中，T1 和 T2 同时升压，T1 和 T2 电压的起始值及上升速率取决于发电机的自动电压调节器（AVR）的特性。升压正常后，经准同期装置用断路器 QF1 将发电机与系统并列，主变压器 T1 投入运行。当机组所属热力系统工况正常后，合上 QF2、QF3，断开 QF4、QF5，此时 T2 运行，T3 充电联动备用。

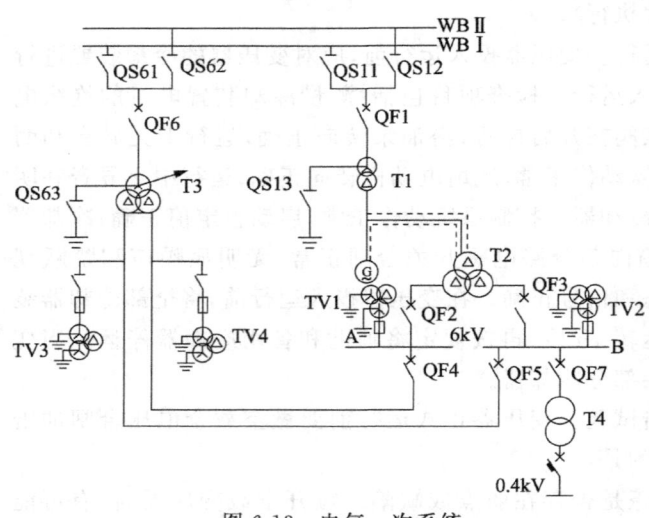

图 6-13 电气一次系统

当机组需要停机时，在发电机解列前，先将 T2 倒换为 T3 运行，然后按发电机正常解列程序断开 QF1，使发电机与系统解列。T1 和 T2 的外加电压随发电机机端电压降低而相应下降，直至灭磁后电压为零，T1 和 T2 停止运行。

表 6-12　启动备用变压器 T3 运行于 WBⅡ母线及带负荷的操作步骤

启动备用变压器送电及带负荷的操作	变压器停电的操作
(1) 投入冷却器装置运行（启动潜油泵和冷却风扇）；	(1) 合上隔离开关 QS63 并检查已合好；
(2) 检查 QS61、QS62、QF6、QF5、QF4、QF3、QF2 在断开位置；	(2) 断开 QF4；
(3) 投入变压器 T3 的全部继电保护连接片，并检查其接触良好和位置正确；	(3) 检查 6kV A 段电压为零；
	(4) 断开 QF5；
(4) 合上隔离开关 QS63，并检查 QS63 已合好；	(5) 检查 6kV B 段电压为零；
(5) 投入隔离开关 QS62 的操作电源，就地电动合上 QS62；	(6) 断开 QF6；
(6) 装上 QF6 的动力及控制熔断器，检查信号指示正确，无报警信号出现；	(7) 检查 QF6 已断开；
	(8) 停用 TV3、TV4；
(7) 合上 QF6，向变压器 T3 充电；	(9) 取下 QF6 的动力及控制熔断器；
(8) 检查信号及仪表指示（电流表、功率表、电能表）等显示正常，检查 QF6 合闸良好；	(10) 将 QF4、QF5 小车开关拉出开关间隔（或拉至试验位置）；

续表

启动备用变压器送电及带负荷的操作	变压器停电的操作
(9)投入 TV3、TV4(同期合闸用); (10)装上 QF4、QF5 的动力及控制熔断器; (11)合上 QF4 的同期控制开关 SA1、同期切换开关 SA2、同期闭锁开关 SA3; (12)合上 QF4,检查 QF4 合闸良好; (13)合上 QF5 的 SA1、SA2、SA3; (14)合上 QF5,检查 QF5 合闸良好; (15)拉开 QS63(QS63 是否接地运行由系统调度决定)	(11)取下 QF4、QF5 的动力及控制熔断器; (12)断开变压器各保护连接片; (13)断开 QS62; (14)检查 QS62 已断开; (15)将 T3 的冷却装置运行一段时间后,停运

2)变电站主变压器的停送电操作

图 6-14 所示为某变电站的电气主接线,110kV 和 220kV 母线通过输电线路与系统电源相连,110kV 与 220kV 母线之间有大量功率穿过,10kV 母线向附近用户供电。主变压器 T1 停电检修和停电检修完毕准备送电的操作步骤见表 6-13。

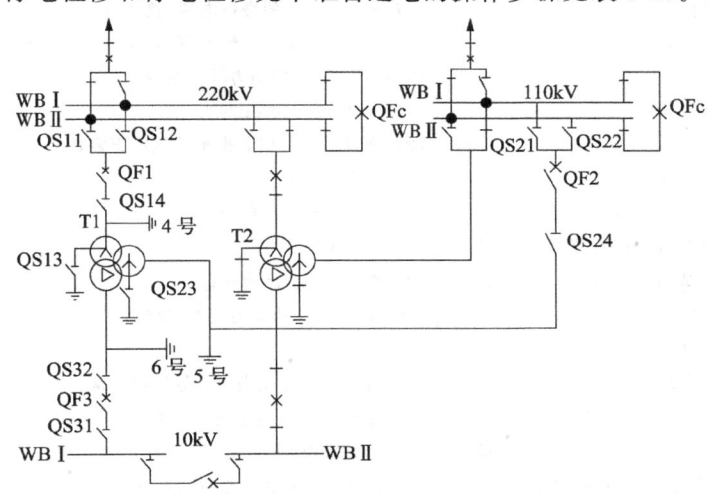

图 6-14 地区变电站电气主接线

表 6-13 主变压器 T1 停电检修和检修完毕准备送电的操作步骤

停电检修操作步骤	检修完毕准备送电操作步骤
(1)合上 T1 中性点的隔离开关 QS23(变压器停电时必须先合上中性点接地隔离开关); (2)检查 QS23 已合好; (3)合上 T1 中性点的隔离开关 QS13(同上); (4)检查 QS13 已合好; (5)断开 QF3; (6)检查 T1 的 10kV 侧回路电流表指示为零; (7)断开 QF2;	(1)检查 T1 检修工作票已收回; (2)拆除 T1 的 4、5、6 号接地线; (3)拆除 T1 检修临时遮拦,摘下警告牌,恢复 T1 的常设安全措施; (4)对 T1 本体外观及各部件进行检查无异常,对 T1 各测一次电路各电气元件检查无异常,测量 T1 的绝缘电阻合格; (5)检查 T1 各侧的断路器和隔离开关 QF1、QF2、QF3、QS11、QS12、QS13、QS14、QS21、QS22、QS23、QS24、QS31、QS32 均在断开位置;

续表

停电检修操作步骤	检修完毕准备送电操作步骤
(8) 检查 T1 的 110kV 侧回路电流表指示为零； (9) 断开 QF1； (10) 检查 T1 的 220kV 侧回路电流表指示为零； (11) 拉开 QS31； (12) 检查 QS31 已拉开； (13) 拉开 QS32； (14) 检查 QS32 已拉开； (15) 取下 QF3 的动力及控制熔断器； (16) 拉开 QS21； (17) 检查 QS21 已拉开； (18) 拉开 QS24； (19) 检查 QS24 已拉开； (20) 取下 QF2 的动力及控制熔断器； (21) 拉开 QS11； (22) 检查 QS11 已拉开； (23) 拉开 QS14； (24) 检查 QS14 已拉开； (25) 取下 QF1 的动力与控制熔断器； (26) 拉开 QS23（变压器停电检修时，中性点接地隔离开关看成可能来电的电源回路）； (27) 检查 QS23 已拉开； (28) 拉开 QS13（同上）； (29) 检查 QS13 已拉开； (30) 在主变压器 T1 的 220kV 侧与 QS14 之间、110kV 侧与 QS24 之间、10kV 侧与 QS32 之间分别挂 4、5、6 号接地线（防止变压器检修时突然来电）	(6) 将 T1 的冷却装置投入运行； (7) 投入 T1 的全部继电保护连接片，并检查其接触良好及位置正确； (8) 合上隔离开关 QS13（变压器送电时必须先合上中性点接地隔离开关）； (9) 检查 QS13 已合好； (10) 合上隔离开关 QS23（同上）； (11) 检查 QS23 已合好； (12) 投入隔离开 QS11 的操作电源，就地电动合上 QS11； (13) 投入隔离开关 QS14 的操作电源，就地电动合上 QS14； (14) 装上 QF1 的动力及控制熔断器； (15) 合上 QF1（经同期合闸），向变压器 T1 充电（含冲击试验）； (16) 检查信号及仪表指示（电流表、功率表、电能表）等显示正常查 QF1 合闸良好； (17) 投入 QS21 的操作电源，就地电动合上 QS21； (18) 投入 QS24 的操作电源，就地电动合上 QS24； (19) 装上 QF2 的动力及控制熔断器； (20) 同期合上 QF2； (21) 检查信号及仪表指示等显示正常； (22) 合上 QS31； (23) 检查 QS31 已合好； (24) 合上 QS32； (25) 检查 QS32 已合好； (26) 装上 QF3 的动力及控制熔断器； (27) 合上 QF3； (28) 检查信号及仪表指示等显示正常； (29) 拉开 QS13（由系统调度决定）； (30) 检查 QS13 已拉开； (31) 拉开 QS23（由系统调度决定）； (32) 检查 QS23 已拉开

思 考 题

6-1　同步发电机采用凸极还是隐极式结构，为何由容量及转速来决定？

6-2　什么是发电机的额定运行方式，什么是发电机的允许运行方式？

6-3　同步发电机的非正常运行工作状态有哪些？

6-4　发电机正常运行时，由于系统负荷发生变化，运行人员如何对发电机进行有功和无功调整？

6-5　电力变压器的重要参数有哪些？

6-6　变压器常用的冷却方式有哪些？各自是如何进行冷却的？

6-7　变压器的允许温度和温升是如何规定的？

6-8　变压器并列运行的优点及条件有哪些？

第 7 章 发电厂和变电站电气二次系统

本章主要讲述发电厂和变电站的电气二次系统,主要包括直流供电系统、断路器控制回路、信号回路、测量监视回路、保护与自动装置系统的构成与功能,最后结合当前变电站综合自动化系统的发展,对智能化变电站进行了简要介绍。

7.1 发电厂和变电站的控制方式

7.1.1 发电厂的控制方式

发电厂的控制方式是电气二次系统技术发展的重要体现,主要经历以下四种方式。

1. 就地分散控制

就地分散控制是对每一个被控制对象设置独立控制回路,实现一对一控制。该控制方式简便易行,但不便于各机组、设备间的协调配合,适用于小型发电厂。

2. 集中控制

集中控制是在发电厂内设置一个中央控制室,又称主控制室控制,对全厂主要电气设备(如同步发电机、主变压器、高压厂用变压器、35 kV 及以上电压的输电线路等)实行远方集中控制。采用集中控制时,相应的继电保护、自动装置也安装在中央控制室内,不但可以节省操作电缆、便于调试维护,而且提高了运行安全性。

图 7-1 是火电厂主控制室的典型平面布置图。需要经常监视和操作的设备,如发电机和主变压器的控制元件、中央信号装置等,布置在主环正中屏台,而线路和厂用变压器的控制元件、直流屏及远动屏等布置在主环两侧。不需要经常监视的屏,如继电保护屏、自动装置屏及电能表屏布置在主环后面。对于小型发电厂,主控制室一般设在主厂房的固定端;对于中型发电厂,主控制室常与 6~10kV 配电装置室相连,与主厂房通过天桥连通。

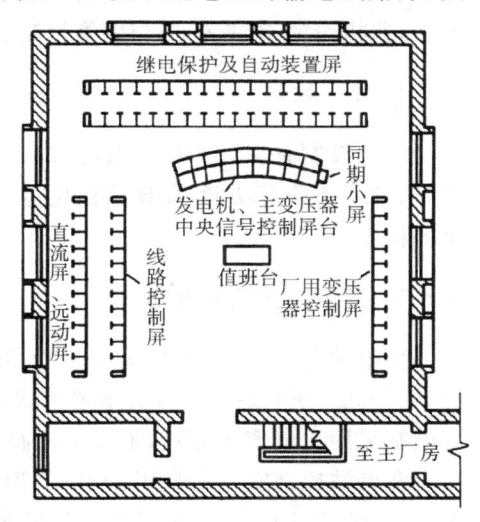

图 7-1 主控室平面布置图

3. 单元控制

单元控制是单机容量在 200MW 及以上发电机采用的控制方式。按单元控制时，炉、机、电按单元制运行，设置数个单元控制室和一个网络控制室。每个单元控制室包括发电机或发电机—双绕组变压器组、高压厂用工作及备用变压器和其他需要集中控制的设备。在网络控制室控制三绕组及自耦变压器、高压母线设备和 110kV 及以上高压输电线路。运行实践表明，采用单元控制有利于运行人员协调配合，尤其便于炉、机、电的统一指挥调度和事故处理，并可大大改善炉、机值班人员的工作条件。

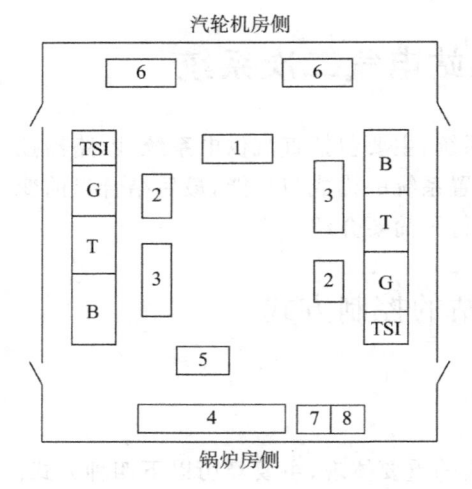

图 7-2 单元控制室平面布置图
B、T、G-炉、机、电控制屏；TSI-发电机本体监控盘；1-值长台；2-汽轮机电液控制操作员站；3-操作员站；4-网络控制屏；5-远动通信台；6-打印机；7-消防控制盘；8-暖通报警盘

图 7-2 是 600MW 机组两机一控带网控屏的单元控制室平面布置图。两侧的 B、T、G 分别为两台机组的炉、机、电控制屏台，均按炉、机、电顺序布置，发电机本体监控盘 TSI 紧靠 G 屏布置；300MW 及以上大型机组通常采用分布式微机控制系统，其 CRT 显示器是人机联系的主要手段，因而布置在 B、T、G 屏前面的操作员站 3 上，以便实现对机组的监视和控制；汽轮机电液控制是将电信号转换为液压信号，实现机组的功率、频率调节，其操作员站 2 也布置在 B、T、G 屏前；网络控制屏 4 布置在两台机组控制屏的中间。从值长台 1 看去，两机组的 B、T、G 屏与网络控制屏共同构成 Π 形布置。

4. 综合控制

综合控制是以计算机为核心，同时完成发电厂的控制、监察、保护、测量、调节、分析计算、计划决策等功能，实现最优化运行。综合控制是电能生产自动化水平高度发展的重要标志。

7.1.2 变电站的控制方式

变电站的控制方式分为有人值班和无人值班两种方式。220kV 枢纽变电站、330~500kV 变电站采用有人值班方式，设主控制室；220kV 终端变电站、110kV 及以下变电站采用无人值班方式，不设主控制室，可设二次设备间。

变电站控制室一般采用 Π 形、Γ 形或直列式布置。主环的正面一般采用直列式布置；当屏台超过 9 块时，也可采用弧形布置。主变压器、联络变压器、母线设备、调相机及中央信号装置的控制屏布置在主环正面；35 kV 及以上的线路控制屏、并联静补装置控制屏等可根据规划确定布置在主环正面或侧面；继电保护和自动装置屏一般布置在主环后面。

7.2 电气二次接线图

7.2.1 基本概念

对一次设备进行测量、监视、控制和保护的电气设备称为二次设备。将二次设备及其相互连接用特定的图形、文字符号表示的电气接线图称为二次接线图。

为便于利用和管理,按用途和绘制方法不同一般分为原理图、布置图、安装图和解释性图四类。原理图是二次接线的原始图样,用以表达二次回路的构成和相互动作顺序和工作原理。在我国习惯上把原理图分为归总式和展开式两种形式。归总式原理图是一种将二次回路与有关一次设备画在一起,以整体图形符号表示二次设备,按电路实际连接关系绘制的图样;展开式原理图是将二次设备的线圈与触点分别用图形符号表示,按回路性质的不同分为几部分(如交流电流回路、交流电压回路、直流回路、信号回路等)绘制的图样。解释性图是除了原理图、布置图和安装图以外,根据实际需要绘制的图。

7.2.2 二次接线图的图形与文字符号

二次接线图中的元件和设备均采用国家统一规定的图形符号表示,需要时可用简化外形来表示,元件和设备的布置可不符合实际位置。图形符号的旁边应标注项目代号,一般标注项目种类代号,用一个或两个英文字母表示,在字母前加"—"。在不致引起混淆情况下,前缀可以省略。

二次接线图常用的图形符号见表 7-1,常用的项目种类代号见表 7-2。为了区别同类的不同设备,可在字母后加数字,如 K1、K2 等;为了区别同一设备同类的不同部件,如一个继电器有几对触点,第一对触点可用 K1.1 表示,第二对触点可用 K1.2 表示。

表 7-1 二次接线图常用的图形、符号

序 号	名 称	符 号	序 号	名 称	符 号
1	一般继电器及接触器线圈		4	热继电器驱动器件	
2	指示灯		5	电容	
3	机械型位置指示器		6	电流互感器	

续表

序号	名称	符号	序号	名称	符号
7	仪表电流线圈		19	延时闭合的动断（常闭）触点	
8	仪表电压线圈		20	限位开关的动合（常开）触点	
9	电阻		21	限位开关的动断（常闭）触点	
10	电铃		22	机械保持的动合（常开）触点	
11	蜂鸣器		23	机械保持的动断（常闭）触点	
12	连接片		24	热继电器的动断（常闭）触点	
13	切换片		25	动合按钮	
14	动合（常开）触点		26	动断按钮	
15	动断（常闭）触点		27	接触器的动合（常开）触点	
16	延时断开的动合（常开）触点		28	接触器的动断（常闭）触点	
17	延时闭合的动合（常开）触点		29	非电量继电器的动合（常开）触点	
18	延时断开的动断（常闭）触点		30	非电量继电器的动断（常闭）触点	

表 7-2　二次接线图常用的项目种类代号

序号	名称	符号	序号	名称	符号
1	电容器（组）	C	8	继电器	K
2	蓄电池	GB	9	闭锁继电器	KCB
3	熔断器	FU	10	气体继电器	KG
4	发电机	G	11	温度继电器	KT
5	光指示器	HL	12	热继电器	KR
6	跳闸信号灯	HLT	13	解除手动准同步开关	SSM1
7	合闸信号灯	HLC	14	自动准同步开关	SSA1

续表

序号	名称	符号	序号	名称	符号
15	控制回路开关	S	48	发热/光器件、热元件	E
16	电阻器、变阻器	R	49	声、光指示器	H
17	端子排	XT	50	声响指示器	HA
18	电流互感器	TA	51	警铃	HAB
19	电压互感器	TV	52	蜂鸣器、电喇叭	HAU
20	连接片;切换片	XB	53	电流继电器	KA
21	红灯	HR	54	电压继电器	KV
22	绿灯	HG	55	时间继电器	KT
23	白灯	HW	56	信号继电器	KS
24	电流表	PA	57	控制(中间)继电器	KC
25	电压表	PV	58	防跳继电器	KCF
26	有功功率表	PPA	59	出口继电器	KCO
27	无功功率表	PPR	60	跳闸位置继电器	KCT
28	有功电能表	PJ	61	合闸位置继电器	KCC
29	无功电能表	PRJ	62	事故信号继电器	KCA
30	频率表	PF	63	预告信号继电器	KCR
31	电力电路开关器件	Q	64	同步监察继电器	KY
32	刀开关	QK	65	重合闸继电器	KRC
33	接触器	KM	66	重合闸后加速继电器	KCP
34	自动开关	QA	67	闪电继电器	KH
35	合闸线圈	YC	68	脉冲继电器	KP
36	跳闸线圈	YT	69	绝缘监察继电器	KVI
37	控制开关	SA	70	电源监视继电器	KVS
38	按钮开关	SB	71	压力监视继电器	KVP
39	测量转换开关	SM	72	交流系统设备端相序 第一组	U
40	手动准同步开关	SSM1		第二组	V
41	组件、部件	A		第三组	W
42	电源自动投入装置	AAT		中性线	N
43	自动重合闸装置	APR	73	交流系统电源相序 第一组	L1
44	中央信号装置	ACS		第二组	L2
45	自动准同步装置	ASA		第三组	L3
46	手动准同步装置	ASM	74	保护接地线	PE
47	硅整流装置	AUF	75	保护接地中性线	PEN

对于元件和设备的可动部分,如触点,通常表示在非激励或不工作的状态和位置。例如,继电器和接触器在非激励状态;断路器和隔离开关在断开位置;事故、报警等开关在设备正常使用位置。

对于在驱动部分和被驱动部分之间采用机械连接的元件和设备,如继电器的线圈和触点,在二次接线图中有集中表示法、半集中表示法和分散表示法三种,见表7-3。

集中表示法是将设备的线圈和触点画在一起,并用虚线表示它们之间的机械连接,在线圈旁标注设备的项目种类代号。半集中表示法与集中表示法相似,只是部分触点

· 241 ·

可分散开,表示机械连接的虚线允许折弯、分支和交叉。分散表示法是将同一设备的线圈和触点分散在不同位置,为表示它们之间的机械连接,在线圈和触点旁标注该设备的项目种类代号。

表 7-3　集中表示法、半集中表示法和分散表示法的画例

序　号	集中表示法	半集中表示法	分散表示法
1	K1 线圈 A1 A2，触点 1-2，7-8	K1 线圈 A1 A2，触点 1-2，7-8（虚线连接）	触点 1，触点 7-8；K1 线圈 A1 A2
2	K2 线圈 A1 A2，触点 13-14，23-24	K2 线圈 A1 A2，触点 13-14，23-24（虚线连接）	K2 线圈 A1 A2；触点 K2 13-14，K2 23-24
3	K3 线圈 A1 A2，触点 13-14，21-22，31-32	K3 线圈 A1 A2，触点 13-14，21-22，31-32（虚线连接）	K3 线圈 A1 A2；触点 K3 13-14，K3 31-32，K3 21-22

7.2.3　原理接线图

表示二次回路工作原理的接线图称为原理接线图,简称原理图。

1. 归总式

6～10kV 线路过电流保护归总式原理图如图 7-3 所示。由图可看出归总式原理图的特点是将二次接线与一次接线的有关部分绘在一起,图中各元件用整体形式表示;其相互联系的交流电流回路、交流电压回路(本例未绘出)及直流回路都综合在一起,并按实际连接顺序绘出。其优点是:清楚地表明各元件的形式、数量、相互联系和作用,使读图者对装置的构成有一个明确的整体概念,有利于理解装置的工作原理。其缺点是:当元件较多时,接线相互交叉,显得零乱;没有给出元件内部接线,没有元件端子及回路编号,使用不方便;直流部分仅标出电源极性,没有具体表示从哪组熔断器引来;信号部分

只标出"至信号",未绘出具体接线。

归总式原理图主要用于表示继电保护和自动装置的工作原理及构成该装置所需设备,是二次接线设计的原始依据。

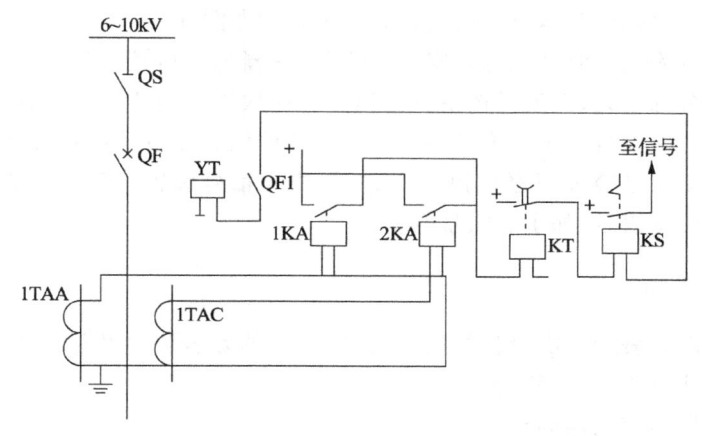

图 7-3 6～10kV 线路过电流保护归总式原理图
QS-隔离开关;QF-断路器;1TAA、1TAC-电流互感器;YT-跳闸线圈;QF1-断路器辅助触点;1KA、2KA-电流继电器;KT-时间继电器;KS-信号继电器

2. 展开式

6～10kV 线路过电流保护归总式原理图(图 7-3)的展开图如图 7-4 所示。由图可看出展开式原理图的特点是:①交流电流回路、交流电压回路(本例未绘出)、直流回路分开表示;②属于同一仪表或继电器的电流线圈、电压线圈和触点分开画,采用相同的文字符号,有多副触点时加下标;③交、直流回路各分为若干行,交流回路按 A、B、C 相顺序画,直流回路则基本上按元件的动作顺序从上到下排列。每行中各元件的线圈和触点按实际连接顺序由左至右排列。每回路的右侧有文字说明,引至端子排的回路加有编号,元件及触点通常也有端子编号。

展开式原理图接线清晰,便于阅读,易于了解整套装置的动作程序和工作原理,便于查找和分析故障,实际工作中用得最多。

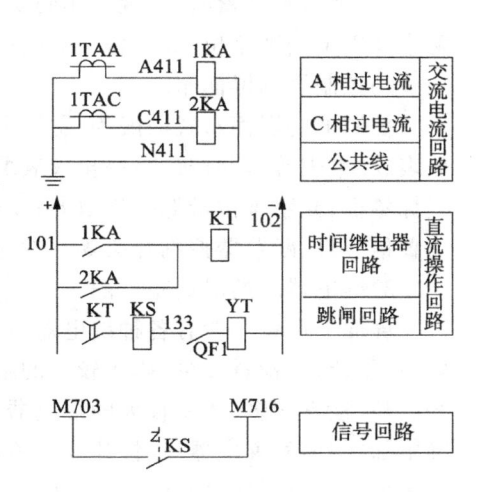

图 7-4 6～10 kV 线路过电流保护展开图
1TAA、1TAC-电流互感器;1KA、2KA-电流继电器;KT-时间继电器;KS-信号继电器;QF1-断路器辅助触点;YT-跳闸线圈;M703、M716-掉牌未复归光字牌小母线

7.2.4 安装图

表示二次设备的具体安装位置和布线方式的图样称为安装图。它是二次设备制造、安装的实用图样,也是运行、调试、检修的主要参考图样。

设计或阅读安装图时,常遇到"安装单位"这一概念。所谓"安装单位"是指二次设备安装时所划分的单元,一般是按主设备划分。一块屏上属于某个一次设备或某套公用设备的全部二次设备称为一个安装单位。安装单位名称用汉字表示,如 XX 发电机、XX 变压器、XX 线路、XX 母联(分段)断路器、中央信号装置、XX 母线保护等;安装单位编号用罗马数字表示,如Ⅰ、Ⅱ、Ⅲ等。

1. 屏面布置图

屏面布置图是表示二次设备的尺寸、在屏面上的安装位置及相互距离的图样。屏面布置图应按比例绘制(一般为 1∶10)。

1)屏面布置图应满足的要求

(1)凡需监视的仪表和继电器都不要布置得太高。

(2)对于检查和试验较多的设备,应位于屏中部;同一类设备应布置在一起,以方便检查和试验。

(3)操作元件(如控制开关、按钮、调节手柄等)的高度要适中,相互间留有一定距离,以方便操作和调节。

(4)力求布置紧凑、美观。相同安装单位的屏面布置应尽可能一致;同一屏上若有两个及以上安装单位,其设备一般按纵向划分。

2)控制屏的屏面布置图

控制屏的屏面布置一般为:①屏上部为测量仪表(电流表、电压表、功率表、功率因数表、频率表等),并按最高一排仪表取齐;②屏中部为光字牌、转换开关和同期开关及其标签框,光字牌按最低一排取齐;③屏下部为模拟接线、隔离开关位置指示器、断路器位置信号灯、断路器控制开关等。发电机的控制屏台下部还有调节手轮。

3)继电器屏的屏面布置图

屏面上设备一般有各种继电器、连接片、试验部件及标签框。保护屏的屏面布置一般为:①调整、检查较少、体积较小的继电器,如电流、电压、中间继电器等位于屏上部;②调整、检查较多、体积较大的继电器,如重合闸、功率方向、差动及阻抗继电器等位于屏中部;③信号继电器、连接片及试验部件位于屏下部,以方便保护的投切、复归。屏下部离地 250 mm 处开有 ϕ50 mm 的圆孔,供试验时穿线。

2. 屏后接线图

屏后接线图是表明屏后布线方式的图样。根据屏面布置图中设备的实际安装位置绘制,但系背视图,即其左右方向正好与屏面布置图相反;屏后两侧有端子排,屏顶有小母线,屏后上方的特制钢架上有小刀闸、熔断器和继电器等;每个设备都有"设备编号",设备的接线柱上都加有标号和注明去向。屏后接线图不要求按比例绘制。

(1)设备编号。通常在屏后接线图各设备图形的左上方都贴有一个圆圈,表明设备的编号。

(2)回路标号。回路标号的目的是便于了解该回路的用途及进行正确的连接。

(3)端子排编号。屏内设备与屏外设备之间的连接,屏内设备与屏后上方直接接至小母线的设备(如附加电阻、熔断器或小刀闸等)的连接,各安装单位主要保护的正电源的引接,同一屏上各安装单位之间的连接及经本屏转接的回路等,都要通过一些专门的接线端子,这些接线端子的组合称为端子排。

7.3 直流供电系统

直流电源的作用是供给控制、信号、继电保护、自动装置、事故照明、直流油泵及交流不停电电源等直流负荷用电,是发电厂、变电站的重要组成部分,要求有充分的可靠性和独立性。

发电厂、220kV 及以上变电站、重要的 35～110kV 变电站及无人值班变电站,采用蓄电池组作为直流电源;一般的 35～110kV 变电站,采用小容量镉镍电池装置或电容储能装置作为直流电源。

7.3.1 蓄电池直流系统接线及运行方式

直流系统接线方式随使用条件条件不同而略有差异。下面仅介绍代表性的常用接线方式。

1. 接线构成

有端电池的蓄电池直流系统接线如图 7-5 所示,主要组成部分为蓄电池、端电池调整器、核对性充放电整流器、浮充电整流器、监测仪表、母线、馈线、绝缘监察装置、电压监察装置(图中未表示)及闪光装置。

(1)采用单母线分段接线,以提高供电的可靠性和灵活性;蓄电池回路设有两组刀开关,可接至任一段母线;核对性充放电整流器和浮充电整流器分别接在两段母线上。

(2)为维持直流母线电压稳定,保证直流用电设备工作的可靠和安全,在蓄电池组中设有部分可供调节的电池(称为端电池),并装设端电池调整器。

(3)通常要求直流母线的工作电压比直流电网的额定电压高 5%。

(4)充电和浮充电装置一般均选用可控或不可控的硅整流装置。在整流器回路中装有双投刀开关,以便使整流器既可接到蓄电池上对其进行充电,也可直接接到母线上作为直流电源。

(5)在蓄电池回路及所有负荷馈线均装设有熔断器作为短路保护,馈线数目可根据需要确定。

(6)为能及时发现直流系统的接地故障,母线上装设有绝缘监察装置;为能及时发现母线电压高于或低于规定值,每段母线上各装设一套电压监察装置;为反映断路器的位置信号,每段母线上各装设一套闪光装置。

(7)浮充电和充放电整流器出口回路装有电压表和电流表以测量端电压和浮充或充电总电流;蓄电池回路装有电压表及电流表,电压表测量蓄电池组的电压,电流表测量浮充电流(平时被短接),电流表测量充电和放电电流。

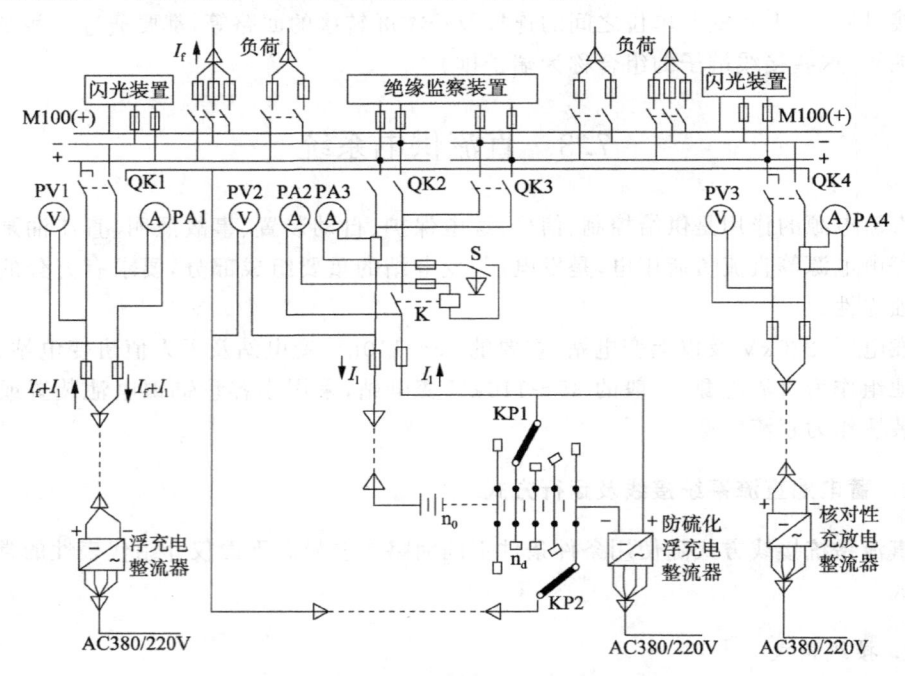

图 7-5 有端电池的蓄电池直流系统接线
QK1~QK4-刀开关;PV1~PV3-电压表;PA1~PA4-电流表;S-按钮;K-接触器;
n_0-基本电池;n_d-端电池;KP1-放电手柄;KP2-充电手柄

2. 蓄电池组的运行方式

蓄电池组通常采用的运行方式有充电—放电运行方式和浮充电运行方式两种。

(1)充电—放电运行方式。充电—放电运行方式就是由已充好电的蓄电池组供给直流负荷(放电),在蓄电池放电到一定程度后,再行充电;除充电时间外,充电装置均断开。这种运行方式的主要缺点是:充电频繁,蓄电池老化较快,使用寿命缩短,运行维护较复杂。

(2)浮充电运行方式。浮充电运行方式就是除充电用硅整流器之外,再装设一台容量较小的浮充电用硅整流器。当浮充电用硅整流器与充电用硅整流器容量相差不大时，也可两者合用一台硅整流器。

7.3.2 绝缘监察、电压监察及闪光装置

1. 由电磁继电器构成的绝缘监察装置

发电厂和变电站的直流系统较复杂，分布范围较广，发生接地的机会较多。直流系统发生一点接地时未构成电流通路，影响不大，仍可继续运行。但是一点接地故障必须及早发现，否则当发生另一点接地时，有可能引起信号、控制、保护或自动装置回路的误动作。因此，在直流系统中应装设绝缘监察装置。

（1）工作原理。直流系统绝缘监察装置分信号和测量两部分，都是按直流电桥原理构成。其中，电阻及转换开关为信号与测量公用；信号部分由公用部分和信号继电器组成；测量部分由公用部分和电位器、电压表及转换开关组成。

（2）实际接线。图7-6所示为工程中实际应用的直流系统绝缘监察装置接线图，与工作原理无原则区别。

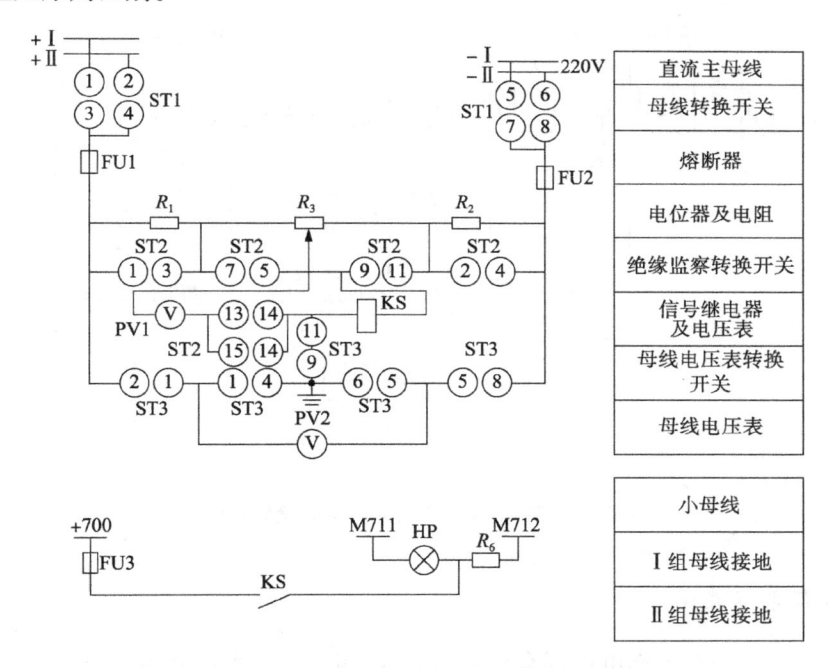

图 7-6 直流系统绝缘监察装置实际接线图

2. 新型直流系统绝缘监察装置

近年，有关制造厂已试制出各种较为新型的直流系统绝缘监察装置，有的已在工程中应用。它们的基本功能与上述电磁型是一致的。被广泛采用的 WZJ 微机型直流系

统绝缘监察装置原理框图如图 7-7 所示。

(1)常规监测。通过两个分压器取出"＋对地"和"－对地"电压,送入 A/D 转换器,经微型计算机作数据处理后,数字显示正负母线对地电压值和绝缘电阻值,其监视无死区;当电压过高或过低、绝缘电阻过低时发出报警信号,报警整定值可自行选定。

(2)对各分支回路绝缘的扫查。各分支回路的正、负出线上都套有一小型电流互感器,并用一低频信号源作为发送器,通过两隔直耦合电容向直流系统正、负母线发送交流信号。

(3)其他。该装置备有打印功能,在常规监测中,如发现被测直流系统参数低于整定值,除发出报警信号外,还可自动将参数和时间记录下来以备运行和检修人员参考。

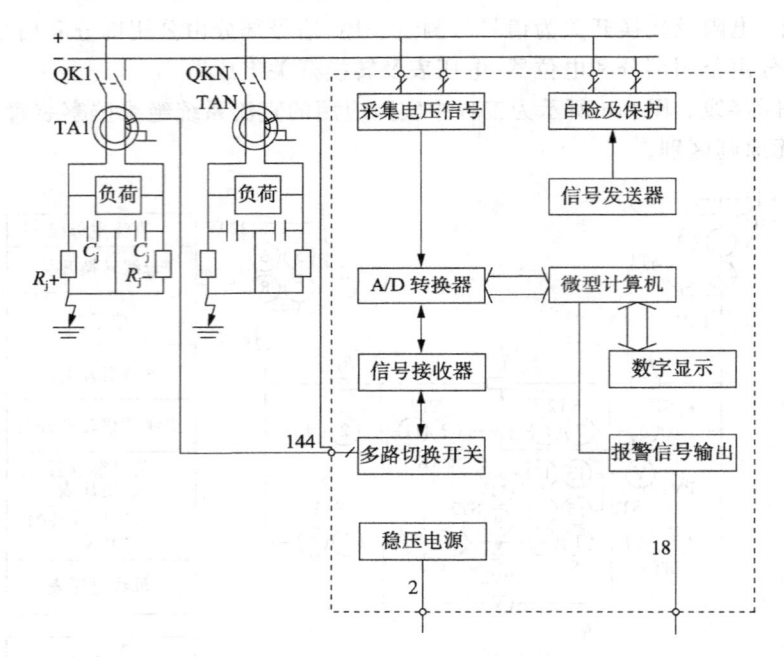

图 7-7　WZJ 微机型绝缘监察装置原理图

3. 电压监察装置

直流用电设备对工作电压都有严格的要求,因此直流系统必须装设电压监察装置,其作用是当直流系统电压发生异常(过低或过高)时,发出预告信号,通知值班人员处理。

工程中应用的电压监察装置接线图如图 7-8 所示,主要由一只低电压继电器 KVU 和一只过电压继电器 KVO 组成。通常 KVU 返回电压整定为 $0.75U_M$,KVO 的动作电压整定为 $1.25U_M$,其中 U_M 为直流母线额定电压。母线电压正常时,KVU 的动断触点及 KUO 的动合触点均断开；当母线电压降低到 $0.75U_M$ 时，KVU 返回，其触点闭合；当母线电压升高到 $1.25U_M$ 时，KVO 动作，其触点闭合。

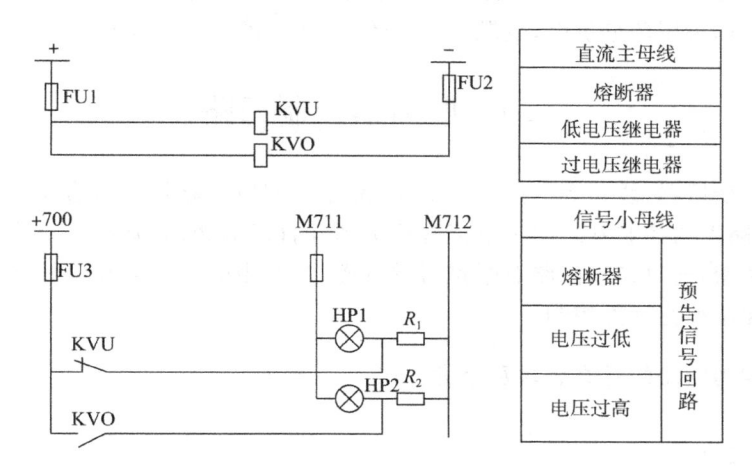

图 7-8 电压监察装置接线图
FU1、FU2、FU3-熔断器；KVU-低电压继电器；KVO-过电压继电器；
R_1、R_2-电阻；HP1、HP2-光字牌

4. 闪光装置

用闪光继电器构成的闪光装置接线图如图 7-9 所示，其主要作用是：当断路器控制回路出现"不对应"情况（断路器与控制开关操作手柄位置不对应）时，使其位置信号灯闪光，以提醒值班人员。

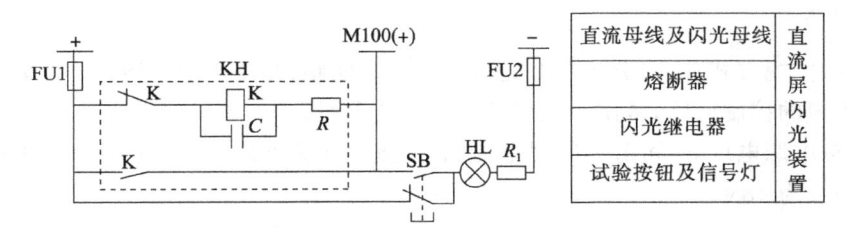

图 7-9 用闪光继电器构成的闪光装置接线图
FU1、FU2-熔断器；KH-闪光继电器；HL-信号灯；M100-闪光电源小母线

7.3.3 直流供电网络

发电厂和变电站具有一个庞大的多分支直流供电网络。通常按照负荷的种类和路径分成各自独立的供电网，以免某一网络出现故障时影响其他部分的供电，同时便于检修和排除故障。直流供电网络有环形供电和辐射形供电两种方式。在中小容量的发电

厂和变电站中，重要负荷多采用环形供电网络，不十分重要或平时处于备用状态的负荷一般采用辐射式单回路供电。大容量机组发电厂和超高压变电站，因供电网络较大，供电距离较长，如果用环形供电，电缆的压降较大，往往需选择较大截面的电缆。

7.4 断路器控制回路

发电机、变压器、线路等的投入和切除，是通过相应断路器进行合闸和跳闸操作来实现的。断路器与控制室之间一般都有几十到几百米的距离，运行人员在控制室用控制开关（或按钮）通过控制回路对断路器进行操作，并由灯光信号反映出断路器的位置状态，这种控制称为远方控制。

7.4.1 对控制回路的基本要求及分类

1. 基本要求

断路器的控制回路随断路器型式、操动机构类型及运行上的不同要求而有所差别，但基本接线相类似。对控制回路的基本要求如下：
(1)应能用控制开关进行手动合、跳闸，且能由自动装置和继电保护实现自动合、跳闸。
(2)应能在合、跳闸动作完成后迅速自动断开合、跳闸回路。
(3)应有反映断路器位置状态（手动及自动合、跳闸）的明显信号。
(4)应有防止断路器多次合、跳闸的"防跳"装置。
(5)应能监视控制回路的电源及其合、跳闸回路是否完好。

2. 分类

(1)按监视方式分，可分为①灯光监视的控制回路，多用于中小型发电厂和变电所；②音响监视的控制回路，常用于大型发电厂和变电所。
(2)按电源电压分，可分为①强电控制，直流电压为220V或110V；②弱电控制，直流电压一般为48V。

7.4.2 灯光监视的断路器控制和信号回路

1. 带电磁操动机构的断路器控制和信号回路

带电磁操动机构的断路器控制回路如图7-10所示。电磁操动机构的合闸电流甚大，可达几十到几百安，而控制开关触点的允许电流只有几安，不能用来直接接通合闸电流，所以该回路中设有合闸接触器KM，合闸时由KM接通合闸电流。

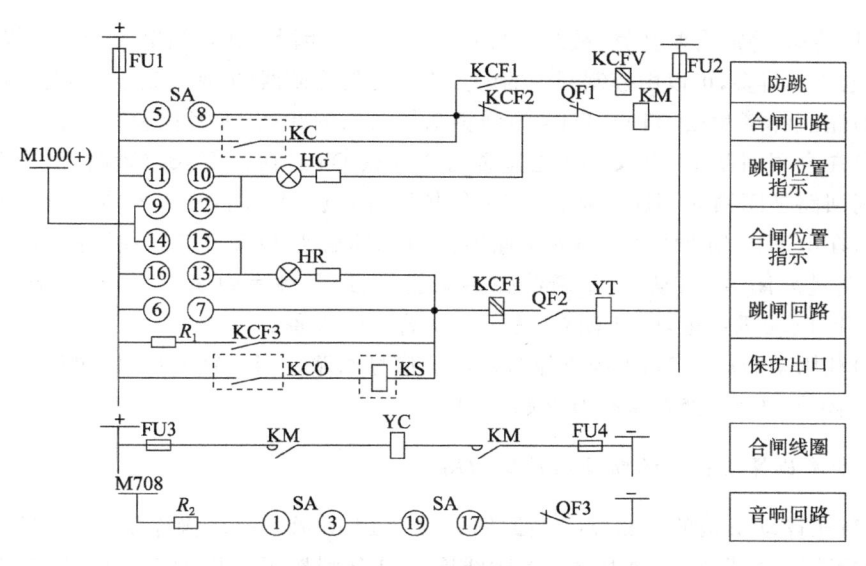

图 7-10　带电磁操动机构的断路器控制回路

2. 带弹簧操动机构的断路器控制回路

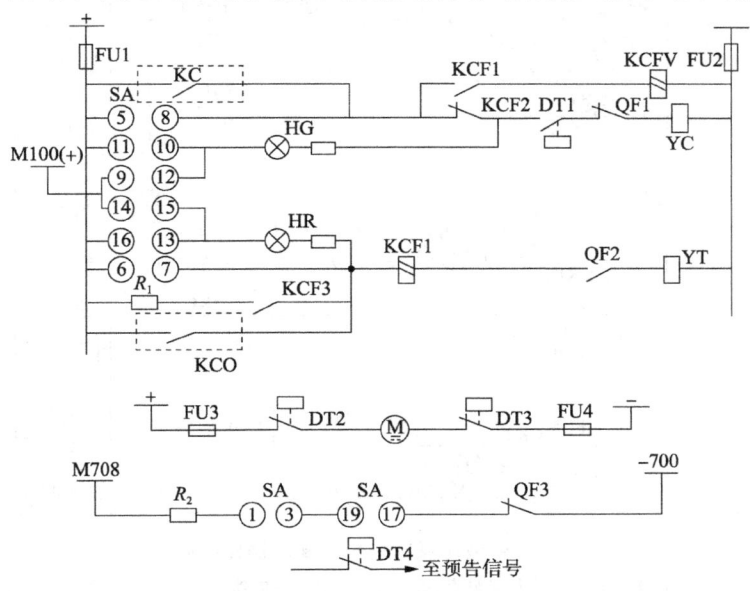

带弹簧操动机构的断路器控制回路如图 7-11 所示，其接线及工作原理与带电磁操动机构的断路器控制回路的不同是：

(1) 弹簧操动机构是预先利用电动机使合闸弹簧拉紧储能，合闸线圈的作用是在合闸

图 7-11　带弹簧操动机构的断路器控制回路

时使锁扣转动,释放合闸弹簧,最终实现断路器合闸。因此,其合闸电流较电磁操动机构的合闸电流小得多,可以由控制开关的触点直接控制合闸线圈,而不需要合闸接触器。

(2)储能弹簧触点 DT1～DT4 为弹簧未拉紧时的状态,弹簧拉紧时状态相反。

(3)在合闸回路中,串入了储能弹簧动合触点 DT1,在弹簧未拉紧时,触点 DT1 断开,合闸回路被闭锁而不能合闸;只有弹簧拉紧、触点 DT1 闭合后,才能进行合闸。

(4)在电动机 M 回路中,串入了储能弹簧动断触点 DT2、DT3,在断路器合闸时弹簧释放能量后闭合,启动 M 重新给弹簧储能,大约几秒后弹簧拉紧,储能结束,DT2、DT3 断开,电动机停运,DT1 闭合,为下一次合闸作准备。

(5)利用动断触点 DT4 构成弹簧未储能信号回路。当弹簧未拉紧(包括储能过程)时,DT4 闭合,发出"弹簧未拉紧"预告信号。

3. 带液压操动机构的断路器控制回路

带液压操动机构的断路器控制回路如图 7-12 所示。液压操作机构是利用液压储能作为断路器合、跳闸的动力,合、跳闸线圈只是分别作用于机构中的合、跳闸电磁阀,

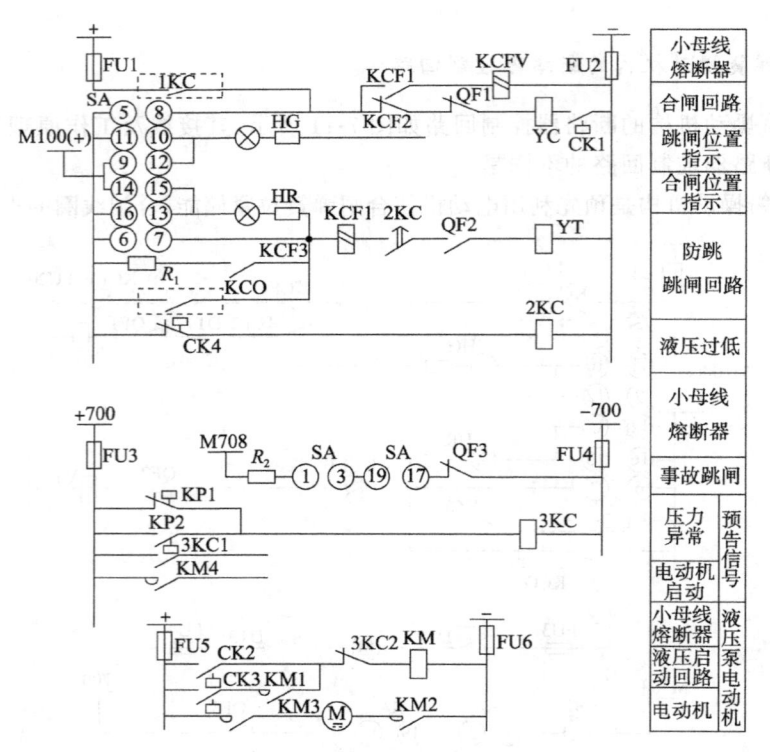

图 7-12 带液压操动机构的断路器控制回路
CK1～CK4-液压机构微动开关触点;2KC、3KC-中间继电器;KP1、KP2-液压机构压力
继电器触点;KM-接触器;M-储能电动机

所需电流小,均可直接由 SA 控制。但由于是液压储能,在控制回路中增加了相应的压力闭锁和监视。

7.4.3 音响监视的控制回路

音响监视的断路器(带电磁操动机构)控制回路如图 7-13 所示,与带电磁操动机构控制回路有所不同。

(1)在合闸回路中,用跳闸位置继电器 KCT 代替绿灯 HG;在跳闸回路中,用合闸位置继电器 KCC 代替红灯 HR。

(2)断路器的位置信号灯回路与控制回路是分开的,而且只用一个信号灯。该信号灯装在控制开关的手柄内。

(3)在位置信号灯回路及事故音响信号启动回路,分别用 KCT 和 KCC 的动合触点代替断路器的辅助触点,从而可节省控制电缆。另外,因为信号灯只有一个,所以,KCT1 和 KCC1 移至信号灯前。

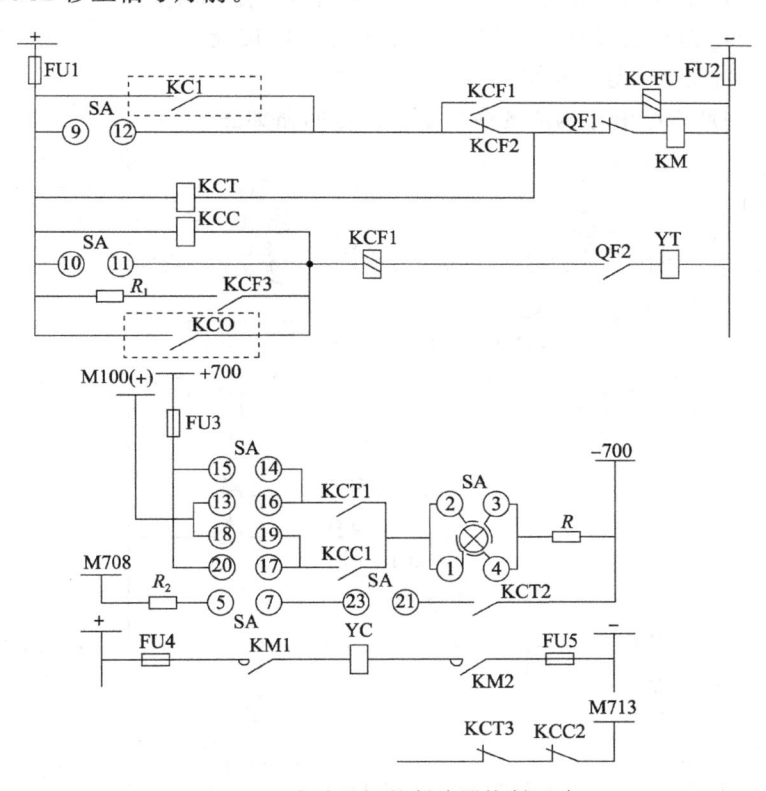

图 7-13 音响监视的断路器控制回路

7.5 中央信号回路

中央信号回路由事故信号回路和预告信号回路组成,分别用来反映电气设备的事故及异常运行状态。中央信号回路装于控制室的中央信号屏上,是控制室控制的所有安装单位的公用装置。

7.5.1 事故信号回路

事故信号的作用是:当断路器发生事故跳闸时,启动蜂鸣器发出音响,通知运行人员处理事故。如前所述,这时跳闸的断路器的位置信号灯闪光,继电保护动作的光字牌亮。

事故信号装置有个别复归、不能重复动作和中央复归、能重复动作两类。前者用于小型变电站及小型发电厂的炉、机、给水等控制屏;后者用于大、中型厂、站。

重复动作的事故信号装置的主要元件是冲击继电器(或称脉冲继电器)。在强电控制用的冲击继电器有由极化继电器作为执行元件的 JC 系列、由干簧继电器作为执行元件的 ZC 系列及由半导体构成的 BC 系列三类。

用 JC-2 型冲击继电器构成的中央事故信号回路如图 7-14 所示。虚框内为冲击继

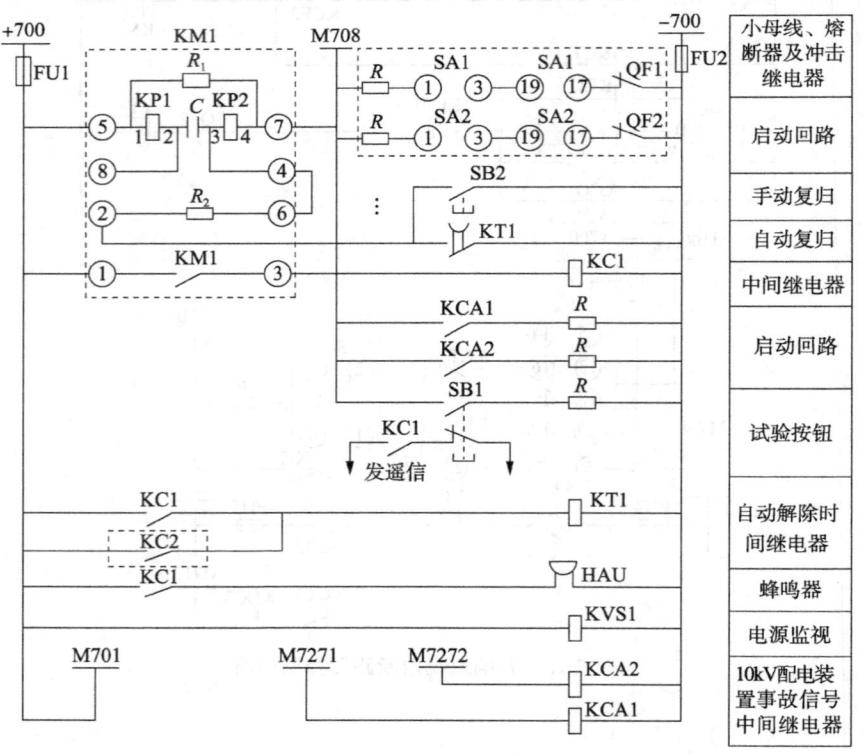

图 7-14 用 JC-2 型冲击继电器构成的中央事故信号回路

电器的内部电路,包括具有双线圈和双位置的极化继电器 KP、电容及电阻。当线圈 KP1 流过 1、2 方向或线圈 KP2 流过 3、4 方向的冲击电流时,KP 动作(即冲击继电器 KM1 动作),并保持在动作状态;当 KP1、KP2 之一流过反向电流时,KP 返回。

7.5.2 预告信号回路

预告信号的作用是:当运行设备出现危及安全运行的异常情况(如发电机过负荷、变压器过负荷、变压器油温过高、电压互感器回路断线等)时,响警铃,同时标有异常情况的光字牌亮,通知运行人员采取措施,消除异常。

预告信号回路接线如图 7-15 所示。预告信号装置的主要元件是冲击继电器 KM2,动作原理与事故信号装置相似,不同的是:

(1)预告信号的启动回路,由反应相应异常情况的继电器的触点和两个灯泡组成,并接于小母线之间;

(2)KM2 接线与 KM1 稍有差别;

(3)音响为警铃。

7.6 测量监视回路

测量监视回路主要供运行人员了解和掌握电气设备及动力设备的工作情况,以及电能的输送和分配情况,以便及时调节、控制设备的运行状态,分析和处理事故。因此,测量监视回路对保证电能质量、保证设备安全运行具有重要作用。

测量与监视通过测量仪表实现,而测量仪表要通过互感器反映一次系统状况,因此,要实现测量与监视需要正确地配置互感器和仪表。

1. 电流互感器的配置

凡装有断路器的回路均应装设电流互感器,未装断路器的发电机和变压器的中性点以及发电机和变压器的出口等回路中也应装设电流互感器。装设电流互感器的数量应满足测量仪表、继电保护和自动装置的要求。

在中性点直接接地的三相电网中,电流互感器按三相配置;在中性点非直接接地的三相电网中,电流互感器按两相配置,但当 35kV 线路采用距离保护时,应按三相配置。发电机和变压器回路应按三相配置。继电保护用电流互感器应尽可能减小或消除不保护区。同一网络中各线路的电流互感器均应配置在同名相上。

2. 电压互感器的配置

电压互感器的配置,除应满足测量仪表、继电保护和自动装置的要求,还应考虑同期装置和绝缘监察装置的要求。

发电机出口装设三相五柱式电压互感器,供测量、保护及同期用,其辅助二次绕组

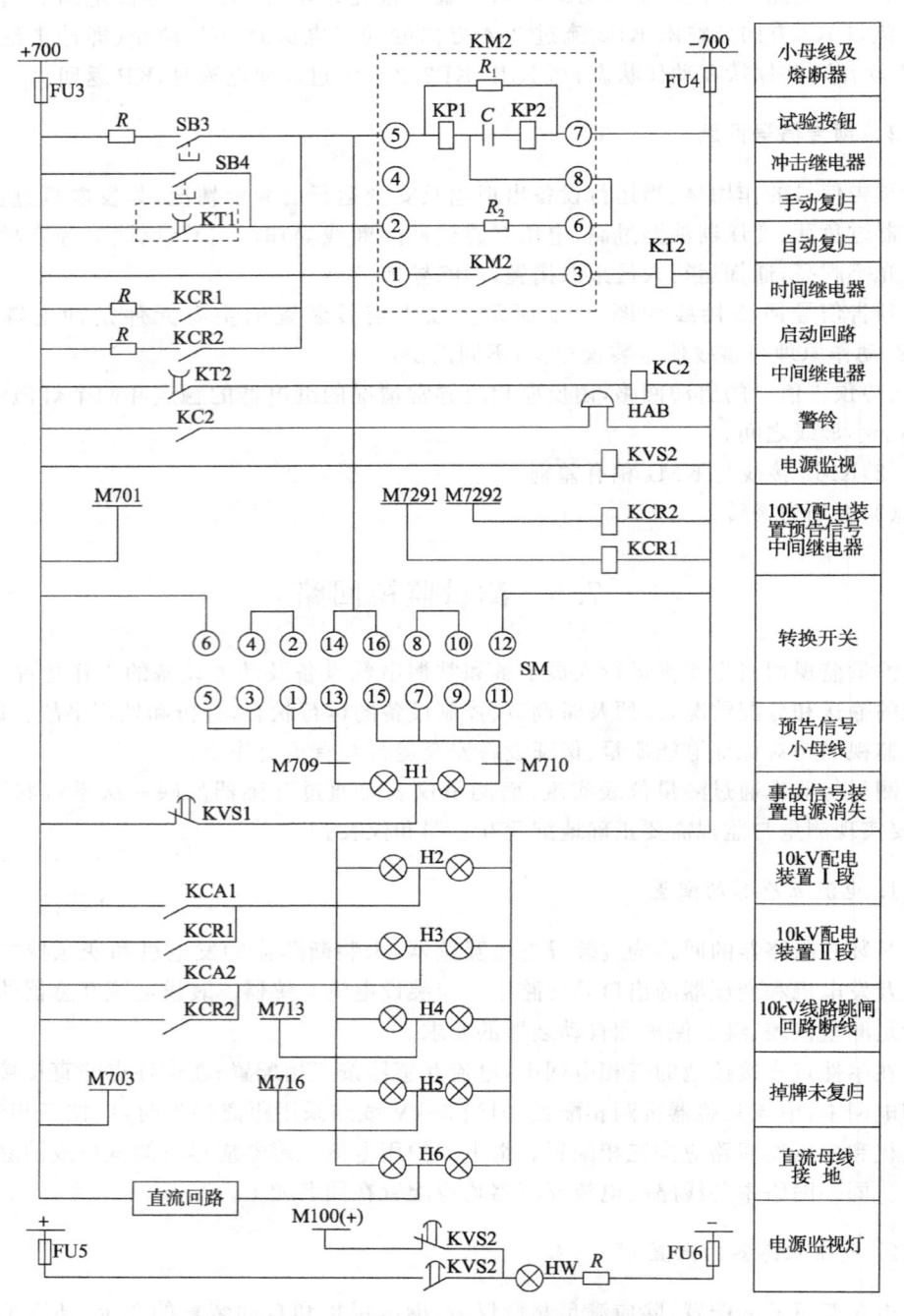

图 7-15 用 JC-2 型冲击继电器构成的中央预告信号回路

接成开口三角形,发电机未并列前作绝缘监察用。发电机自动调节励磁装置,一般配置专用电压互感器以获得较大功率。容量在200MW及以上的发电机中性点常采用经高电阻接地的接地方式,即中性点经电压互感器一次绕组接地,电压互感器的二次绕组接入电阻并作为发电机定子接地保护的电源。三绕组变压器低压侧装设两台单相电压互感器,接成Y/Y接线以便在低压侧断路器分闸后供同期监视。

3. 电气测量仪表的配置

电路中主要运行参数有电流、电压、功率、电能、频率、温度和绝缘电阻等,因此应装设的电气测量仪表有电流表、电压表、频率表、有功功率表、无功功率表、有功电能表和无功电能表等。装设仪表的种类、数量及准确度等级应符合《电工测量仪表装置设计技术规程》的有关规定。测量回路图通常采用展开图形式,并以交流电流及交流电压回路表示。

1) 交流电流回路

电气元件或安装单位(如一台发电机、一组变压器、一条线路、一组电容器或断路器等)常有一个单独的电流回路。当测量仪表与保护装置共用一组电流互感器时,可将电流线圈按相串接。

测量仪表、保护装置和自动装置一般由单独的电流互感器或单独的二次绕组供电。当保护和测量仪表共用一组电流互感器时,应防止测量回路开路而引起继电保护误动作。当几种仪表接于同一组电流互感器时,接线顺序一般为先接指示和积算式仪表,再接记录仪表,最后接变送仪表。

2) 交流电压回路

在电力系统中,电压互感器是按母线数量配置的,即每一组主母线装设一组电压互感器。接在同一母线上所有元件的测量仪表、继电保护和自动装置都由同一组电压互感器的二次侧取电压。为减少电缆联系,采用电压小母线,各电气设备所需要二次电压由电压小母线上引接。

7.7 继电保护与自动重合闸装置

继电保护装置分为两种类型:一种作用于跳闸,另一种作用于信号。前者动作后伴随发出事故音响信号,后者动作后发出预告音响信号,同时还有相应的灯光指示。此外,已动作的保护装置还有机械掉牌或能自保持指示灯加以显示,以便分析故障类型。信号继电器的掉牌或动作指示灯通常在值班人员做好记录后手动将其复归。为避免值班人员没有注意到个别继电器已掉牌或信号灯,而未及时将其复归,二次接线设计时考虑在中央信号屏上装设"掉牌未复归"或"信号未复归"的光字牌信号,其接线方法如图7-16所示,用以提示值班人员必须将其复归,以免再一次发生故障时,对继电保护的动作作出不正确判断。

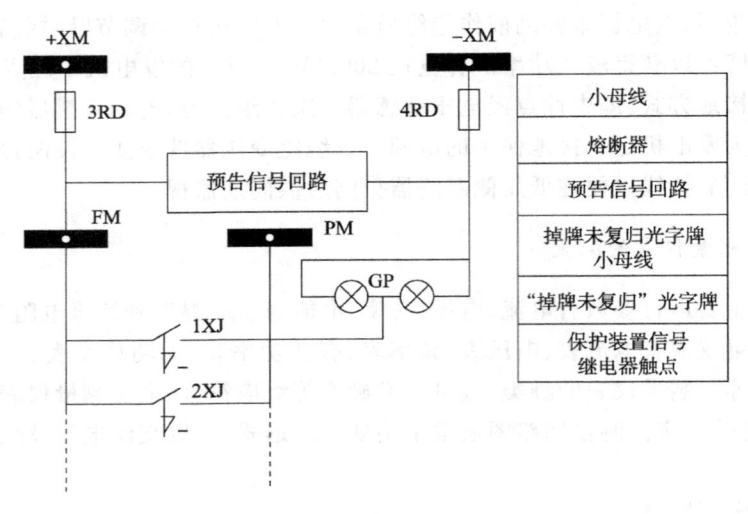

图 7-16　继电保护装置动作信号

自动重合闸装置动作由灯光信号指示，在每条线路（或变压器）的控制屏上装有"自动重合闸动作"光字牌信号，当线路上发生故障断路器自动跳闸后，如果自动重合闸装置动作将其自动重合成功，则线路恢复正常运行，此时不发出预告音响信号，因为在线路事故跳闸时已有事故音响信号，足以引起值班人员注意，此时只要求将已自动重合闸的线路光字牌点亮即可。所以"自动重合闸动作"光字牌不宜接至预告信号小母线，而是直接接至信号负电源小母线，其接线图如图 7-17 所示。

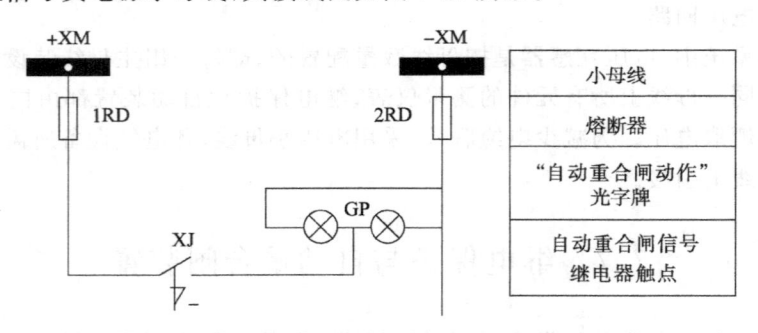

图 7-17　自动重合闸装置动作信号

7.8　变电站综合自动化系统

变电站综合自动化系统是利用先进的计算机技术、现代电子技术、通信技术和信息处理技术等实现对变电站二次设备（包括继电保护、控制、测量、信号、故障录波、自动装置及远动装置等）的功能进行重新组合、优化设计，对变电站全部设备的运行情况进行监视、测量、控制和协调的一种综合性自动化系统。通过变电站综合自动化系统内各设备间相互交换信息，数据共享，完成变电站运行监视和控制任务。

7.8.1 变电站综合自动化的功能

变电站作为整个电网中的一个节点，担负着电能传输、分配监测、控制和管理的任务。变电站继电保护、监控自动化系统是保证上述任务完成的基础。在电网统一指挥和协调下，电网各节点（如变电站、发电厂）具体实施和保障电网的安全、稳定、可靠运行。因此，变电站自动化是电网自动系统的一个重要组成部分。在传统变电站中，自动化系统存在诸多缺点，难以满足上述要求。例如：

(1)传统二次设备、继电保护、自动和远动装置等大多采取电磁型或小规模集成电路，缺乏自检和自诊断能力，结构复杂、可靠性低。

(2)二次设备主要依赖大量电缆，通过触点、模拟信号来交换信息，信息量小、灵活性差、可靠性低。

(3)传统变电站占地面积大，使用电缆多，电压互感器、电流互感器负担重，二次设备冗余。

(4)远动功能不够，提供给调度控制中心的信息量少、精度差，且变电站内自动控制和调节手段不全，缺乏协调和配合力量，难以满足电网实时检测和控制的要求。

(5)电磁型或小规模集成电流调试和维护工作量大，自动化程度低，不能远方修改保护及自动装置的定值并检查其工作状态。

发展变电站综合自动化系统体现在以下几个方面：

(1)随着电网规模的不断扩大，新增大量发电厂和变电站，使电网结构日趋复杂，要求各级电网调度值班人员掌握、管理、控制的信息大量增长，电网故障处理和恢复要求更为迅速和准确。

(2)现代工业技术的发展，特别是电子工业的发展和计算机技术的普遍应用，对电网可靠供电提出了更高的要求。

(3)市场经济的发展，使整个社会对环保要求更高，对电网建设、运行和管理提出更高要求。现代控制技术、计算机技术、通信技术和电力电子技术的进步与发展和电网自动化系统的综合应用，造就了变电站综合自动化系统的产生与发展。

7.8.2 智能化变电站

智能化变电站由智能化一次设备（电子式互感器、智能化开关等）和网络化二次设备分层（过程层、间隔层、站控层）构建，建立在 IEC61850 通信规范基础上，能够实现变电站内智能电气设备间信息共享和互操作的现代化变电站。

1. 智能化变电站的特点

(1)智能化的一次设备。一次设备被检测的信号回路和被控制的操作驱动回路采用微处理器和光电技术设计,简化了常规机电式继电器及控制回路的结构,数字程控器及数字公共信号网络取代传统的导线连接。

(2)网络化的二次设备。变电站内常规二次设备,如继电保护装置、测量控制装置、远动装置、同期操作装置以及在线状态检测装置等全部基于标准化、模块化的微处理器,设备连接全部采用高速网络通信,实现数据共享、资源共享。

(3)自动化的运行管理系统。它包括电力生产运行数据、状态记录统计无纸化,数据信息分层、分流交换自动化,故障时及时提供故障分析报告,指出故障原因,提出故障处理意见,自动发出设备检修报告。

2. 智能化变电站的关键技术

智能化变电站由电子式互感器(ECT、EVT)、智能化开关等智能化一次设备、网络化二次设备按变电站层、间隔层、过程层分层构建,其结构框图如图 7-18 所示。

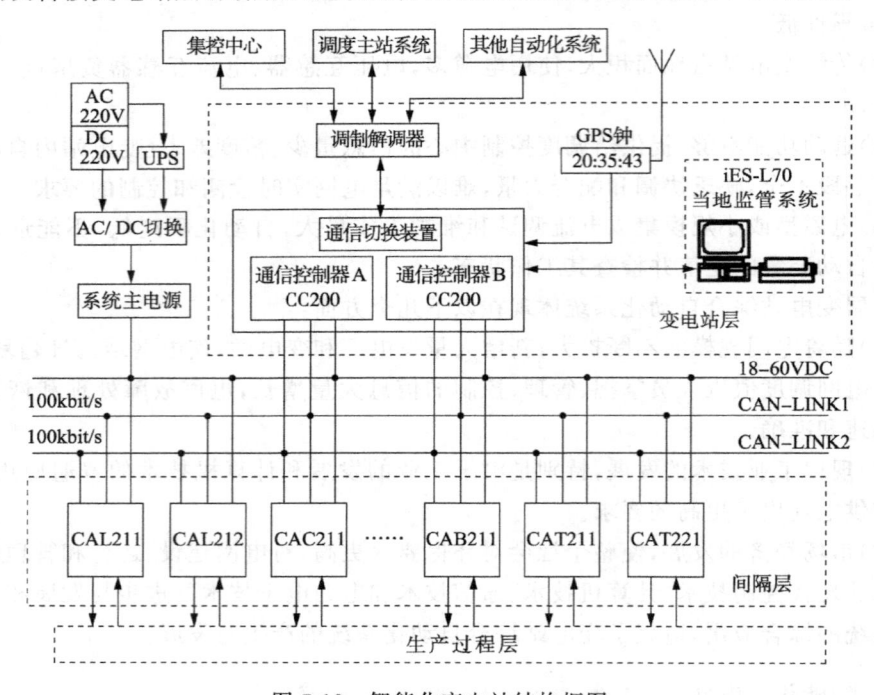

图 7-18 智能化变电站结构框图

实现变电站智能电气设备信息共享和互操作的现代化变电站,其关键技术主要包括:

(1)IEC61850 标准。主要围绕功能建模、数据建模、通信协议开展。

(2)电子式互感器。它包括有源电子式互感器和无源电子式互感器。

(3)智能化一次设备。一次设备被测信号回路和被控制操作驱动回路采用微处理器和光电技术设计,并采用数字程控器及数字公共信号网络连接。

(4)网络化二次设备。充分利用网络通信最新技术实现二次设备的信息共享、互操作和功能的灵活配置。

3. 智能化变电站的建设

与传统变电站相比,智能化变电站实现了信息采集、传送、处理、输出由模拟量到数字量的转变,并形成相应的通信网络和控制处理系统,实现信息的共享和互操作。从技术规律和电网特性角度看,智能化变电站推广建设是智能电网形成的基础环节,是智能电网实现数字化、信息化、自动化的技术和实践经验来源。

(1)基于数字和光纤的信号采集系统。将各种先进的智能传感器运用到一次设备,包括发、输、变、配、用户等环节,用以监控电网设备健康状态和全网电气信息,形成庞大的智能监控系统。

(2)信息交互网络化。数字化变电站内设备之间通过高速以太网进行信息交换,实现了真正的数据集资源共享。

(3)全站统一的标准平台。确立电力系统建模标准,为智能化变电站定义标准信息及其交换模型,形成全站设备功能和信息共享的统一标准平台。

(4)信息同步与安全性。以时钟同步源实现不同设备的同步采样。

思 考 题

7-1 发电厂的控制方式有哪几种,分布有哪些特点?
7-2 什么是二次接线图?它主要有哪几种形式?
7-3 直流系统的作用是什么?蓄电池直流系统的构成有哪些?
7-4 对断路器控制回路的一般要求是什么?在控制回路图中如何实现?
7-5 中央信号系统的作用是什么?简述电磁式中央信号系统的动作原理。
7-6 什么是智能化变电站?它的基本构成有哪些?

参 考 文 献

车孝轩.2006.太阳能光伏系统概论.武汉:武汉大学出版社
陈化钢.2004.电气设备及其运行.合肥:合肥工业大学出版社
戴宪滨.2008.发电厂电气部分.北京:中国水利水电出版社
邓泽远.1996.供配电系统与电气设备.北京:中国电力出版社
韩菊红,温新丽,马跃先.2003.水电站.郑州:黄河水利出版社
何首贤,葛廷友,姜秀玲.2005.供配电技术.北京:中国水利水电出版社
胡仁堂,刘健生.1993.电力生产常识.北京:水利电力出版社
华田生.2000.发电厂和变电所电气设备的运行(上册).2版.北京:中国电力出版社
焦留成.2001.实用供配电技术手册.北京:机械工业出版社
李朝阳.1991.发电厂概论.北京:水利电力出版社
廖自强,潘龙德.2007.电气运行(电厂及变电站电气运行专业).北京:中国电力出版社
娄和恭等.1994.发电厂变电所电气部分.北京:水利电力出版社
卢文鹏,吴佩雄.2005.发电厂变电所电气设备.北京:中国电力出版社
马永翔,李颖峰.2010.发电厂变电所电气部分.北京:北京大学出版社
牟道槐,李玉盛,马良玉.2006.发电厂变电站电气部分.重庆:重庆大学出版社
邱丽霞.2008.热力发电厂.北京:中国电力出版社
盛国林.2008.发电厂动力部分.北京:中国电力出版社
王长贵.2003.新能源发电技术.北京:中国电力出版社
王革华.2010.新能源概论.北京:化学工业出版社
王士政,冯金光.2002.发电厂电气部分.3版.北京:中国水利水电出版社
王锡凡.1998.电力工程基础.西安:西安交通大学出版社
文锋,马振兴.1999.现代发电厂概论.北京:中国电力出版社
熊信银.2009.发电厂电气部分.4版.北京:中国电力出版社
杨敏媛.1996.火电厂动力设备.北京:中国水利水电出版社
姚春球.2007.发电厂电气部分.北京:中国电力出版社
姚兴佳等.2010.可再生能源及其发电技术.北京:科学出版社
臧希年等.2003.核电厂系统及设备.北京:清华大学出版社
张洪楚.1994.水电站.北京:水利电力出版社
张玉诸.1980.发电厂及变电所的二次接线.北京:电力工业出版社
中国可再生能源发展战略研究项目组.2008.太阳能卷.北京:中国电力出版社
宗士杰,黄梅.2008.发电厂电气设备及运行.2版.北京:中国电力出版社